Excel大百科全书

Excel

高效数据处理分析
效率是这样炼成的!

韩小良◎著

中国水利水电出版社
www.waterpub.com.cn
·北京·

内 容 简 介

　　Excel已经是职场中不可或缺的数据处理和数据分析工具，如何快速掌握Excel、如何用好Excel、如何制作有说服力的分析报告，是本书的重点内容。本书共8章，结合了大量的实际案例，从案例的剖析开始，来指点迷津，纠正日常使用Excel的不良习惯，了解和掌握Excel真正的核心技术，包括Excel的基本规则、基础表单设计、表单的快速整理和规范、常用函数的应用、快速汇总大量工作簿和工作表、利用数据透视表快速制作各种统计分析报表。本书所有的案例都是作者培训咨询第一线的实际案例，具有非常大的实用价值，不仅能够快速提高读者的Excel应用能力，提升日常办公效率，还能系统地训练读者的逻辑思路。

　　《Excel高效数据处理分析　效率是这样炼成的！》适合企事业单位的管理人员阅读，也可作为大专院校本科生、研究生和MBA学员的教材或参考书，或者作为各类Excel培训班的参考资料。

图书在版编目（CIP）数据

Excel 高效数据处理分析：效率是这样炼成的！/ 韩小良著. —北京：中国水利水电出版社，2019.1（2020.3 重印）
ISBN 978-7-5170-6683-5

I. ① E⋯　II. ①韩⋯　III. ①表处理软件
IV. ①TP391.13

中国版本图书馆 CIP 数据核字（2018）第 171286 号

书　　　名	Excel高效数据处理分析　效率是这样炼成的！ Excel GAOXIAO SHUJU CHULI FENXI　XIAOLÜ SHI ZHEYANG LIANCHENG DE！
作　　　者	韩小良　著
出 版 发 行	中国水利水电出版社 （北京市海淀区玉渊潭南路1号D座 100038） 网址：www.waterpub.com.cn E-mail：zhiboshangshu@163.com 电话：（010）62572966-2205/2266/2201（营销中心）
经　　　售	北京科水图书销售中心（零售） 电话：（010）88383994、63202643、68545874 全国各地新华书店和相关出版物销售网点
排　　　版	北京智博尚书文化传媒有限公司
印　　　刷	河北华商印刷有限公司
规　　　格	180mm×210mm　24开本　16.25印张　483千字　1插页
版　　　次	2019年1月第1版　2020年3月第5次印刷
印　　　数	20001—25000册
定　　　价	59.80元

前 言
Preface

Excel之所以让人欲罢不能，是因为它的数据之美；
Excel之所以让人爱恨交加，是因为它的函数公式；
Excel之所以让人死去活来，是因为它的数据分析。

记得有一次给客户上课，谈到了关于培训学习的问题。我说，针对Excel，你们自我评估一下，自己属于下面三句话中的哪一句？

我不知道我不知道；

我知道我不知道；

我知道我知道。

学生们都笑了，有的还小声地嘀咕着念念有词，然后冒出了一句："好拗口啊！"

这不是绕口令，也不是说相声，而是给学生们传达这样一个信息。不论我们学什么，必须要经过这样的三个阶段。

我其实什么都不懂，却觉得自己什么都懂；

我知道自己很多都不懂，需要虚心地学习；

我已经明白了其中的道理，知道怎么解决了，也知道为什么这样解决的。

在职场中，Excel已经是必备的办公工具之一。很多人每天上班的第一件事，就是打开电脑，打开Excel表格，然后开始处理各种数据。但是，大多数人对Excel的使用是随心所欲的，想怎么做就怎么做，全然不理会Excel的各种应用规则，结果就是将自己培养成了表格"杀手"：

任意地划线条，任意地输入数据，任意地设计表格……就像一个人在马路上开车，眼里没有交规，没有前后左右路况，想怎么开就怎么开。即使这样，很多人认为自己已经使用了多年的Excel，没什么难的，都已经会了。然而，看看这些人做的表格，只能送其一个字：乱！

更多的Excel"小白"们，对于Excel的学习和使用更加迷茫。不知道怎么设计表单，不知道如何运用函数，不知道怎么做数据分析，结果是每天花很多时间去网上搜索小窍门、小技巧，但东一榔头西一镐的碎片化知识，让自己都找不到北了，最后还是不知道如何高效处理数据，如何快速制作有说服力的分析报告。

其实，Excel并不是大多数人所想象的那样，仅仅是一个电子表格软件，而是一个有很强逻辑的数据管理和数据分析工具。Excel 2016的面市，将Excel应用推向了一个更加智能化的崭新高度。但是，很多人并没有把Excel真正用起来，连最基本的功能都没有掌握，导致数据处理效率低下，制作的分析报告既没有深度，也没有说服力，原因是什么呢？

笔者拥有近20年的Excel培训实践经验，举办过数千场的大型公开课和精品小班高端课，给上千家企业举办了个性化内训，开展过网络直播授课，也陆续出版了40余部Excel专著。越是如此，笔者越发强烈地感觉到，Excel已经发展到了高度智能化的2016版，数据处理分析功能越来越强大，但是国内的绝大多数人仍旧是手工加班加点地处理数据，实在让人匪夷所思，也让人感到极度的悲哀。

那么，如何快速掌握Excel工具，从此脱离数据苦海，走出数据泥潭？仅仅参加一两次公开课学习是远远不够的，碎片式地学习小技巧更是远远不够，我们需要的是系统地、进阶地学习和应用Excel，以用促学，学以致用，并勤于思考，彻底掌握Excel的精髓——逻辑思考。

自始至终，Excel的应用充满了逻辑思考。即使是一个小技巧，也有其应用的场合和逻辑。本书一直贯彻着这样一个理念：Excel是一个讲理的地方，依法做表，依法作报告。我经常对学生们说，Excel使用的秘诀就是四个字：逻辑思路。

本书主要面向Excel初学者。全书分为8章，首先从Excel的基本理念开始，用3章的篇幅介绍了Excel的基本规则和基础表单的标准化和规范化。这是极其重要的，任何一个Excel"小白"都不能跨过这一步！即使已经有了所谓Excel基础的人，建议还是要重新打基础。然后是Excel常用工具、函数和透视表的基本应用介绍，以及如何利用这些工具来解决实际问题。

　　本书介绍的大量实际案例，都来自于笔者的培训第一线，具有非常高的实用价值，大部分案例实际上就是现成的模板，拿来即可应用于实际工作中，让您的工作效率迅速成倍提高。

　　在编写过程中，得到了朋友和家人的支持与帮助，参与编写工作人员包括韩良智、张若曦、韩永坤、韩舒婷等，在此表示衷心的感谢！中国水利水电出版社的刘利民老师和秦甲老师也给予了很多帮助和支持，使得本书能够顺利出版，在此表示衷心的感谢。本书的编写还得到了很多培训班学员朋友和企业客户的帮助，在此一并表示感谢。

　　由于认识有限，虽拼尽全力，以期本书能够满足更多人的需求，但书中难免有疏漏之处，敬请读者批评指正(联系方式：hxlhst@163.com；交流QQ群：580115086)，我们会在适当的时间进行修订和补充。

韩小良

学员评价

很多朋友不知道Excel从何学起，有不懂的地方不知道如何寻求外力，碎片化的知识又不能很好地应用到工作中，主要是缺乏系统性的训练。

在网上看到了韩老师的文章后，对Excel有了兴趣。本着多学点技巧的想法，报名参加了韩老师的课程。一堂课下来，才发现自己的想法错了。

韩老师并不给大家讲解多少Excel小技巧，而是从基本理念、逻辑思路的角度，来介绍运用Excel解决实际问题的思路和方法。学习的内容十分契合工作需要，以前要手工统计很久的数据，现在很多都可以通过公式自动取数计算，效率提高了很多，工作变得很轻松。每天不断地学习，也得到了回报，经理还给我加了工资。

在Excel学习上，一次次好高骛远想走捷径最终都被打回原形，而系统、扎实的Excel训练，使我在不断收获成就感的同时重获自信和激情。

最后，想分享乔布斯的一句话："自由从何而来？从自信中来，而自信则是从自律中来。先学会克制自己，用严格的日程表控制生活，才能在这种自律中不断磨炼出自信。"

——厦门 –HRD– 陈先生

刚开始听了两次韩老师的现场课，感觉像是打开了潘多拉魔盒一样，能够运用Excel把财务分析工作做到如此程度，让人叹为观止。同时，又深深体会到自己知识面的不足。

后来自费报名参加了韩老师的网络课，受益匪浅。在韩老师的亲自指导下，我设计了公司财务数据分析模板、销售分析模板、预算分析模板，得到了领导的大力表扬与认可。

如今，做经营分析，几分钟就搞定了。模板做好后，领导要的东西，1分钟内搞定，2分钟内送到领导邮箱，比过去轻松多了。

——江苏 –CFO– 于女士

各种乱表整一整，各种报告透一透，函数城里转一转，高级函数遛一遍，图表王国游一游，动态图表动一动。每天上班技能涨，笑看他人苦做表。

从表看逻辑，从图看审美，从报告看升职空间！

做财务的一定要听韩老师的Excel课，升职空间大大滴，工作变轻松！

——武汉 -CFO- 张女士

跟着韩老师学习之前，对Excel的认识比较简单，认为没什么好学的。现在做财务经理，每天都要面对图表的制作与分析等问题。以前Excel水平有限，有时会觉得力不从心。

机缘巧合，参加了韩老师在烟台的培训课。也是因为这次学习，改变了我对Excel的认识。得知韩老师还有在线网络课程，便报名参加了。

经过系统的学习，Excel已在我的日常工作中充分发挥了作用，大大减轻了工作量。体会最深的就是在以前分类(房屋算税)需要一天的时间，运用Excel后，10分钟搞定。未来必须不断地学习，才能保证技能不被淘汰，让自己在公司中赢得话语权。谢谢韩老师！

——山东 -CFO- 杨先生

谢谢韩老师，让我能够系统地学习、掌握Excel这个工具！真的非常感谢！内蒙古在软件技术应用方面本身就比较落后，又到了一定的年龄段，还能有激情去学习，并带动身边的同事、家人一起学习，这都要归功于老师的教导与帮助。希望自己的职业生涯能够延长，不要落到广场舞的行列！

——内蒙古 -CFO- 蔡女士

利用透视表将两个核算主体及两个年度四个表进行了透视分析得到原始数据；利用因素分析找到人工增长较大与降低较大的部门；利用月度部门跟踪分析及部门对比分析对重点部门进行分析；利用排序图表对部门变动额及单位人工变动额进行分析，找到是由于人数增长还是单位人工变动所致，找到人事部门工作重点，全是韩老师的思路。

——江苏 -CFO- 赵先生

跟着韩老师学习后，在Excel方面有了质的飞越，工作晋升，薪水也涨了，制作分析报告的速度是以前所不能相比的。谢谢韩老师。

——北京 -CFO- 洪女士

非常感谢韩老师，参加完您的课程后，受到了老总的表扬，年底加薪有望。跟韩老师混，倍儿爽！

——广东 -HRM- 汤先生

怪物来了：职场的困惑与觉醒

在跟我的一个学生聊天时，我根据他说出的职场困惑写下了如下内容，供职场朋友们参考。

在留守与离开之间，我已经犹豫了一个月。新公司给我的开价是副总经理兼财务总监，全面负责企业运营，年薪自不必说。如此优厚的条件，禁不住每天都在纠结。说实话，舍不得离开现在的公司：十几年同事之间的感情，每天的工作按部就班，很少加班——因为所有的工作都已经标准化、流程化，只需按照流程做好就可以了。因此晚上可以在家看看书，或者约朋友出去喝喝茶，或者去健身房健身，周末也基本上是跟驴友出去徒步旅游，工作、生活倒也轻松惬意。

这不就是很多人一直在追求的吗？很多人跳槽跳过来跳过去的，不就是要找一个薪资说得过去并且舒适的工作吗？仔细想想，这几年以来，年薪虽然不是很高，却也将就着，工作没什么大的压力。但是，脑子里总会时常出现一些说不清道不明的感觉，总觉得似乎缺少了点什么。昨天，跟几个朋友一起喝茶聊天，聊到了个人的职场规划，聊到了财务转型，聊到了数字时代的知识快速更新，聊到了现代社会职场的惨烈竞争，突然间有点明白了：这几年，我缺少了对自己的挑战，因为不想离开安逸的环境；我缺少了新思维，因为一直在按照流程标准走；我缺少了更高的目标，因为自己不想再去受苦受累。

每个人都是这样的，不想做某件事，总能找出一大堆理由。但是，内心却又有些不甘，变还是不变，做还是不做，每天都在与另一个自己吵架：一个大声地说，千万不要这么做，前方很危险的，别折腾了，自己也不算是年轻人了，现在的工作挺好的，挺安全的；另一个小声地说，不试试怎么知道前方是怎么回事，不改变自己是不行的，总有一天会被社会抛弃。就这样，吵过来吵过去，日子一天天、一年年地过去了。看看手下的员工，变得越来越能干，自己越来越安逸，只需说一句话，手下就把事情做好了。

突然有一天，一个最有能力的核心员工提出了辞职。跟她交流，她说："这些年以来，我一直在业余时间刻苦学习，自费培训学习更高端的财务管理知识，自费学习财务技能，自费学习 Excel、R 语言及 Python 语言，您知道我为什么花这么多钱参加这么多培训吗？一方面是公司不会出这笔不菲的培训费，另一方面我要给自己找一个怪物，让这个怪物一直追着我跑，这样我才能想办法不让怪物追上我，我才能生存下去。这些年，我一边学习，一边梳理公司的数据，建立了一套自动化的业财融合的经营分析模板，觉得很有成就感。但是，公司目前的平台已经限制了我的发展，我追求的不是多高的年薪，而是能否在这个平台上学到更多，成长更多，反过来为公司贡献更多，体现自己的存在价值。感谢您这几年手把手地栽培我，让我成长起来，我想到更好的地方去做更多的事情，说句心里话，头儿，其实您也应该出去走走了。"

我愕然，不是因为走了一员大将，而是这些年来我根本就没想这么多。因为我根本就没有什么压力，一切都是自然的、没有任何难度系数的标准动作。论业务，我是非常自信的，目前公司没有人能超过我；论人际关系，我跟每个部门都很融洽。但是，这位下属的离职，她的一席话，让我产生了巨大的焦虑，感到了前所未有的压力，原先的安逸感、安全感荡然无存：今天没人超过我，明天会没有吗？今天安逸，明天会继续安逸吗？今天知识够用，明天还够用吗？世上真有舒适安逸的工作吗？这些年，我自己去外面参加过几次培训？了解掌握了多少数字时代下的管理知识和技能？有没有形成自己的知识体系和技能体系？细细想想，连自己也感到恐惧了，因为回过头往身后看看，才发现身后一直有怪物在追我，不是一头怪物，而是一群怪物！

但是，现在的我，还是有安逸思想，没有往前跑的意思，尽管已经意识到了危险的降临，但总觉得它们离自己还远，不用着急，双腿仍旧按照标准规范的动作，不紧不慢地原地踏步。

危险真要降临了吗? 我问自己。

当事情发生在你身上时
你必须谦虚地学习
并拥有持之以恒的精神

谨以此文, 与职场朋友们共勉!

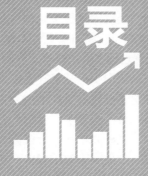

目录

Contents

03
Chapter

其实不难：
现有表格数据的快速整理与规范　/75

04
Chapter

核心技能:
彻底掌握并熟练运用常用的几个函数 /143

05
Chapter

快速分析：
数据透视表入门与基本运用 /229

06
Chapter

手到擒来：
大量工作表的快速查询与汇总 /289

07
Chapter

美化报表：
单元格格式设置的三大法宝 /323

08 Chapter

实战测验:
从原始数据到汇总分析报告 /353

Chapter

01

告 "小白" 书

Excel应该怎么用

Excel，每个人都非常熟悉，因为我们每天都在使用，但是我们又非常不熟悉，因为它远远不是我们想象的样子。那么，Excel究竟是什么？该如何与它愉快地相处？如何让它发挥最大的效力？

1.1 实际Excel表格

1.1.1 实际案例1: 收款和支款的核对

昨天, 一个学生在群里问我: "老师, 我想把图1-1中的数据进行透视汇总, 核查每个人、每个客户的收支情况, 但是创建透视表后, 怎么出现了很多空白(见图1-2), 而且收款客户和支款客户不在同一行啊? 这些数据有数千行呢, 一个一个地比对太累了。

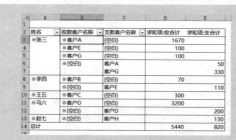

图1-1 原始数据

图1-2 透视的结果

1.1.2 实际案例2: 社保公积金汇总

还有一个学生问我: "老师, 我设计了图1-3所示表格。由于每个月员工的流动性很大, 不断有新入职和离职的员工, 我需要不断地在这个表格里插入行, 重新计算, 填写每个员工的数据，很不方便。说实话，我都有点麻木了，都是机械地、下意识地插入行、删除行，经常出错，错了就重新做一遍。老师，有没有更好的方法来解决这样的问题啊？"

看了看该同学的表格(见图1-3)，一句话：惨不忍睹！

部门	姓名	1月 住房公积金	养老保险	医疗保险	失业保险	社保合计	2月 住房公积金	养老保险	医疗保险	失业保险	社保合计	3月 住房公积金	养老保险	医疗保险	失业保险	社保合计
办公室	郝毅德	588.90	268.80	67.20	33.60	369.60	518.11	266.11	61.53	33.12	360.76	488.79	248.76	51.07	32.20	332.03
	纪天雨	459.60	205.60	51.40	25.70	282.70	443.97	194.54	45.10	23.21	262.84	532.77	176.49	43.62	24.95	245.06
	李雅茗	424.60	176.80	44.20	22.10	243.10	360.06	180.34	35.36	21.88	237.58	407.05	190.80	29.70	23.65	244.15
	王晓明											344.00	174.35	84.34	39.45	298.14
	合计	1473.10	651.20	162.80	81.40	895.40	1322.15	640.99	141.99	78.21	861.18	1772.61	790.39	208.73	120.25	1119.37
人事部	王嘉木	387.00	180.00	45.00	22.50	247.50										
	丛赫敏	456.10	224.00	56.00	28.00	308.00	503.53	253.12	51.89	28.16	333.17	469.04	233.20	49.32	27.72	310.24
	白留洋	369.10	161.60	40.40	20.20	222.20	371.16	177.21	36.32	18.70	232.24					
	张丽莉	509.50	210.40	52.60	26.30	289.30	523.92	220.33	46.84	25.28	292.30	467.60	221.59	44.81	24.54	290.94
	合计	1721.70	776.00	194.00	97.00	1067.00	1414.57	649.01	141.63	73.17	863.81	1307.80	632.00	130.45	70.96	833.41
财务部	蔡萌宇						52.44	23.66	259.81			467.43	148.80	48.59	24.14	221.52
	祁正人	488.10	185.60	46.40	23.20	255.20	526.56	189.96	45.52	21.83	257.31	585.27	210.36	46.80	20.41	277.58
	孟成然	464.10	180.80	45.20	22.60	248.60	408.32	187.56	45.22	21.90	254.68	418.36	182.14	50.88	22.75	255.77
	毛利民	468.30	183.20	45.80	22.90	251.90	469.61	191.15	44.74	25.88	261.77	403.21	197.90	43.31	27.08	268.28
	马一晨	588.90	268.80	67.20	33.60	369.60										
	王浩慕	459.60	205.60	51.40	25.70	282.70	505.41	255.41	52.24	24.55	274.21	416.57	159.99	58.51	22.25	240.76
	刘晓晨	424.60	176.80	44.20	22.10	243.10	414.32	153.23	42.95	23.93	220.12	397.50	169.69	43.78	25.50	238.97
	合计	3379.70	1392.80	348.20	174.10	1915.10	3323.25	1331.36	345.81	180.45	1857.62	3294.03	1305.92	349.87	180.06	1835.85
	刘一伯	387.00	180.00	45.00	22.50	247.50	405.42	176.26	39.96	621.64	837.86	457.56	190.00	38.94	717.56	946.51

图1-3 每个月都需要不断调整的表格

1.1.3 实际案例3：产品统计汇总

"老师，我用什么公式对下面的表格数据(见图1-4)按照产品名称、规格、颜色进行汇总啊？我现在都是一个一个地数出来的，特别累人。"该学生一脸的无奈，我看着表，也是一脸的苦笑。

编号	产品名称/规格	颜色	单位	数量	备注
1	28*0.5mm*5.99M 五线深槽杆*1支 (2.0 KG/支)	AC/红古	套	3000	10支*300件
2	28万向钢环B *48个				10套*300件
3	28大小叶 *6个 28新款七字单码B *6 个	SN/哑铄	套	1500	10支*150件
4	彩盒 *1个				10套*150件
5	28*0.5mm*5.99M 五线深槽杆*1支 (2.0 KG/支)	AC/红古	套	800	10支*80件
6	28 万向钢环B *48个				10套*80件
7	28小组凤尾勾 *6个 28新款七字单码B *6 个	SN/哑铄	套	150	10支*15件
8	彩盒 *1个				10套*15件
9	28*0.5mm*5.99M 五线深槽杆*1支 (2.0 KG/支)	AC/红古	套	1200	10支*120件
10	28万向钢环B*48个				10套*120件
11	28树权针 *6个 28新款七字单码B *6 个	SN/哑铄	套	600	10支*60件
12	彩盒 *1个				10套*60件
	合计				

图1-4 无法自动汇总计算的表格

1.1.4 实际案例4：员工信息分析

一位从事人力资源管理的学生问我："韩老师，领导要我做每个月的人力资源月报，分析各个维度的人数分布。现在的员工花名册是这个样子的(图1–5)，汇总起来非常费劲。要命的是，领导的要求一会儿一变，都来不及做(因为要花几个小时)，结果经常挨领导的批评。怎么办啊？"

	A	B	C	D	E	F	G	H	I	J	K	L	M	N	O	P	Q	R	S
1	序号	部门	职 务	姓 名	性别	工号	进公司时间			出生年月日	籍贯	学历情况				政治面貌	入党（团）时间	技术职称	
2												学历	毕业时间	毕业学校	所学专业				
3							年	月	日									职称	取得时间
4	1	公司总部	总经理	王嘉木	男	100001	2008	8	1	660805	北京市	硕士	2008年6月	中欧国际工商学院	工商管理	党员	1985年4月	高级工程师	2001-12-14
5	2	公司总部	党委副书记	丛赫敏	女	100002	2004	7	1	570103	北京市	大专	1996年12月	中央党校函授学院	行政管理	党员	1988年6月	政工师	
6	3	公司总部	副总经理	白留洋	男	100003	2004	7	1	630519	广州番禺	本科	1984年7月	南京工学院土木工程系	道路工程	党员	2000年8月	高级工程师	1999-8-20
7	4	公司总部	副总经理	张丽莉	男	100004	2007	1	12	680723	福建厦门	本科	1990年6月	南京林业大学机械工程系	汽车运用工程	党员	1998年9月	高级工程师	2007-7-28
8	5	公司总部	总助兼经理	蔡晓宇	男	110001	2007	4	17	720424	湖北荆州	本科	2006年6月	工程兵指挥学院	经济管理				
9	6	公司总部	副经理	祁正人	男	110002	2009	1	1	750817	湖北武汉	本科	2000年7月	西南政法大学	法学	党员	1999-12-28	助理经济师	2001-3-1
10	7	公司总部	业务主管	孟欣然	男	110003	2004	10	1	780119	江苏南京	本科	2005年12月	中共中央党校函授学院	经济管理				
11	8	公司总部	科员	毛利民	女	110004	2005	8	1	820812	江苏无锡	本科	2005年9月	苏州大学文正学院	新闻学				
12	9	公司总部	科员	马一晨	女	110005	2006	7	10	831227	江苏苏州	本科	2006年6月	苏州大学文正学院	汉语言文学	党员	2005年11月	助理政工师	2008-7-21
13	10	公司总部	科员	王浩忌	女	110006	2007	5	1	730212	北京市	本科	1998年12月	中共中央党校函授学院	经济管理				
14	11	公司总部	科员	刘晓晨	女	110007	2008	8	26	850522	上海市	本科	2008年7月	江苏教育学院	广播电视编导				
15	12	公司总部	办事员	刘颂峙	女	110008	2004	10	28	631204	上海市	本科	2007年12月	中共中央党校函授学院	法律	党员	2007-6-25		
16	13	公司总部	办事员	刘冀北	女	110009	2005	9	8	830127	浙江金华	本科	2005年6月	苏州大学文正学院	工商管理				
17	14	公司总部	经理	吴雨平	男	120001	2004	7	1	570906	浙江金华	大专	1991年6月	南京大学国际商学院	企业管理	党员	1980年11月	助理经济师	1995-12-19
18	15	公司总部	副经理	王浩忌	女	120002	2004	9	1	621209	河北保定	本科	1997年12月	中共中央党校函授学院	经济管理	党员	1991年1月	工程师	1993-9-1

图1–5　员工花名册

1.1.5 评语：表不表，数不数

上述表格都是典型的不了解Excel基本规则，说实话根本就不会使用Excel的具体表现。很多人不服气地说："我都用Excel很多年了，会很多函数，会制作透视表，也会画柱形图、饼图、折线图，怎么能说我不会Excel呢？"

1.2 不知不觉中，我们很多人变成了表格"杀手"

每次培训课上，我都会见到这样或那样的表格，这些表格的共同特征就是：乱！逻辑乱、结构乱、数据乱，最后把自己也搞乱了，晕头转向地都找不到北了。经常是同学拿着表格，口中念念有词：老师，这个表怎么用公式来快速汇总分析啊？"我只好指着这个表，一声喝道：快去系统地学习应用Excel！"

1.2.1 把Excel当成了Word来用

1.1节中的第1个表格(见图1–1)在管理数据方面犯了一个严重的错误：收款和支款是两个业务单元，也是两类性质不同的数据，应该分两个表格保存，但是现在的做法是什么呢？把收款和支款做成了嵌入式的表格，而且同一个客户居然分两列保存！这是一种典型的把Excel当成Word记录表的做法。

正确的做法是，将收款数据和支款数据分两个表格保存。由于目前只有3个项目，是固定的，因此仍可以按照目前的3个项目并排成3列的做法，如图1-6所示。

	A	B	C	D	E	F	G
1	姓名	日期	客户名称	项目1	项目2	项目3	合计
2	张三	2018-3-2	客户A	1210	360	100	1670
3	李四	2018-3-4	客户B	60	10		70
4	王五	2018-3-4	客户C	100	200		300
5	马六	2018-3-4	客户D	2400	700	100	3200
6	张三	2018-3-10	客户E			100	100
7	张三	2018-3-11	客户G	100			100

	A	B	C	D	E	F	G
1	姓名	日期	客户名称	项目1	项目2	项目3	合计
2	张三	2018-3-14	客户A	100			100
3	李四	2018-3-15	客户E		50		50
4	李四	2018-3-19	客户E			60	60
5	马六	2018-3-22	客户D		100	100	200
6	赵七	2018-3-26	客户H	100	30		130
7	张三	2018-3-27	客户G	100			100
8	张三	2018-3-27	客户E		50	70	120
9	张三	2018-3-28	客户G	10			10
10	张三	2018-3-28	客户A		20	30	50

图1-6　重新设计收款表和支款表

再利用Power Query对两个表格进行汇总合并，制作数据模型，然后使用Power Pivot创建数据透视表进行比对。

如果你没有安装Office 2016，也可以使用现有连接和SQL语句的方法，直接制作数据透视表。结果如图1-7和图1-8所示。

	值	类别							
		项目1		项目2		项目3		合计	
姓名		收款	支款	收款	支款	收款	支款	收款	支款
李四		60		10	50		60	70	110
马六		2400		700	100	100	100	3200	200
王五		100		200				300	
张三		1310	210	360	70	200	100	1870	380
赵七					100		30		130
总计		3870	210	1270	320	300	290	5440	820

图1-7　按照姓名汇总收款和支款

	值	类别							
		项目1		项目2		项目3		合计	
客户名称		收款	支款	收款	支款	收款	支款	收款	支款
客户A		1210		360	20	100	30	1670	50
客户B		60		10				70	
客户C		100		200				300	
客户D		2400		700	100	100	100	3200	200
客户E					50	100	60	100	110
客户G		100	210		50		70	100	330
客户H					100		30		130
总计		3870	210	1270	320	300	290	5440	820

图1-8　按照客户汇总收款和支款

如果项目不固定,也比较多,那么这种把项目并排成几列的处理方法就不科学了,需要把它们整理成一维表单,用最简单的5个字段"姓名""日期""客户名称""项目""金额"来管理数据就足够了,如图1-9所示。这样不仅输入数据方便,汇总分析也更方便。

图1-9　设计成一维数据表单

1.1节的第2个表格(见图1-3)的最大问题是使用了大量的合并单元格、小计行、空行,这种做法又是Word里的习惯,非常要命。合并单元格意味着有的单元格是没有数据的,仅仅是看起来清楚些,但是没数据的单元格怎么算? 有人说,单元格A3:A7不就都是办公室的吗? 我平常就是这么处理的啊! 然而事实是: 由于单元格A3:A7合并了,只有单元格A3是有数据的"办公室",而单元格A4:A7是没有数据的。

每个部门下增加了一行小计和空行。小计是使用SUM函数计算出的结果。在这个表格中,由于人员的流入流出(新进员工和离职员工),势必需要不断地插入行和删除行。结果,要不断地修改小计公式,造成了不必要的麻烦。

还有,月份作为第一行的标题,并且是几个单元格的合并使用,这样对于每个月的数据管理很不方便。

正确的做法是,按照月份管理数据,一个月一个工作表,维护员工原始数据记录即可,也不需要添加什么小计行和空行。因为这两个要求,我们可以使用别的工具(如数据透视表)自动得到。但是,现在你的情况是什么? 不仅数据维护累,汇总更累。

正确的表格结构和数据管理思路如图1-10所示。

图1-11所示就是使用透视表对几个月的社保公积金数据进行汇总的结果,是自动完成的,不需要去插入行或插入公式,并且可以自动美化表格。

第3个表格(见图1-4)纯粹是一个Word表格,按照Word习惯的做法来记录数据,这样的数据怎么进行分类汇总分析? 这样的表格,唯一的处理方法就是彻底扔掉,重新设计。

1月

部门	姓名	住房公积金	养老保险	医疗保险	失业保险	社保合计
办公室	郝般蕾	588.90	268.80	67.20	33.60	369.60
办公室	纪天雨	459.60	205.60	51.40	25.70	282.70
办公室	李雅苓	424.60	176.80	44.20	22.10	243.10
人事部	王嘉木	387.00	180.00	45.00	22.50	247.50
人事部	丛赫敏	456.10	224.00	56.00	28.00	308.00
人事部	白留洋	369.10	161.60	40.40	20.20	222.20
人事部	张丽莉	509.50	210.40	52.60	26.30	289.30
财务部	祁正人	488.10	185.60	46.40	23.20	255.20
财务部	孟欣然	464.10	180.80	45.20	22.60	248.60
财务部	毛利民	468.30	183.20	45.80	22.90	251.90
财务部	马一晨	588.90	268.80	67.20	33.60	369.60
财务部	王浩忌	459.60	205.60	51.40	25.70	282.70
财务部	刘晓晨	424.60	176.80	44.20	22.10	243.10
技术部	刘一伯	387.00	180.00	45.00	22.50	247.50
技术部	刘颂峙	456.10	224.00	56.00	28.00	308.00
技术部	刘冀北	369.10	161.60	40.40	20.20	222.20
技术部	吴雨平	509.50	210.40	52.60	26.30	289.30
技术部	王浩忌	522.40	234.40	58.60	29.30	322.30
技术部	张一帆	486.10	192.00	48.00	24.00	264.00

2月

部门	姓名	住房公积金	养老保险	医疗保险	失业保险	社保合计
办公室	郝般蕾	518.11	266.11	61.53	33.12	360.76
办公室	纪天雨	443.97	194.54	45.10	23.21	262.84
办公室	李雅苓	360.06	180.34	35.36	21.88	237.58
人事部	丛赫敏	503.53	253.12	51.89	28.16	333.17
人事部	白留洋	387.11	175.56	42.90	19.88	238.34
人事部	张丽莉	523.92	220.33	46.84	25.13	292.30
财务部	祁正人	526.56	189.96	45.52	21.83	257.31
财务部	孟欣然	408.32	187.56	45.22	21.90	254.68
财务部	毛利民	469.61	191.15	44.74	25.88	261.77
财务部	王浩忌	405.78	193.18	55.41	25.62	274.21
财务部	刘晓晨	414.32	153.23	42.95	23.93	220.12
技术部	刘一伯	405.42	176.26	39.96	621.64	837.86
技术部	刘颂峙	473.16	188.16	59.32	720.64	968.12
技术部	刘冀北	373.53	155.06	36.98	565.56	757.60
技术部	吴雨平	568.60	215.58	55.23	839.41	1110.21
技术部	王浩忌	530.13	226.43	65.00	821.56	1112.99
技术部	张一帆	452.07	190.92	48.14	691.14	930.21
技术部	张华宇	531.54	168.38	47.66	747.58	963.62
技术部	孙顺	400.61	174.15	41.03	615.79	830.97

1月　2月　3月　4月

图1-10　按月管理数据，设计成一维表单

		1月					2月					3月	
部门	姓名	住房公积金	养老保险	医疗保险	失业保险	社保合计	住房公积金	养老保险	医疗保险	失业保险	社保合计	住房公积金	养老保险
办公室	郝般蕾	588.9	268.8	67.2	33.6	369.6	518.11	266.11	61.53	33.12	360.76	488.79	248.76
	纪天雨	459.6	205.6	51.4	25.7	282.7	443.97	194.54	45.1	23.21	262.84	532.77	176.49
	李雅苓	424.6	176.8	44.2	22.1	243.1	360.06	180.34	35.36	21.88	237.58	407.05	190.8
	王晓萌											344	174.35
合计		1473.1	651.2	162.8	81.4	895.4	1322.14	640.99	141.99	78.21	861.18	1772.61	790.4
财务部	蔡晓宇											467.43	148.8
	刘晓晨	424.6	176.8	44.2	22.1	243.1	414.32	153.23	42.95	23.93	220.12	397.5	169.69
	马一晨	588.9	268.8	67.2	33.6	369.6							
	毛利民	468.3	183.2	45.8	22.9	251.9	469.61	191.15	44.74	25.88	261.77	403.21	197.9
	孟欣然	464.1	180.8	45.2	22.6	248.6	408.32	187.56	45.22	21.9	254.68	418.36	182.14
	祁正人	488.1	185.6	46.4	23.2	255.2	526.56	189.96	45.52	21.83	257.31	585.27	210.36
	王浩忌	459.6	205.6	51.4	25.7	282.7	405.78	193.18	55.41	25.62	274.21	416.57	
合计		2893.6	1200.8	300.2	150.1	1651.1	2224.59	915.08	233.84	119.16	1268.09	2688.34	
技术部	刘冀北	369.1	161.6	40.4	20.2	222.2	373.53	155.06	36.98	565.56	757.6	370.24	150.12
	刘颂峙	456.1	224	56	28	308	473.16	188.16	59.32	720.64	968.12	563.06	188.76
	刘一伯	387	180	45	22.5	247.5	405.42	176.26	39.96	621.64	837.86	457.56	190
	孙顺	464.1	180.8	45.2	22.6	248.6	400.61	174.15	41.03	615.79	830.97	371.85	181.03
	王浩忌	522.4	234.4	58.6	29.3	322.3	530.13	226.43	65	821.56	1112.99	428.35	232.32
	吴雨平	509.5	210.4	52.6	26.3	289.3	568.6	215.58	55.23	839.41	1110.21	500.37	191.6
	张华宇	488.1	185.6	46.4	23.2	255.2	531.54	168.38	47.66	747.58	963.62	507.89	163.34

养老保险　值: 210.36　行: 财务部 - 祁正人　列: 3月 - 养老保险

1月　2月　3月　4月　汇总

图1-11　利用透视表自动汇总各月社保和公积金

第4个表格(见图1-5)，更是一个原始Word类的花名册结构了。合并单元格、多行标题，出生日期的数据也不正确，进公司时间居然按照年月日3个数分成了3列输入。

1.2.2 设计的Excel表单毫无逻辑性

Excel数据表单，是对数据的基本管理，而数据管理就需要有严格的逻辑性(其实，随后的数据分析，逻辑性更强了，这是后话，暂且不表)。要把表单设计为标准的数据库，表内各列、各行数据有严格的逻辑架构，表单之间的数据能够顺畅有序流动。

任何一个表单的设计，都要结合实际业务来进行。为什么要用10列保存数据？为什么要用5个表格保存不同的数据？每行数据如何保存？每列数据如何先后输入？在设计基础表单之前，是否都把这些问题想清楚了？

现实情况是:很多人在设计表格时,逻辑混乱,结构混乱,特别喜欢设计大而全的表格,什么数据都往里装。一个评语就是:没有逻辑的表格就是垃圾桶,垃圾桶越大,垃圾越多!

1.2.3 数据输入很不规范

不论是文本数据,还是日期和时间,以及编码类的数字,很多人是按照自己的喜好和习惯来输入的,没有一点章法。比如上面的第4个表(见图1-5)中,员工的出生日期居然输入成了诸如660805的字样,这样我们就无法直接使用函数来计算年龄;更要命的是,进公司的时间居然不怕麻烦地分成了年月日3列输入,又该如何用简洁的公式计算该员工的实际工龄? 而这样一份重要的员工基本信息表单,居然缺失了身份证号码这个极其重要的信息数据!

1.2.4 表格"杀手"无处不在

从Excel面市以来,已经过去了数十个年头。作为职场上不可或缺的办公软件,Excel每天都在默默地陪着我们经历各种酸甜苦辣,陪着我们加班加点,陪着我们忍受领导的批评、同事的鄙视,陪着我们默默地落泪。

Excel本应该能大大提升我们的日常办公效率,但现实情况是,它给我们带来了太多的苦闷与烦恼。悲愤之下,大家纷纷举起了"刀",把自己变成了表格"杀手",每天都在表格中寻找"仇家",然后就是不成章法地乱杀一气,连点套路都不讲。

Excel是一个非常开放、非常灵活的数据管理和数据处理工具。使用Excel的第一要务是如何把数据管理好,让数据各司其位,不能彼此老死不相往来,更不能打乱架。然而现实中,我们很多人把Excel当成了Word,不论是表格结构,还是数据本身,都是乱糟糟的、互不关心,或者经常打乱架,开始我们还耐着性子去撮合它们,或者去拉架,慢慢地,我们失去了耐心,自己也参与其中,见一个打一个了。

1.3 不得不说的Excel重要规则

我经常这样比喻:学习 Excel 就像学开车,第一堂课是不会让你去摸车的,而是让你安安静静地坐在教室里学习交规。Excel的第一堂课,也不是学习什么小技巧、函数或是透视表,而是老老实实地、认真地了解 Excel 的重要规则。只有从一开始就树立正确的理念,才能设计出标准、规范的数据表单。

1.3.1 要严格区分基础表单和分析报告

归根结底，我们每天都是在折腾两个表：基础表单和分析报告。但是，很多人把这两种表格混在了一起，而不是各司其位，井然有序，结果就是越弄越乱。

那么，什么是基础表单？什么是分析报告？它们各有什么规则要求？

1.3.2 基础表单要科学，要有逻辑，数据要规范

很多人在设计表单时，信手拈来，全然不思考业务数据管理逻辑、数据流程架构、数据输入方法，而是一味地根据习惯来做，这样做的后果就是：设计出的表格结构不科学、数据不规范，导致不仅不方便数据维护，以后的数据汇总和分析更是困难重重。

基础表单是基础数据表格，保存的是最原始的颗粒化数据，是日常管理数据用的，是数据分析的基础，对于这样的表格，设计的基本原则是"越简单越好"，也就是说，以最简单的表格结构来保存最基本的信息数据，数据采集要颗粒化。因此，基础表单应该按照严格的数据库结构来进行设计，避免出现以下不规范的做法。

- 多行标题。
- 多列标题。
- 合并单元格。
- 不同类型数据放在一个单元格。
- 空行。
- 小计。
- 数据信息重叠输入。
- 不必要的列。
- 设置了大量的不必要的公式。
- 大而全的表格。

当表格结构定下来后，剩下的工作就是日常维护数据了。数据的输入，同样也不能随心所欲。在工作中，我们很多人会犯下面的错误。

- 任意在文字中（尤其是姓名）加空格，人为的对齐。
- 日期输成了 2018.3.15 这样违反 Excel 基本规则的数据。
- 名称不统一：一会儿"人力资源部"，一会儿 HR，一会儿"人事部"。
- 数据输入的格式不统一，例如数据是数字型编码，结果有的单元格按文本格式输入，有的单元格按数值格式输入。

基础表单不见得就是一张工作表，根据工作需要和数据管理的要求，有时候需要把数据分

成几个工作表来保存。列举如下几点。

- 工资和考勤管理中，按月保存工资数据和考勤数据。
- 员工基本信息管理中，重要的基础数据一张表，其他辅助信息（如学历、培训情况等）单独保存在另外一个工作表。
- 销售管理中，合同基本信息一个表，发票一个表，收款一个表，发货一个表。
- 资金管理中，可以按照银行账户分别管理资金流入流出，也可以只设计一个所有账户的资金流入流出总账簿。
- 员工合同管理中。员工基本信息一个表（便于查询员工的重要信息，例如学历、性别、年龄等），劳动合同是另一个表。

1.3.3 分析报告不仅仅是汇总，更是问题的揭示

分析报告是最终的汇总计算结果，是给别人看的报告，对于这样的表格，设计的基本原则是"越清楚越好"。也就是说，以最简单明了的表格和图表反映数据的根本信息，以便发现问题、分析问题和解决问题。

分析报告一定要反映出数据分析者的基本思想和逻辑，反映数据分析者对企业经营的思考。分析报告考虑的重点是信息的浓缩提炼和清晰易观，以便报告使用者一目了然地找到需要的信息。因此，在分析报告结构设计上应当考虑以下几个方面。

- 合理的表格架构。
- 易读的数据信息。
- 突出重点信息。
- 表格外观美观。
- 动态信息提取和分析。
- 分析报告自动化。
- 分析报告模板化。
- 分析仪表盘。

现在的情况是：很多人没有数据分析思路，所做的报表仅仅是汇总计算表，没有深入分析数据背后的信息，没有给上级提交一份有说服力的报告。

1.3.4 基础表单和分析报告一定要分开

很多人喜欢在原始数据表格中制作分析报告，这样的结果是：一个工作表上既有原始数据，又有分析报告。其实这是一种不规范的做法。

我的建议是：基础数据表单只保存基础数据，是干干净净的一个表，这样就保证了原始数

据的纯洁性、安全性，并且维护起来也很方便。

而分析报告做在另外一个工作表中，在这个工作表中，只是计算分析结果，是各种分析结果的有序展示，一步一步引导报表使用者关注最重要的信息。

1.3.5 低效率来源于表单不规范

经常听到很多人说：Excel太难了，函数都不会用。其实，不是Excel太难了，也不是函数太难了，而是一开始你的基础表单设计的有问题。就像盖房子，一开始首先要设计好户型，这样以后装修起来就很容易了，可以装修成各种需要的风格。但是，如果一开始户型设计得不合理，装修起来就费老鼻子劲了。

话又说回来，即使图纸设计好了，施工也要规规矩矩地按照图纸来进行，不能这里放一块石头，那里又搁一块空心砖，这样的墙壁在装修时，是不是感到胆战心惊的？

Excel也是同样的道理。表单架构设计及数据的规范输入是极其重要的。不能不加思考就依照习惯设计一个工作表，然后稀里糊涂地输入数据，而应该结合实际业务来设计和维护基础表单。

Excel的使用是非常讲究逻辑的。从本质上来说，Excel基础表单是一个数据库，每个工作表就是一个数据表。由于Excel的操作具有很大的灵活性，很多人从开始使用Excel的第一天，就把Excel拿来乱用，不论是表格的结构设计，还是数据的日常维护，都是随心所欲、按照自己的习惯来做。这样导致的结果是：表与表之间没有逻辑性，表内列和列之间也没逻辑性，对于这样一个逻辑混乱的表格，我们还能高效率地处理分析数据吗？

每次培训课上，我都会看到这样逻辑混乱、大而全的表格。每当此时，我就会问学生这样的问题：

- 你为什么要这样设计表格？
- 表格的设计思路是什么？
- 表格的设计逻辑是什么？
- 你要用这个表格做什么工作？
- 你日常维护数据方便吗？
- 你能很快地做出领导要的各种分析报表吗？
- 既然回答是"否"，那么为什么还要这样设计呢？

任何一张基础数据表单，都是数据管理思路的结晶，是数据流程架构的具体体现。我们管理的对象是数据，那么，数据如何管理？在这个问题没有想明白之前，先不要匆忙设计表单。

1.4 学用Excel的秘籍：培养自己的逻辑思路

"我现在的工作是要整理一张大表，其中包含所有业务员的数据，要按照每个业务经理进行筛选，然后把筛选出来的数据另存为一个工作簿，分别发给每个业务经理，让他们分别填写自己手下业务员的数据(还不能改动隐藏起来的其他业务部门的数据)。收集回来后，再分别将每个业务经理填写的数据汇总到我这张大表上。我现在的做法非常累，就是复制粘贴，有400多个业务员啊！"

这是在一次企业内训上，一个学生跟我提出的问题，希望我能帮她解决。

这个学生的工作为什么会如此繁琐和累人，甚至经常出现错误？究其原因就是没有一个正确的数据采集和汇总思路。你手里的那张大表，其实是所有业务部门的堆积汇总表，但是，为什么要把自己的大表筛选后发给各个业务经理填写呢？要知道，每个业务经理拿到的表格，不仅有自己的数据，还有别人的数据(这些被隐藏了)，他们在填写数据时也是非常累的，增加业务员后只能加到最后一行吧。结果，你拿到表格后，还需要分别摘出来再复制粘贴。不仅每个业务经理填写数据累，汇总也累，两头都是累！

换个思路考虑这样的问题：给每个业务经理发一个相同结构的表单模板，让他们按照要求的格式填写自己手下业务员的数据，不要再掺杂别的业务部门的数据。这样，当你收到几个业务经理的文件后，仅仅需要简单地复制粘贴即可完成(如果你想这样手工做的话)，或者使用Power Query快速汇总并得到能够随时更新的自动化模板(这是最好的方法)，或者使用VBA编写一段汇总代码，单击按钮就一键完成汇总(最自动化的操作)。

不论是简单的数据采集和处理，还是要设计较为复杂的计算公式，或者是制作分析报告，都离不开一个最核心的东西：逻辑思路！

● 表单设计，是对数据管理的思考。

● 数据分析，是对数据背后信息的思考。

● 函数公式，是对表格计算的思考。

● 逻辑思路，永远是我们每个 Excel 使用者需要重点训练和强化的。

● 思路是树干，技巧是树叶，千万不要本末倒置。

● 要学好 Excel，更要用好 Excel。

1.5 E思

每次的培训课上，我都会结合大量的实际数据分析案例，给大家讲解Excel分析数据的思路是什么，工具是什么，效果是什么。不论是数据管理，还是数据分析，逻辑思路永远是第一位的。

但是，光有思路没有工具，就像战国时期的赵括一样，只能是纸上谈兵，最终结果是坑杀六十万赵卒；光有工具没有思路，就像水浒里的黑旋风李逵一样，拿着板斧嗷嗷叫，却不知去砍什么，最终是一鸩毒酒把命送掉。

能够把思路和工具结合起来，方能称为Excel大家，这就是王阳明所说的"知行合一"。不过，谦虚地说，我也做不到知行合一，但是我会努力地去弄明白每一个表单的逻辑思路，弄明白每一个任务的实质，弄明白每一个公式的来由，搞清楚自己要做什么，熟练运用手头现有的工具，并寻找更先进的工具。

学为用，用以学。奈世人多学而不用，或用而不学，学用脱节，徒耗精力，徒费时光，却无大收获，究其原因，谓不正用，不正学，不正理，不正思，不正技，不正师，故学得一堆技巧却不得要领，学得几个函数却不知贯通，讨得几个模板却不知逻辑，日常工作仍然是加班加班，制作报告仍是不被认可，呜呼！

Chapter

02

从头开始

Excel基础表单设计技能训练

千里之行，始于足下。一个标准规范的基础数据表单，是数据分析的基础。在实际工作中，尽管很多数据可以直接从管理软件中导出，但是，仍有一些表单需要我们亲手设计。

在设计基础表单时，有一些非常实用的技能，是必须掌握和熟练运用的，例如数据验证(数据有效性)、条件格式、智能表格、常用函数等。

2.1 表单结构的设计规则

2.1.1 表单结构设计要考虑的问题

基础表单必须要根据实际工作内容,依据不同的数据管理逻辑,设计成不同的结构。因此,基础表单没有固定的格式。

大部分流水性质的业务数据,一般要设计成数据库结构,如资金管理表单、销售表单、工资表单、合同表单等。

某些特殊需求的表单,则根据实际需要设计满足该需求的结构,比如日常考勤表。

基础表单的实际,要遵循以下几个最基本的原则。

- 结构的科学性。
- 数据的易读性。
- 汇总的方便性。
- 分析的灵活性。
- 外观的美观性。

(1)结构的科学性,就是要按照工作业务的性质、数据管理的内容、数据的种类,来设计不同的基础表单,分别保存不同的数据。基础表格越简单越好,而那些把所有数据都装在一个工作表中的做法是绝对不可取的。比如,要做进销存管理,如何设计这样的基础表单?要用几个表单来反映进销存数据?每个表单要怎么保存数据?

(2)数据的易读性,主要包含两个方面:利用函数读数(取数)方便,叫函数读数;肉眼查看数据容易,叫人工读数。一个杂而乱、大而全的表格,是很难实现这两种高效读数的。数据易读性差的主要原因有:表格结构设计不合理;数据保存不合理;残缺不全、毫无逻辑的表格数据结构。

(3)汇总的方便性,是指不论多大的数据量,汇总要简单方便容易。你可以问自己:我设计的工作表数据汇总方便吗?大量表格数据之间的汇总方便吗?如果不方便,或者做起来非常吃力,Excel很好用的工具也用不上,其主要原因就是基础表单设计有问题,导致函数没法用、数据透视表用不好、图表做不好。

如果设计了很多工作表,需要把这些工作表数据汇总到一张工作表上,那么每个分表的结构(尤其是各个数据列的顺序和位置)尽量要保持一致,这样可以快速创建计算公式,更便于制作数据分析模板。我曾见过这样一个表格：每个月的项目是一样的，但是项目顺序不一样；有的表格顶部有大标题，有的没有，这样的表格设计给数据跟踪分析造成了不必要的麻烦。当问起为什么这么做，为什么不把每个月的工作表统一格式时，回答是：不能保证每个月完全一样啊。连一个标准化、规范化的表单都做不好的企业，它的管理存在诸多问题也就见怪不怪了。正应了一句话：没有困难，创造困难也要上！

(4)分析的灵活性，是指不论做何种分析，要讲究数据分析的灵活多变。因为我们对数据进行分析的目的，是要针对企业的数据进行深度挖掘，从不同方面找问题、找原因、找对策，这就要求基础数据必须能够精准反映企业的管理流程，制作的分析报告也必须具有灵活性，能够在几分钟内通过转换分析角度而得到另外一份分析报告。

(5)外观的美观性，不论是基础表还是报告，都尽量要求对表格进行美化。基础表的美化以容易管理数据为标准，而报告的美化以分析结果清楚为标准。特别强调的是，不论是基础表还是报告，很多人喜欢为数据区域添加边框，并保留工作表默认的网格线。其实，我们可以取消网格线，把数据区域设置为非常简练的线条表格，并把单元格字体、颜色、边框等进行合理的设置。

2.1.2 一个表还是几个表

大多数情况下，基础表单保存的数据有以下两种。

(1)每天都要输入的数据。

(2)基本固定不变的数据。

这两种数据要分别保存在不同的工作表，切忌把基本资料数据保存在日常输入数据的表单台账中。

日常输入数据的表格，依据业务的不同，可以做成一个大总的流水工作表，例如销售记录表、合同管理表等；也可以按照时间或者业务单元来保存数据，例如工资表、考勤表，就必须做成每个月一张表。

不论是一个工作表，还是几个工作表，表单架构设计(字段)是非常重要的，要满足数据科学管理的需要，并且要为以后的数据汇总和分析提供规范准确的、颗粒化的基础数据。

2.1.3 哪些做法是不允许的

在第1章中已经提到过，基础表单的很多做法是不被允许的，包括以下几点。

● 设计的表单无逻辑。

● 大而全的表格。

● 用二维表格管理数据。

● 行标题和列标题使用合并单元格。

- 表单中插入小计行。
- 表单中插入大量的空行、空列。
- 在表单数据区域外输入其他无关的数据。
- 在一列里保存有不同字段的数据。
- 在基础表单添加不必要的计算列。
- 表格顶部存在大表头,底部有备注文字。

2.2 表单数据的输入规则

表单结构设计好后,剩下的工作就是维护好这样的表单,按要求往单元格里输入数据了。

Excel 处理的数据分为 3 类:文本、日期和时间、数字。这 3 种数据的处理都是有规则的,输入时必须严格遵守这些规则。

2.2.1 文本数据

文本就是不能参与数学计算的数据,如汉字、字母等。在输入文本数据时,要避免出现以下的不规范做法。

- 在名称之间加空格,在文字前后加空格。
- 前后输入的名称不统一。例如一会儿是"人事部",一会儿是"人力资源部",一会儿是HR。
- 如果要输入客户名称的简称,一定要有一个全称和简称的对照表。
- 对于英文名称,要注意单词的拼写,并注意单词之间要留有一个标准的空格,不要有多余的空格。

如果要在函数和公式中输入一个文本常量,别忘了在文本前后加英文的双引号括起来。例如公式"="北京"",如果直接输入公式"=北京",就会报错,因为Excel会认为这个"北京"是一个名称,而不是一个文本数据。

2.2.2 日期和时间

1. 日期

很多人会在Excel表单中输入诸如2018.5.23、5.23、18.5.23这样的日期数据,这样做就大错特错了，因为他并没有弄明白Excel处理日期的重要规则。

Excel把日期处理为正整数，0代表1900-1-0，1代表1900-1-1，2代表1900-1-2，以此类推，日期2018-5-23就是数字43243。

输入日期的正确格式是"年-月-日"，或者"年/月/日"，而上面的输入格式是不对的，因为这样的结果是文本，而不是数字。

你可以按照习惯采用一种简单的方法输入日期。例如，如果要输入日期2018-5-23，那么下面的任何一种方法都是可行的。

- 输入2018-5-23。
- 输入2018/5/23。
- 输入2018年5月23日。
- 输入5-23。
- 输入5/23。
- 输入5月23日。
- 输入18-5-23。
- 输入18/5/23。
- 输入23-May-18。
- 输入23- May -2018。
- 输入23- May。
- 输入May -23。

此外，由于Excel接受采用两位数字输入年份，因此针对不同数字，Excel会进行不同的处理。

- 00 ~ 29：Excel将00 ~ 29之间两位数字的年解释为2000—2029年。例如，如果输入日期"19-5-28"，则Excel将假定该日期为2019年5月28日。
- 30 ~ 99：Excel将30 ~ 99之间两位数字的年解释为1930—1999年。例如，如果输入日期"98-5-28"，则Excel将假定该日期为1998年5月28日。

2. 时间

Excel处理日期和时间的基本单位是天，1代表1天，1天24小时，因此时间是按照1天的一部分来处理的，也就是说，1小时代表1/24天，1小时就是小数0.0416666666666667（也就是分数1/24）。比如，8:30就是8.5/24，8:50就是(8+50/60)/24。因此时间就是小数。

在Excel中，输入时间的格式一般为：时:分:秒。

例如，要输入时间"14点20分30秒"，可以输入14:20:30，或2:20:30 PM。注意：在2:20:30和PM之间必须有一个空格。

但是，如果要输入没有小时而只有分钟和秒的时间时，比如要输入5分45秒这样的数据，不能输入5:45，这样会把该时间识别为5小时45分。我们必须在小时部分输入一个0，以表示小时数为0，即输入0:5:45。

如果要在一个日期上加减一个时间，就必须先把时间转换为天，例如，要在单元格B2日期时间的基础上，加2.5小时，那么公式是"=B2+2.5/24"。

如果要输入带日期限制的时间，比如要输入2018年5月22日上午9点30分45秒，那么应该先输入日期2018-5-22，空一格后再输入时间9:30:45，最后输入到单元格的字符应该是2018-5-22 9:30:45，输入完毕后按Enter键。

Excel允许输入超过24小时的时间，不过Excel会将这个时间进行自动处理。比如，假设输入下面的时间：

26:45:55

那么它会被解释为1900年1月1日的2:45:55。

同样，如果输入下面的时间：

76:45:55

那么它会被解释为1900年1月3日的4:45:55。

也就是说，Excel将自动把多出24小时的部分进位成1天。

假设输入了带具体日期限制的超过24小时的时间，Excel也自动将其进行处理。例如，输入下面的日期和时间：

2018-02-22 38:50:25

那么它会被解释为2018年2月23日的14:50:25。

3. 日期和时间的错误来源

日期和时间的错误来源有两个：一是手工输入错误；二是系统导出错误。很多情况下，系统导出的日期是错误的(是文本型日期，并不是数值)，需要进行修改规范，常用的方法是使用分列工具。

4. 如何快速判断是否为真正的日期和时间

判断一个单元格的日期是不是真正的日期，只需要把单元格格式设置成常规或数值，如果单元格数据变成了正整数，就表明是日期；如果不变，表明是文本。

同样地，判断一个单元格的时间是不是真正的时间，只需要把单元格格式设置成常规或数值，如果单元格数据变成了正的小数，就表明是时间；如果不变，表明是文本。

5. 如何在公式中输入固定的日期

如果要在公式中直接使用一个固定的日期或时间进行计算，那么就需要使用英文双引号了。比如，要计算工龄(入职时间保存在单元格H2)，截止计算日期是2018–12–31，那么计算工时就需要设计成：

=DATEDIF(H2,"2018–12–31","y")

这种使用双引号表达日期的方法，在日期函数和直接计算公式中是没有问题的，但在某些函数中就会出现错误，此时应使用DATEVALUE函数进行处理。例如，A列保存真正日期，而使用下面的公式查找2018–5–7的数据，那么公式会出现如下错误的结果。

=VLOOKUP("2018–5–7",A:B,2,0)

正确的公式应为：

=VLOOKUP(DATEVALUE("2018–5–7"),A:B,2,0)

6. 如何在公式中输入固定的时间

如果要在公式函数中输入一个具体的时间，千万不能按照时间的格式输入。例如，我们不能使用 "8:30" 这样的格式来输入下面的公式。

=IF(B2>8:30," 迟到 "," 正常 ")

因为在公式函数中，冒号是引用符号，而不是时间符号。这个公式中，8:30并不认为是时间，而是被认作是引用第8行到第30行的区域。

要把8:30作为时间输入到公式函数中，必须先转换为数值，下面的两个公式都是正确的，第1个公式是直接除以24转换为数值，第2个公式是使用TIMEVALUE函数转换为数值。

=IF(B2>8.5/24," 迟到 "," 正常 ")

=IF(B2>TIMEVALUE("8:30")," 迟到 "," 正常 ")

如果是对时间直接加减计算，或者直接在日期时间函数中进行计算，那么直接用双引号括起来即可。例如，要在当前时间上加2个半小时，公式如下：

=NOW()+"2:30:00"

2.2.3　数字

在Excel里，数字是最简单的数据，但要牢记以下两个要点。

(1)Excel最多处理15位整数，以及15位小数点。

(2)数字有两种保存方式：纯数字和文本型数字。

对于编码类的数字，一定要将数字保存为文本，因为这样的编码类数字只是个分类名称而已，不需要求和计算。

当在单元格输入文本型数字时，如身份证号码、邮政编码、科目编码、物料编码等，有两个办法：一是先把单元格格式设置为文本，然后再正常输入数字；二是先输入英文单引号(')，然后再输入数字。

现实中的主要问题如下。

（1）很多人在输入诸如身份证号码这样超过15位数字的长编码时，发现输入完成后，最后3位数字变成0了，这样就丢失了最后3位数字。因此要特别注意处理为文本。

（2）有些人在处理数字类编码时，在编码这列里可能存在着文本和数字格式并存的情况，这样就没法继续正确的数据处理分析。此时，需要把数字转换为文本，可以使用分列工具进行快速转换。不过要注意，不能通过设置单元格格式的方法转换单元格数字格式，这样做毫无作用（第8章中有详细的解释）。

（3）如果是从系统导出的数据，而数字为文本型数字，无法进行计算处理，此时需要将文本型数字转换为纯数字，下一章，我会给大家详细介绍相关的技能。

（4）一些小白们喜欢把数字和单位写在一起。比如"100元""50套"，这样是没法计算的，也犯了一个不懂数据管理的严重错误：数字100、50是销量、金额之类的数字，"元""套"是单位，是两种不同类型的数据，应该分两列保存。

2.3　使用数据验证控制规范数据输入

在基础表单数据维护中，为了把错误数据消灭在萌芽之中，可以使用数据验证（又称数据有效性）来控制规范数据输入。

所谓数据验证，就是对单元格设置的一个规则，只有满足这个规则的数据才能输入到单元格，否则是不允许输入到单元格中的。数据验证就相当于在数据库中对字段的数据类型进行设置。

数据验证是一个非常有用并且效率极高的数据输入方法。利用数据验证，我们可以限制只能输入某种类型的数据、规定格式的数据、满足条件的数据，不能输入重复数等；还可以控制在工作表上输入数据的过程（例如不能空行输入，不能在几个单元格都输入数据，在几个单元格中只能输入某个单元格等）；当输入数据出现错误时，还可以提醒用户为什么出现了错误，应该如何去纠正。

灵活使用数据验证，并结合一些函数，可以设置非常复杂的限制输入数据条件，从而使数据的输入工作既快又准，工作效率也大大提高。

2.3.1　数据验证在哪里

单击"数据"→"数据验证"按钮（如图2-1所示），打开"数据验证"对话框，如图2-2所示。

从"允许"下拉列表中选择验证条件，就可以根据实际要求来设置各种数据验证了，如图2-3所示。

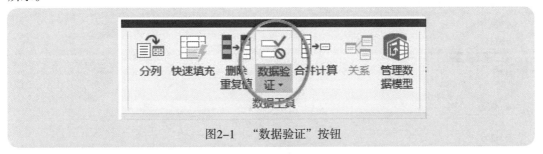

图2-1 "数据验证"按钮

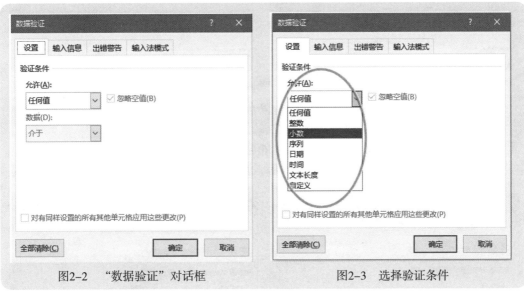

图2-2 "数据验证"对话框　　　　图2-3 选择验证条件

2.3.2 只能输入整数

在"允许"下拉列表中选择"整数"，可展开关于整数的数据验证条件，其中包括，介于、未介于、等于、不等于、大于、小于、大于或等于、小于或等于6种，如图2-4所示。

例如，要限制在单元格中只能输入正整数(如销售商品的件数、套数等)，就可以在"数据"下拉列表中选择"大于或等于"的条件，然后在"最小值"文本框中输入0，如图2-5所示。

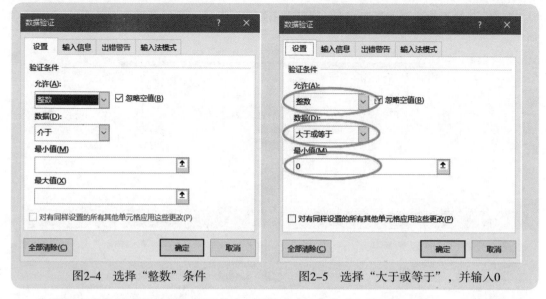

图2-4　选择"整数"条件　　　　　图2-5　选择"大于或等于",并输入0

　　为了更直观地得到数据输入提示信息,可以在"输入信息"选项卡中输入一段简短的说明文字,以提醒用户应该输入什么样的数据、怎么输入,如图2-6所示。

　　如果输入了不符合条件的数据,系统就会报错。此时,我们还可以在"出错警告"选项卡中进行设置,以警告错误的原因,如图2-7所示。

图2-6　输入提示信息文字　　　　　图2-7　输入警告信息文字

这样，只要单击设置了数据验证的单元格，就会出现提示文字"请输入正整数！"，如图2-8所示。如果输入错误，就会弹出警告对话框，如图2-9所示。

图2-8　输入提示信息，马上知道要输入什么样的数据

图2-9　输入的数据不满足条件，弹出警告对话框

2.3.3 只能输入小数

例如，假设公司规定各个部门每天的日常费用开支不能超过1000元，可以是小数，但不能为负数，那么就可以进行如图2-10所示的数据验证设置。

（1）在"允许"下拉列表中选择"小数"。

（2）在"数据"下拉列表中选择"介于"。

（3）在"最小值"文本框中输入0。

（4）在"最大值"文本框中输入1000。

图2-10   只允许输入规定的正小数

2.3.4   只允许输入固定期间的日期

大部分表格都要输入日期,但在有些情况下只允许输入规定的日期,比如只能输入2018年的日期、只能输入当天的日期、只能输入当月的日期等,此时,同样也可以使用数据验证并联合使用有关的函数来解决。

假如某个管理表格只允许输入2018年的日期,那么可以进行如图2-11所示的验证设置。

图2-11   只允许输入2018年的日期

(1)在"允许"下拉列表中选择"日期"。

(2) 在"数据"下拉列表中选择"介于"。

(3) 在"开始日期"文本框中输入2018-1-1。

(4) 在"结束日期"文本框中输入2018-12-31。

2.3.5 只允许输入当天的日期

假若某个管理表格只允许输入当天的日期，那么可以进行图2-12所示的验证设置。

(1) 在"允许"下拉列表中选择"日期"。

(2) 在"数据"下拉列表中选择"等于"。

(3) 在"日期"文本框中输入公式"=TODAY()"。

图2-12 只允许输入当天的日期

思考：为什么在"日期"文本框中必须输入"=TODAY()"，而不能直接输入TODAY呢？因为TODAY是函数，在单独使用函数时，必须以公式的形式输入，也就是说，必须先输入等号(=)。

此外，TODAY函数没有参数，因此函数名后面的一对括号不能漏掉。

 **函数说明：TODAY**

TODAY函数用于得到当天的日期。用法如下：

=TODAY()

2.3.6 只允许输入当天以前的日期

假若某个管理表格只允许输入当天以前的日期(含当日),那么可以进行如图2-13所示的验证设置。

(1)在"允许"下拉列表中选择"日期"。

(2)在"数据"下拉列表中选择"小于或等于"。

(3)在"结束日期"文本框中输入公式"=TODAY()"。

图2-13 只允许输入当天(含)以前的日期

2.3.7 只允许输入当天以前一周内的日期

假若某个Excel表格只允许输入当天以前一周内的日期(不含当日),那么可以进行如图2-14所示的验证设置。

(1)在"允许"下拉列表中选择"日期"。

(2)在"数据"下拉列表中选择"介于"。

(3)在"开始日期"文本框中输入公式"=TODAY()-7"。

(4)在"结束日期"文本框中输入公式"=TODAY()-1"。

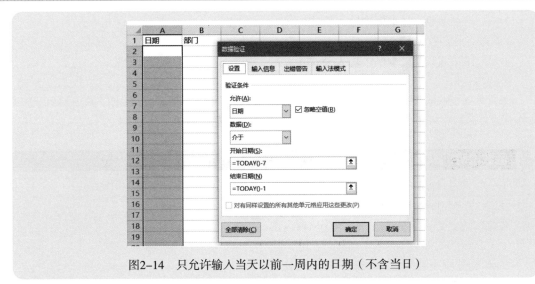

图2-14 只允许输入当天以前一周内的日期（不含当日）

2.3.8 只允许输入当天以前的本月日期

假若在某个Excel表格只允许当天以前的本月日期，那么可以进行如图2-15所示的验证设置。

图2-15 只允许输入当天以前的本月日期

（1）在"允许"下拉列表中选择"日期"。
（2）在"数据"下拉列表中选择"介于"。

(3)在"开始日期"文本框中输入公式:

=EOMONTH(TODAY(),–1)+1

(4)在"结束日期"文本框中输入公式:

=TODAY()–1

公式"=EOMONTH(TODAY(),–1)+1"就是获取当月的第一天的日期,这里,利用了EOMONTH函数得到上个月最后一天日期,然后再加1就是本月第一天日期。

> **函数说明:EOMONTH**
>
> EOMONTH函数用于计算指定日期之前或之后几个月的月底日期。用法如下:
>
> = EOMONTH(开始日期,月数)
>
> 例如,下面公式的结果是 2018–7–31:
>
> =EOMONTH("2018-4-15",3)
>
> 而下面的公式结果是 2018–1–31:
>
> =EOMONTH("2018-4-15",–3)

2.3.9 只允许输入规定的时间

我们也可以使用验证限制时间的输入,其方法与限制日期输入是一样的。比如,员工的考勤表中,上班时间只能输入上午8点以前的时间,超过上午8点就算旷工;下班时间只能输入下午5点以后的时间,在下午5点以前就算早退。对此可以进行图2-16、图2-17所示的验证设置。

图2-16　只允许输入上午8点以前的时间

上班时间数据验证如下。

(1)在"允许"下拉列表中选择"时间"。

(2)在"数据"下拉列表中选择"小于或等于"。

(3)在"结束时间"文本框中输入"8:00:00"。

图2-17　只允许输入下午5点以后的时间

下班时间数据验证如下。

(1)在"允许"下拉列表中选择"时间"。

(2)在"数据"下拉列表中选择"大于或等于"。

(3)在"开始时间"文本框中输入"17:00:00"。

2.3.10 只允许输入规定长度的数据

我们也可以对输入的文本进行控制，比如只能输入规定长度(或长度区间)的文本。例如输入邮政编码时限制文本的长度是6，那么可以进行图2-18所示的验证设置。

(1)在"允许"下拉列表中选择"文本长度"。

(2)在"数据"下拉列表中选择"等于"。

(3)在"长度"文本框中输入数字6。

那么，就在选定单元格区域内只能输入长度为6的字母、数值型文本或者纯数字，字符长度少于6或者多于6都是非法的。

但是，这种长度限制的数据验证，对数字和字母都是有效的。由于邮政编码是6位数字，为了更加精准控制，只能输入6位的数字编码，需要使用自定义条件来解决了。这个设置我们将在后面进行介绍。

图2-18　限制输入文本的长度

2.3.11 在单元格制作基本的下拉菜单

很多情况下,我们经常要重复输入一些固定数据。比如要在员工信息表的某列输入该员工所属部门名称,而这些部门名称就是那么几个固定的名称。此时利用数据验证,不仅可以实现部门名称的快速输入,也可以防止输入错误的、不规范的部门名称。

效果如图2-19所示,当单击B列数据区域的某个单元格时,就在该单元格的右侧出现一个下拉按钮,单击该按钮,就可以选择输入该序列的某个项目,或者人工输入序列中已存在的项目,输入不在序列中的其他数据都是非法的。

图2-19　从单元格下拉列表中选择输入数据

对要输入部门名称的表格列设置如下的数据验证,如图2-20所示。

（1）在"允许"下拉列表中选择"序列"。

（2）在"来源"文本框中输入部门名称序列，如"办公室,人力资源部,财务部,销售部,开发部,工程部"，注意该序列的各个项目之间用英文逗号隔开。

图2-20　只能输入指定的序列数据

在很多情况下，要输入的序列项目很多，或者每个项目都是很长的字符串，那么在"来源"文本框里输入这些序列名称便不太方便了。一种比较好的方法就是把这些序列数据保存在工作表的某列或者某行中，然后在"来源"文本框里引用这个单元格区域，如图2-21所示。

图2-21　将保存在工作表的某列（或某行）数据作为数据序列的来源

这种做法也有一个问题，对于基础表单来说，诸如部门名称、产品名称、客户名称等这样的基本资料数据，最好不要保存在当前源数据表单工作表中，而应该保存在另外一个专门保存基本资料数据的工作表中。换句话说,就是将日常不断输入数据、维护数据的表单工作表与基本资料工作表分开。此时,数据验证的设置方法与上面介绍的是一样的,直接引用基本资料工作表的数据即可,如图2-22所示。

图2-22 将保存在另外一个工作表的数据作为数据序列的来源

2.3.12 在单元格制作二级下拉菜单

在设计如员工信息管理表格时,我们还会经常碰到这样的问题。比如要输入企业各个部门名称及其下属的员工姓名,如果将所有的员工姓名放在一个列表中,并利用此列表数据设置数据验证,那么很难判断某个员工是属于哪个部门的,容易造成张冠李戴的错误,如图2-23所示。

图2-23 无法确定某个员工是哪个部门的

我们能不能在A列输入部门名称后,在B列只能选择或输入该部门下的员工姓名,其他部门员工姓名不会出现在序列列表中呢?

使用多种限制的数据验证来制作二级下拉菜单,就可以解决这样的问题。

🔶 案例2-1

步骤① 首先设计部门名称及其下属员工姓名列表,如图2-24所示。其中,第1行是部门名称,每个部门名称下面保存该部门的员工姓名。

	A	B	C	D	E	F	G	H	I
1	部门名称:	办公室	人力资源部	销售部	技术部	信息部	生产一组	生产二组	客服部
2	该部门员工:	AAA1	BBB1	CCC1	DDD1	EEE1	FFF1	GGG1	HHH1
3		AAA2	BBB2	CCC2	DDD2	EEE2	FFF2	GGG2	HHH2
4		AAA3	BBB3	CCC3	DDD3	EEE3	FFF3	GGG3	HHH3
5		AAA4	BBB4	CCC4	DDD4	EEE4	FFF4	GGG4	HHH4
6			BBB5	CCC5	DDD5	EEE5	FFF5	GGG5	
7			BBB6	CCC6	DDD6		FFF6	GGG6	
8				CCC7	DDD7		FFF7	GGG7	
9				CCC8			FFF8	GGG8	
10				CCC9			FFF9	GGG9	
11							FFF10	GGG10	
12							FFF11	GGG11	
13								GGG12	
14								GGG13	

图2-24 设计部门名称及其下属员工姓名列表

步骤② 选择B列至I列含第1行部门名称及该部门下员工姓名在内的区域,单击"公式"→"定义的名称"→"根据所选内容创建"按钮,如图2-25所示。

图2-25 批量创建名称命令

步骤③ 打开"根据所选内容创建名称"对话框,选中"首行"复选框,然后单击"确定"按钮,将B列至I列的第2行开始往下的各列员工姓名区域分别定义名称,如图2-26所示。

步骤④ 再选择单元格区域B1:I1,单击名称框,输入名称"部门名称",然后按Enter键,将这个区域定义为"部门名称",如图2-27所示。

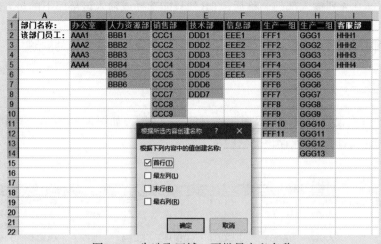

图2-26　先选取区域，再批量定义名称

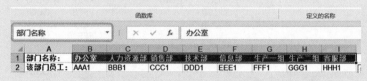

图2-27　把第1行各个部门名称区域定义名称"部门名称"

单击"公式"→"定义的名称"→"名称管理器"按钮，打开"名称管理器"对话框，可以看到我们定义了很多名称，其中各个部门员工姓名区域的名称就是第1行的部门名称，如图2-28所示。

图2-28　定义的名称

步骤⑤ 选取单元格区域A2:A1000(或者到需要的行数)，打开"数据验证"对话框，按图2-29所示进行设置。

● 在"允许"下拉列表中选择"序列"。

● 在"来源"文本框中输入公式"=部门名称"。

步骤⑥ 选取单元格区域B2:B1000(或者到需要的行数)，打开"数据验证"对话框，按如图2-30所示进行设置。

● 在"允许"下拉列表中选择"序列"。

● 在"来源"文本框中输入公式"=INDIRECT(A2)"。

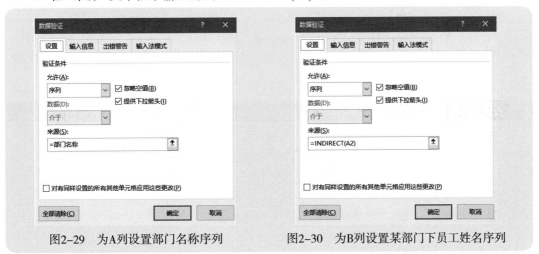

图2-29 为A列设置部门名称序列　　　图2-30 为B列设置某部门下员工姓名序列

这样，在A列的某个单元格中选择或输入部门名称，在该行B列的单元格内就只能选择或输入该部门下的员工姓名，如图2-31、图2-32所示。

图2-31 选择或输入"办公室"的员工姓名　　　图2-32 选择或输入"信息部"的员工姓名

函数说明：INDIRECT

INDIRECT函数用于把一个字符串表示的单元格地址转换为引用。用法如下：

=INDIRECT(字符串表示的单元格地址或名称,引用方式)

这里注意以下几点。

(1)INDIRECT转换的对象是一个文本字符串。

(2)这个文本字符串必须是能够表达为单元格地址或名称的,例如"C5""M10""预算!C5"。

(3)这个字符串是我们自己手工连接(&)起来的。

例如,若单元格D5保存的数据是A2,它是一个文本字符串,但这个A2恰好又是单元格A2的地址,那么公式"=INDIRECT(D5)"并不是引用单元格D5的数据,而是单元格A2的数据。

小知识：

名称就是给工作表中的对象命名的一个称谓,在公式或函数中,可以直接使用定义的名称进行计算,不必去理会这个名称所代表的对象在哪里。能够定义名称的对象如下。

(1)常量。比如可以定义一个名称为"增值税",它代表0.17。公式"=D2*增值税"中,这个名称"增值税"就是0.17。

(2)一个单元格。比如把单元格A1定义名称为"年份",若在公式中使用"年份"两字,就是引用单元格A1中指定的年份。

(3)单元格区域。比如把B列定义名称为"年份",D列定义名称为"销售量",那么公式"=SUMIF(年份,2018,销售量)"就使用了2个名称,就是对B列进行条件判断,对D列求和,条件是2018。

(4)公式。可以对创建的公式定义名称,以便更好地处理分析数据。比如把公式"=OFFSET(Sheet1!$A$1,,,Sheet1!$A:$A,Sheet1!$1:$1)"命名为data,就可以利用这个动态的名称制作基于动态数据源的数据透视表,而不必每次去更改数据源。

2.3.13 控制不能输入重复数据

案例2-2

"老师,我设计了一个员工花名册,怎样才能控制在D列不能输入重复的员工身份证号码啊？而且还要限制身份证号码必须是18位。"

这样的问题，使用数据验证下的自定义规则即可解决，不过，在这种情况下，需要熟练使用逻辑函数、信息函数、查找函数、统计函数、条件表达式等。

对该同学的问题，可以设置这样的数据验证：在"允许"下拉列表里选择"自定义"，在"公式"文本框里输入下面的公式（如图2-33所示）：

=AND(COUNTIF($D$2:D2,D2)=1,LEN(D2)=18)

图2-33 只能输入18位不重复的身份证号码

这个公式中，有如下两个条件，它们必须都满足才能输入数据。

条件1：判断输入的数据是否唯一，使用COUNTIF函数进行统计，公式如下：

COUNTIF($D$2:D2,D2)=1

条件2：判断输入的数据长度是否为18位，使用LEN函数进行计算，公式如下：

LEN(D2)=18

最后使用AND函数将两个条件组合起来。

=AND(条件 1, 条件 2)

在使用COUNTIF函数进行统计时，由于我们是统计刚刚输入的数据是否在前面已经输过了，因此统计区域是一个不断往下扩展的变动区域，但这个区域的第一个单元格永远是D2，因此统计区域的第一个单元格是绝对引用$D$2，最后一个单元格是相对引用D2，这样统计区域是$D$2:D2。

这样，当输入重复数据时，就会出现警告对话框，如图2-34所示。

图2-34　不允许输入重复数据

✋ **函数说明：COUNTIF**

COUNTIF函数用于统计满足一个指定条件的单元格个数。用法如下：

=COUNTIF(统计区域,条件值)

例如，图2-35中的公式"=COUNTIF(B2:B10,"A")"，结果为3，因为该区域有3个字母A。

D3		:	× ✓ fx	=COUNTIF(B2:B10,"A")	
	A	B	C	D	E
1					
2		A			
3		B	字母A的个数	3	
4		C			
5		D			
6		A			
7		A			
8		B			
9		D			
10		W			
11					

图2-35　COUNTIF函数基本用法

✋ **函数说明：LEN**

LEN函数用于计算字符串的长度，也就是字符串中字符的个数。用法如下：

=LEN(字符串)

例如，公式"=LEN("Excel高效办公")"，结果为9，因为有9个字符(5个字母和4个汉字)

函数说明：AND

AND函数用来组合几个与条件，也就是这几个条件必须同时满足。用法如下：
=AND(条件1,条件2,条件3,…)

2.3.14 只能输入等于或大于前面单元格的日期

案例2-3

假若在A列区域要输入这样的日期数据：下一个单元格的日期只能大于或等于上一个单元格的日期，不能小于上一个单元格的日期，那么同样可以利用数据验证进行控制。

数据验证的设置如图2-36所示，主要步骤如下。

步骤① 选择A列单元格区域（从第2行往下选一定的行）。

步骤② 打开"数据验证"对话框。

步骤③ 在"允许"下拉列表中选择"日期"。

步骤④ 在"数据"下拉列表中选择"大于"或"等于"。

步骤⑤ 在"日期"文本框中输入下面的公式：

=MAX($A$2:A2)

图2-36 设置只能输入大于或等于上一个单元格的日期

在这个公式中,利用MAX函数对输入的日期进行统计,得出前面已经输入的所有日期的最大值。注意,引用单元格区域的第1个单元格是绝对引用,而第2个单元格是相对引用。

这样,如果在下面的单元格输入了比前面小的日期,就被认为是非法日期,如图2-37所示。

图2-37　输入了非法的日期

2.3.15 当特定单元格输入数据后才可输入数据

大多数情况下数据表单的第1列是关键字段,不能是空白单元格,但其他列可以根据实际情况来输入数据或者不输入数据。如果在数据表单的第1列没有输入数据,那么其他各列的数据就无法判断是属于哪类的。比如是哪天的数据,哪个销售人员的数据,哪个城市的数据,哪个部门的数据等。

为了防止在数据表单的第1列没有输入数据时就在其他列输入数据,可以利用数据验证进行输入控制。

◉ 案例2-4

假设数据表单是工作表的A列至H列,A列为关键字段列,必须在A列的单元格输入数据后,才能在B列至H列对应行的单元格输入数据,我们可以进行如下的数据验证设置。

步骤① 选择单元格区域B2:H1000(根据实际情况选择到一定的行)。

步骤② 在"数据验证"对话框的"允许"下拉列表中选择"自定义",在"公式"文本框中输入下面的公式,如图2-38所示。

=COUNTA($A2)>0

图2-38 设置数据验证，判断A列单元格是否输入了数据

这个公式是很容易理解的：对B列至D列的每个单元格，都会利用函数COUNTA来统计该行对应A列的单元格是否为空。如果不为空，那么函数COUNTA的返回值为1，公式"=COUNTA($A2)>0"的返回值就是TRUE，因而数据是有效的；否则，如果对应A列的单元格为空，那么函数COUNTA的返回值为0，这样公式"=COUNTA($A2)>0"的返回值就是FALSE，因而数据是无效的。

步骤3 选择"出错警告"选项卡，在"错误信息"文本框中输入出错时的提示信息"A列对应单元格没有数据！"，如图2-39所示。

步骤4 单击"确定"按钮，关闭"数据验证"对话框。

图2-39 设置错误提示信息

这样,如果A列的单元格没有数据,那么在B列至H列对应的任一单元格中都是不允许输入数据的,如图2-40所示。

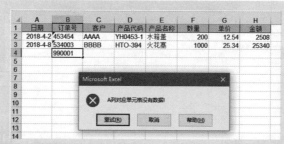

图2-40　A列没有输入数据时,不允许在B列至H列对的任一应单元格中输入数据

✋ 函数说明: COUNTA

COUNTA函数用来统计单元格区域内不为空的单元格个数。用法如下:

=COUNTA(单元格区域)

2.3.16 上一行单元格全部输入数据后才能在下一行输入新数据

在大多数的表单中,作为一个完整的数据记录清单,每一条记录的信息都应该是完整的,因此在输入数据时就要保证每行的每个单元格都输入了数据。如果在某行的单元格没有输全数据,那么在下一行就不能开始输入新的数据,除非上一行的所有单元格都输入了数据。利用数据验证,很容易就可以实现这个目的。

⊘ **案例2-5**

假设数据清单区域是A列至H列,并要求必须在上一行单元格都输入数据后才能在下一行输入数据,则设置数据验证的具体步骤如下。

步骤① 选择A列至H列的单元格区域A2:H1000(根据实际情况选择到一定的行)。

步骤② 打开"数据验证"对话框。

步骤③ 在"允许"下拉列表中选择"自定义",在"公式"文本框中输入下面的公式,如图2-41所示。

=COUNTA($A2:$H2)=8

这个公式不难理解:当在本行的某个单元格中输入数据时,都会对上一行A列至H列的单元格利用函数COUNTA来统计不为空的单元格个数。如果上一行A列至H列不为空的单元格个数恰好等于8，表明上一行所有单元格都输入了数据，那么就可以在下一行开始输入新的数据，否则就被禁止。

图2-41 设置数据验证条件

步骤④ 选择"出错警告"选项卡，在"错误信息"文本框中输入出错时的提示信息"上一行还没有输全数据!"，如图2-42所示。

步骤⑤ 单击"确定"按钮，关闭"数据验证"对话框。

图2-42 设置错误提示信息

这样,如果在某行没有输全数据,那么就不能在下一行输入新的数据,如图2-43所示。

图2-43　第3行还没有输全数据,因此在第4行的任一单元格中均不能输入新的数据

2.3.17　必须满足多个条件才能输入数据

在实际工作表中,一个标准的、完善的数据管理表单,应当是数据完整并且符合规则要求的。为了防止输入不规范的数据,或者输入的数据不完整,应当在输入数据时就进行控制。因此,实际管理表单在很多情况下需要设置很多条件,进行多种限制。

案例2-6

图2-44所示是一个简单的员工信息管理表单,A列保存工号,对A列的要求如下。
(1)只能输入4位工号。
(2)不允许重复。
(3)必须保证上一行所有数据都输入完毕,才能在下一行输入新的工号。

	A	B	C	D	E
1	工号	姓名	性别	学历	部门
2					

图2-44　一个简单的员工信息管理表单

这是一个多条件的数据有效性问题。对A列输入工号有效性进行设置的具体步骤如下。

步骤① 选择A列从第2行开始的单元格区域A2:A1000(或到需要的行)。

步骤② 打开"数据验证"对话框。

步骤③ 选择"设置"选项卡，在"允许"下拉列表中选择"自定义"，在"公式"文本框中输入如下公式：

=AND(LEN(A2)=4,COUNTIF($A$2:A2,A2)=1,COUNTA($A1:$E1)=5)

效果如图2-45所示。

这个公式有如下3个条件。

条件1：LEN(A2)=4，限制只能输入4位工号。

条件2：COUNTIF($A$2:A2,A2)=1，限制不能输入重复工号。

条件3：COUNTA($A1:$E1)=5，限制要保证上一行数据都已经全部输入。

图2-45 多个条件的数据验证设置

步骤④ 选择"出错警告"选项卡，在"错误信息"文本框中输入出错时的提示信息，如图2-46所示。

步骤⑤ 单击"确定"按钮，关闭"数据验证"对话框。

这样，在A列输入的工号，必须完全满足前面要求的几个基本条件，否则不允许在下一行输入新的工号，如图2-47所示。

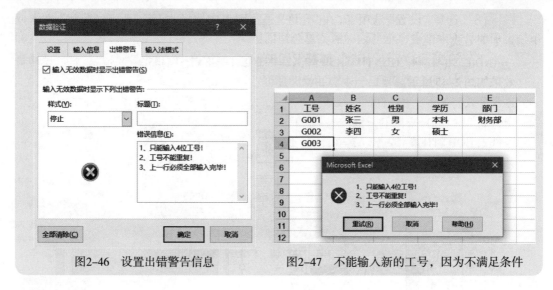

图2-46　设置出错警告信息　　　　　　图2-47　不能输入新的工号，因为不满足条件

2.3.18　清除数据验证

清除数据验证是很简单的，先定位要清除的数据验证区域，然后打开"数据验证"对话框，单击"全部清除"按钮即可，如图2-48所示。

图2-48　清除数据验证

2.3.19 数据验证的几个注意点

在使用数据验证时,要特别注意的是,数据验证只能控制纯手工输入入数据,无法控制填充数据、复制粘贴数据等,这种操作会破坏已设置的数据验证规则,使数据验证失去作用。

如果已经在单元格输入了数据,后来才设置的数据验证,那么对原来的数据是没有影响的,仅仅对以后输入新数据才有影响。

2.4 使用函数自动输入基本数据

在基础表单中,有些情况下,要输入的数据是一些已有的基本资料,这些基本资料是根据前面已经输入的数据查询或者计算出来的。例如,员工性别、出生日期可以根据已输入的身份证号码直接计算得到;年龄可以根据生日自动计算出来;工龄可以根据入职日期自动计算;产品规格可以根据产品名称从基本资料表中自动查找获取等。这些数据不需要再手工输入,可以直接使用函数提取。

2.4.1 从已输入的基本数据中提取和计算重要数据

 案例2-7

有学生问"老师,如何从身份证号码中提取性别、生日,并计算截止到当天的年龄?"也就是说,已经输入了身份证号码,需要从这个身份证号码中把性别、生日和年龄这3个重要的信息数据提取出来,分别保存到单独的单元格中。

在从身份证号码中提取性别和生日时,需要使用的函数有IF、MID、ISEVEN(或者ISODD)、TEXT等,而计算年龄时,可以使用DATEDIF函数。

图2-49所示就是从身份证号码中提取性别、生日,计算年龄的例子。此时有关单元格的公式如下。

单元格C2,提取性别:

=IF(ISEVEN(MID(B2,17,2))," 女 "," 男 ")

单元格D2,提取生日:

=1*TEXT(MID(B2,7,8),"0000-00-00")

单元格E2,计算年龄:

=DATEDIF(D2,TODAY(),"y")

	A	B	C	D	E
1	姓名	身份证号码	性别	出生日期	年龄
2	张三	110108197602193275	男	1976-2-19	42
3	李四	31010519861031237x	男	1986-10-31	31
4	王五	310108198805012384	女	1988-5-1	30

图2-49　从身份证号码中提取性别和出生日期

根据《公民身份号码GB11643—1999》中有关公民身份证号码的规定,公民身份证号码是特征组合码,由17位数字本体码和1位数字校验码组成。排列顺序从左至右依次为:6位数字地址码、8位数字出生日期码、3位数字顺序码和1位数字校验码(校验码如果是数字10,就用罗马字母X来代替),如图2-50所示。

11010819760219327

图2-50　身份证号码里的信息

第7位开始的连续8个数字是出生日期,使用MID函数将这8个数字取出,再用TEXT函数将其按照日期格式处理为文本型日期,最后把文本型日期转换为数值型日期。

第17位数字是判断性别,偶数是女,奇数是男。利用MID函数取第17位数字,再用ISEVEN判断是否为偶数,最后用IF函数处理判断的结果,在单元格中输入"女"或"男"。

函数说明:MID

MID函数用来从字符串中指定位置开始,取指定个数的字符。用法如下:

=MID(字符串,取数的起始位置,要提取的字符个数)

以图2-49的数据为例,公式"=MID(B2,17,2)"的结果就是第17位的数字8。

函数说明:ISEVEN

ISEVEN函数用来判断一个数字是否为偶数,如果是偶数,结果为TRUE。用法如下:

=ISEVEN(数字)

例如,公式"=ISEVEN(6)"的结果是TRUE,因为数字6是偶数。

公式"=ISEVEN(7)"的结果是FALSE,因为数字7不是偶数。

函数说明： IF

IF函数用来根据指定的条件，得到要么是A要么是B的结果。用法如下：

=IF(条件判断,条件成立的结果A,条件不成立的结果B)

例如，公式"=IF(A1>10,200,0)"，就是判断单元格A1的数据是否大于10，如果大于10，就输入200，否则就输入0。

函数说明： TEXT

TEXT函数用来把数字转换为指定格式的文字。用法如下：

=TEXT(数字,格式代码)

例如，公式"=TEXT(19751202,"0000-00-00")"的结果就是1975-12-02。

公式"=TEXT(TODAY(),"mmmm")"的结果是April(假设TODAY是2018年4月25日)。

函数说明： DATEDIF函数

DATEDIF函数用于计算指定的类型下，两个日期之间的期限。用法如下：

=DATEDIF(开始日期,截止日期,格式代码)

函数中的"格式代码"意义如下(字母不区分大小写)。

格式代码	意义
"Y"	时间段中的总年数
"M"	时间段中的总月数
"D"	时间段中的总天数
"YM"	两日期中多出的整数月数,忽略日期数据中的年和日
"MD"	两日期中多出的天数,忽略日期数据中的年和月

例如：某职员进公司日期为2001年3月20日，离职时间为2018年5月28日，那么他在公司工作了多少年、零多少月和零多少天？

● 整数年：=DATEDIF("2001-3-20","2018-5-28","Y")，结果是17。

● 零几个月：=DATEDIF("2001-3-20","2018-5-28","YM")，结果是2。

● 零几天： =DATEDIF("2001-3-20","2018-5-28","MD")，结果是8。

注意：DATEDIF是隐藏函数，在"插入函数"对话框中找不到。

2.4.2 从基本资料表中查询获取数据

当设计的数据管理模板是由几个表单构成，其中记录表的某些数据需要根据指定的条件，从基本资料表中查询出来，此时可以使用相关的查找函数来快速输入。

案例2-8

例如，在销售记录表中，根据输入的产品名称，自动输入该产品的规格，如图2-51所示。此时有关单元格的公式如下。

单元格C2，自动输入商品编码：

```
=VLOOKUP(B2, 产品资料 !$A:$C,2,0)
```

单元格D2，自动输入商品规格：

```
=VLOOKUP(B2, 产品资料 !$A:$C,3,0)
```

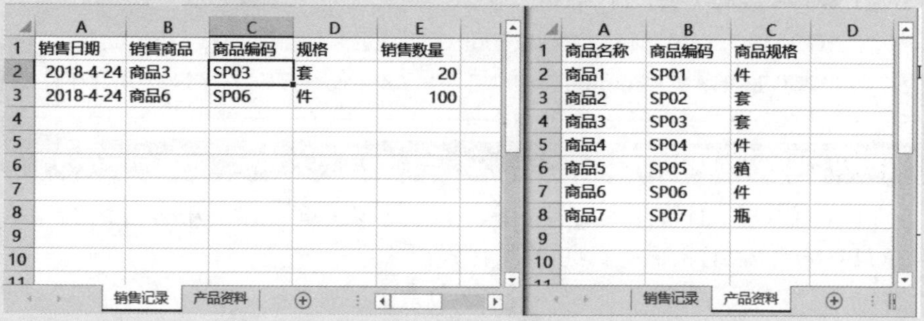

	A	B	C	D	E
1	销售日期	销售商品	商品编码	规格	销售数量
2	2018-4-24	商品3	SP03	套	20
3	2018-4-24	商品6	SP06	件	100

	A	B	C	D
1	商品名称	商品编码	商品规格	
2	商品1	SP01	件	
3	商品2	SP02	套	
4	商品3	SP03	套	
5	商品4	SP04	件	
6	商品5	SP05	箱	
7	商品6	SP06	件	
8	商品7	SP07	瓶	

图2-51　利用公式自动输入商品编码和规格

函数说明：VLOOKUP

VLOOKUP函数用来从一个区域内，把满足指定条件的某列数据查找出来。用法如下：

=VLOOKUP(匹配条件值，查找区域，取数的列位置，匹配模式)

这个函数，我们将在后面的有关章节中进行详细介绍。

2.4.3 根据条件输入数据

有时，需要根据表单的某列数据，自动计算并输入另一个重要的数据，如年休假、工龄工资、津贴等。此时，也可以使用函数来处理。

案例2-9

图2-52所示就是一个年休假表单，根据每个人的工龄，自动输入该员工的年休假天数。这里规定，工作满1年不满10年的，休假5天；满10年不满20年的，休假10天；满20年及以上的，休假15天。

此时，单元格F2的年休假计算公式为：

=IF(E2<1,0,IF(E2<10,5,IF(E2<20,10,15)))

这是一个嵌套IF函数的具体应用，关于如何快速准确输入嵌套IF，我们将在后面的章节进行详细介绍。

	A	B	C	D	E	F	G
1	工号	姓名	性别	开始工作时间	工龄(年)	年休假天数	
2	0001	AAA1	男	2000-07-01	17	10	
3	0002	AAA2	女	2006-08-03	11	10	
4	0003	AAA3	男	2004-07-26	13	10	
5	0004	AAA4	男	2016-08-01	1	5	
6	0005	AAA5	男	2013-06-04	4	5	
7	0006	AAA6	男	1978-04-21	40	15	
8	0007	AAA7	男	2002-05-22	15	10	
9	0008	AAA8	女	2005-08-15	12	10	

图2-52 利用函数自动计算输入重要数据

2.5 使用智能表格自动复制公式

当一个基础表单中有一些数据是利用公式来获取的时候，如何实现公式往下的自动复制？很多人的做法是往下拉足够量的公式，这样的做法是不科学的。因为公式越多，计算速度越慢，而且拉下来的公式，当没有数据时，要么出现错误值，要么出现数字。非常难看，不得不再使用 IF 或者 IFERROR 函数进行处理，这又降低了计算速度。

正确的做法是，对表单创建智能表格。这样不仅可以往下自动复制公式，还可以利用智能表格进行基本的数据分析。

2.5.1 如何创建智能表格

以上面的年休假表单为例(其中的工龄和年休假天数都是由公式计算出来的)，创建智能表格的方法如下。

步骤 1 单击数据区域的任一单元格。

步骤 2 单击"插入"→"表格"按钮，如图2-53所示。

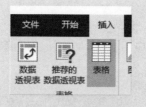

图2-53　"表格"按钮

步骤③　打开"创建表"对话框,如图2-54所示。

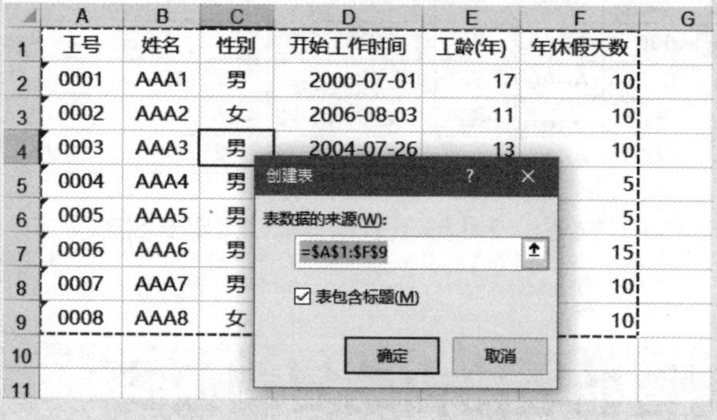

图2-54　"创建表"对话框

步骤④　检查是否勾选了"表包含标题"复选框,如果没有,一定要勾选。

步骤⑤　单击"确定"按钮,就将原始的表单创建了智能表格,如图2-55所示。

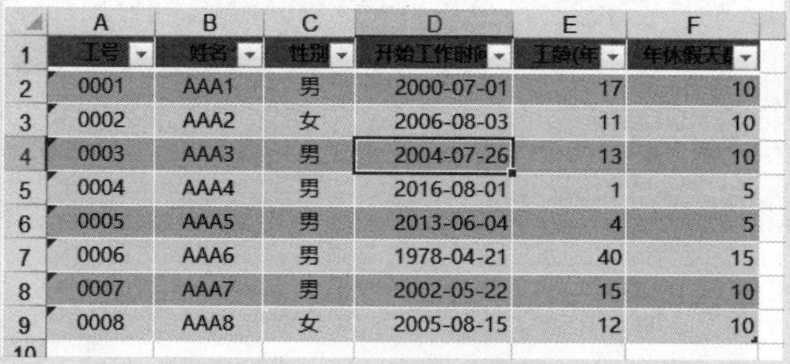

	A	B	C	D	E	F
1	工号	姓名	性别	开始工作时间	工龄(年)	年休假天数
2	0001	AAA1	男	2000-07-01	17	10
3	0002	AAA2	女	2006-08-03	11	10
4	0003	AAA3	男	2004-07-26	13	10
5	0004	AAA4	男	2016-08-01	1	5
6	0005	AAA5	男	2013-06-04	4	5
7	0006	AAA6	男	1978-04-21	40	15
8	0007	AAA7	男	2002-05-22	15	10
9	0008	AAA8	女	2005-08-15	12	10

图2-55　创建的智能表格

可以通过"设计"选项卡对表格的样式进行设置,以使其更美观,如图2-56所示。从中选择一种自己喜欢的样式或者自定义表格样式,效果如图2-57所示。

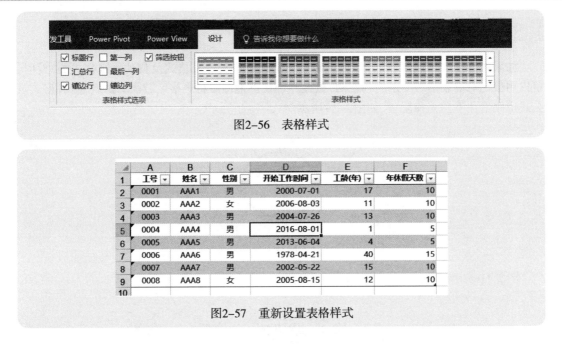

图2-56 表格样式

图2-57 重新设置表格样式

表单中间插入行时，公式会自动复制

　　我们经常会做这样的事情：在表格中插入空行后，公式下不来，不得不往下拉公式，是不是很烦心？

　　对于智能表格而言，这已经不是问题了，不管是插入一个空行，还是插入几个空行，公式会自动向下复制，如图2-58所示。

图2-58 插入空行，公式自动复制下来

2.5.3 表单底部输入新数据时，可以调整表格大小来自动复制公式

如果在智能表格底部输入新的数据,是无法往下自动填充格式及自动复制公式的,此时,可以用鼠标对准表格右下角的调整柄,按住左键往下拖即可将表格区域往下扩展,各种格式及公式也跟着往下填充和复制,如图2-59所示。

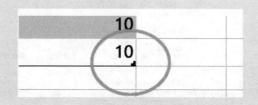

图2-59 表格右下角的调整柄

图2-60所示就是这种操作后的效果。

	A	B	C	D	E	F
1	工号 ▾	姓名 ▾	性别 ▾	开始工作时间 ▾	工龄(年) ▾	年休假天数 ▾
2	0001	AAA1	男	2000-07-01	17	10
3	0002	AAA2	女	2006-08-03	11	10
4	0003	AAA3	男	2004-07-26	13	10
5	0004	AAA4	男	2016-08-01	1	5
6	0005	AAA5	男	2013-06-04	4	5
7	0006	AAA6	男	1978-04-21	40	15
8	0007	AAA7	男	2002-05-22	15	10
9	0008	AAA8	女	2005-08-15	12	10
10					118	15
11					118	15
12					118	15
13					118	15
14						
15						

图2-60 手工往下扩展表格区域

2.5.4 先创建智能表格，后做的公式是什么样的

如果是对数据区域先创建智能表格,然后才是输入公式,那么单元格的引用就不是一个具体的单元格地址了,而是一种"@字段标题"的引用方式(如图2-61所示),并且每个单元格的公式是一模一样的。这点与常规的是完全不同的,务必注意。

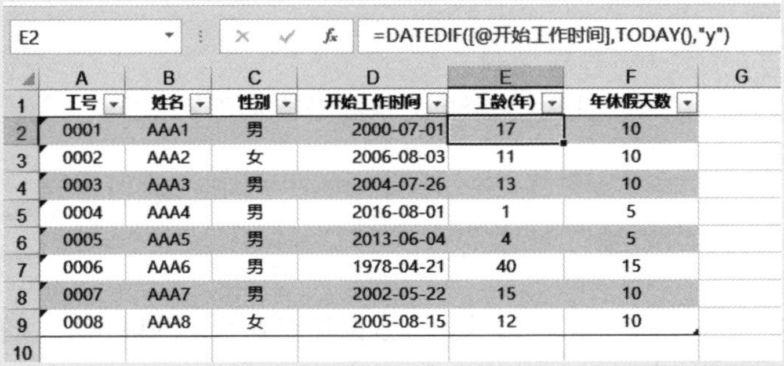

图2-61 智能表格中公式引用单元格的方式

2.6 快速输入数据的常用技巧

对于很多的数据输入，如果掌握了一些实用的小技巧，可以达到事半功倍的效果，同时也有一种自我满足感和愉悦感。但是，这种小技巧并不是 Excel 的核心，建议不要把太多的精力放到这上面。

2.6.1 快速输入当前日期

如果要输入当前的日期，可以按Ctrl+;组合键。但要注意，这个日期是计算机系统的日期，如果计算机系统日期不对，那么输入的日期也是错误的。

2.6.2 快速输入当前时间

如果要输入当前的时间，可以按Ctrl+Shift+;组合键。但要注意，这个时间也是计算机系统的时间，如果计算机系统时间不对，那么输入的时间也是错误的。另外，输入的时间是没有秒的，仅仅是输入了时和分。

2.6.3 快速输入当前完整的日期和时间

先按Ctrl+;组合键，输入当前日期；按空格键，输入一个空格；再按Ctrl+Shift+;组合键，输入当前时间，就得到了一个有日期和时间的数据。

2.6.4 快速输入上一个单元格数据

按Ctrl+D组合键，可以快速把上一个单元格数据填充到下面的单元格。这里字母D就是英文单词Down的意思，即往下。

2.6.5 快速输入左边单元格数据

按Ctrl+R组合键，可以快速把左边单元格数据填充到右边的单元格。这里字母R就是英文单词Right的意思，即往右。

2.6.6 快速批量输入相同数据

如果要在一个单元格区域输入相同的数据，可以先选择这些单元格，然后在键盘上输入数据，按Ctrl+Enter组合键即可。

这种方法，不仅可以处理连续的单元格区域，也可以处理不连续的单元格区域。

2.6.7 快速输入企业内部规定的序列数据

很多情况下，企业内部对数据的处理是有特殊要求的，例如按照自己内部规定的次序排序，快速输入规定的所有项目。

我们可以对这样的特殊项目建立一个自定义序列，然后就可以快速输入序列数据，或者进行自定义排序了。

建立自定义序列的方法和步骤如下。

步骤 ① 先在任一工作表中输入如下序列数据，如图2-62所示。

	A	B	C
1			
2		基本工资	
3		岗位工资	
4		津贴	
5		加班工资	
6		考勤扣款	
7		应税所得	
8		社保个人	
9		公积金个人	
10		计税基数	

图2-62　输入序列数据

步骤 ② 执行"文件"→"选项"命令，打开"Excel选项"对话框，如图2-63所示。

图2-63 "Excel选项"对话框

步骤 ③ 选择"高级"选项卡，向下找到"编辑自定义列表"按钮，如图2-64所示。

图2-64 "编辑自定义列表"按钮

步骤 ④ 单击该按钮，打开"选项"对话框，然后用鼠标点选工作表中的序列数据区域，单击"导入"按钮，就将该序列固化到了本地计算机的Excel程序中(如图2-65所示)，以后本计算机上的任何一个工作簿都可以使用这个序列数据了。

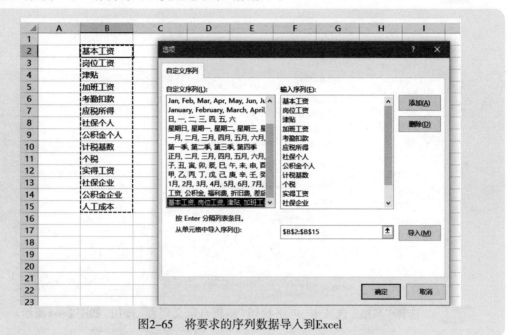

图2-65　将要求的序列数据导入到Excel

步骤⑤　单击"确定"按钮,关闭对话框。

这样,只要在工作表某个单元格输入该序列的任意一个项目,然后往右拖动单元格或者往下拖动单元格,就可快速得到该序列的各个项目名称,如图2-66~图2-68所示。

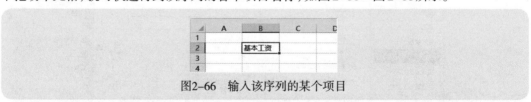

图2-66　输入该序列的某个项目

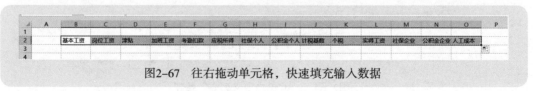

图2-67　往右拖动单元格,快速填充输入数据

图2-68 往下拖动单元格，快速填充输入数据

2.6.8 建立简拼词典快速输入数据

为了快速输入一些常见的汉字名称，我们还可以建立一个简拼词典来快速输入这些常见的汉字名称。例如，在单元格里输入gsyh，然后按Enter键，就得到"中国工商银行股份有限公司"，对此可以进行如下的设置。

步骤① 打开"Excel选项"对话框，切换到"校对"选项卡，找到"自动更正选项"按钮，如图2-69所示。

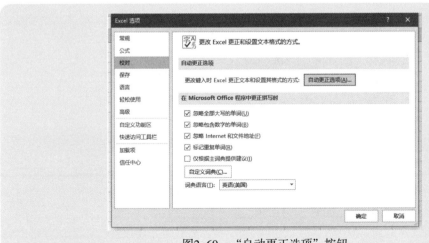

图2-69 "自动更正选项"按钮

步骤② 单击"自动更正选项"按钮,打开如图2-70所示"自动更正"对话框,在"替换"文本框中输入简拼字母gsyh,在"为"文本框中输入"中国工商银行股份有限公司",然后单击"添加"按钮,就将该简拼保存到了本地计算机的Excel程序中。

图2-70 建立简拼字典

这样,只要在单元格中输入gsyh 4个字母(如图2-71所示),按Enter键,就可得到中文名称,如图2-72所示。

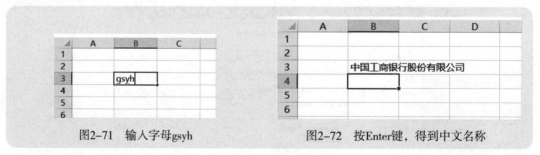

图2-71 输入字母gsyh　　　　图2-72 按Enter键,得到中文名称

需要注意的是,只要不从Excel选项中删除这个代码,以后会永远存在。删除这个代码的方法是,打开"自动更正"对话框,在"替换"文本框中输入字母gsyh,就会自动选择该编码和名称,然后单击"删除"按钮即可,如图2-73所示。

对于一些常用的名称(例如产品名称、客户名称、项目名称等),建议在自己的计算机上建立简拼代码,这样可以提高数据输入的效率和准确率。

图2-73　准备删除自定义编码

2.6.9　通过自动填充选项快速输入特殊的序列数据

当在一个单元格输入数据，并按住该单元格右下角的填充柄往下拖动单元格时，如果希望能够快速输入一个特定的序列数据，可以使用自动填充选项来实现这个目的。

不同类型的数据往下填充时，自动填充选项会有不同的选择，如图2-74所示。根据需要，选择一个项目即可。

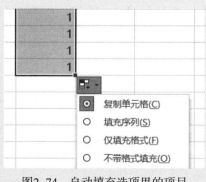

图2-74　自动填充选项里的项目

图2-75所示就是在某列输入工作日日期的例子。先输入第1个单元格的日期,然后往下拖动单元格,在自动填充选项中选择"填充工作日"即可。

图2-75　快速输入工作日日期

2.6.10　通过公式快速输入特殊的序列数据

在有些情况下,我们也需要输入特殊的序列数据。比如要输入一个有规律的编码表,要输入从1开始编号的产品编码 AHS–001、AHS–002、AHS–003之类,此时可以使用函数来完成,如图2-76所示。单元格 A2 的公式如下:

="AHS-"&TEXT(ROW(A1),"000")

图2-76　快速输入特殊的编码表

✋ **函数说明：ROW**

ROW函数用于获取单元格的行号数字。用法如下：

=ROW(单元格引用)

例如，公式"=ROW(A5)"就是获取单元格A5的行号，结果是数字5。

2.6.11 利用快速填充工具高效输入数据

在Excel 2016中，有一个快速填充工具，它可以根据左边列或者右边列的数据规律，在当前列快速填充数据。

例如，图2-77中A列数据是由数字和汉字构成的，现在要在B列输入A列的数字部分，可以采用下面的方法快速完成。

步骤① 先手工在B2单元格输入A2单元格的数字，如图2-78所示。

	A	B
1	科目	数字
2	3849电话费数据	
3	1000010差旅费	
4	2000业务招待费合计	
5	10086移动客服	
6	10000电信客服电话	
7		

图2-77　准备从A列获取数字，输入到B列

	A	B	C
1	科目	数字	
2	3849电话费数据	3849	
3	1000010差旅费		
4	2000业务招待费合计		
5	10086移动客服		
6	10000电信客服电话		
7			

图2-78　先输入第一个单元格的数字

步骤② 选择包含B列第1个输入数字的单元格在内的区域，如图2-79所示。

步骤③ 单击"选择"→"快速填充"按钮，如图2-80所示。

	A	B	C
1	科目	数字	
2	3849电话费数据	3849	
3	1000010差旅费		
4	2000业务招待费合计		
5	10086移动客服		
6	10000电信客服电话		
7			

图2-79　选择单元格区域

图2-80　"快速填充"按钮

此时就会自动得到图2-81所示的结果，非常智能化。

	A	B	C
1	科目	数字	
2	3849电话费数据	3849	
3	1000010差旅费	1000010	
4	2000业务招待费合计	2000	
5	10086移动客服	10086	
6	10000电信客服电话	10000	
7			

图2-81　自动填充A列单元格数据左侧的数字

这种智能化的处理，依赖于原始数据必须有规律可循。如果原始数据没什么规律，或者规律较乱，就可能得不到你想要的结果。

2.6.12 在单元格分行输入数据

有些特殊的表格中，希望把几段文字在一个单元格内分行输入，很多人会采用一种非常不可取的方法：在文字后面加空格，然后调整列宽，看起来似乎是分行了。

这种做法无可厚非，因为他不知道还有一个Alt+Enter组合键可以完成这样的输入。在单元格中输入某段文字后，按Alt+Enter组合键，然后再输入另一行文字，再按Alt+Enter组合键，再输入第3行文字，以此类推。图2-82所示就是输入的效果。

	A	B	L	M	N
1	工号	姓名	教育经历	工作经历	照片
2	0001	李瑞华	1、1989.8-1993.7 北京科技大学 本科 2、1993.8-1996.7 北京经济管理技术大学 研究生	1、1996.8-2000.5 北京莫斯经济管理技术公司 2、2006.6-至今　北京易赛尔管理咨询有限公司	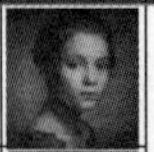
3	0002	王晓瑜	1、1999.8-2003.7 北京经贸大学 本科 2、2003.8-2006.7 北京师范大学 研究生	1、2006.8-至今　北京易赛尔管理咨询有限公司	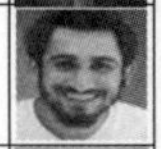
4	0003	萧梅花	1、1996.8-2000.7 北京经济技术大学 本科	1、2000.8-2004.5 上海易发企业管理咨询有限公司 2、2004.9-2007.9 天津北辰经济研究院 3、2007.12-至今　北京易赛尔管理咨询有限公司	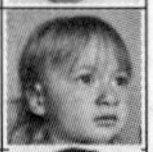
5	0004	王静远	1、1993.9-1997.8 广州中山大学 本科 2、1998.9-2001.9 上海电子技术大学 研究生	1、2001.10-2005.12 北京百思信息技术公司 2、2006.1-至今　北京易赛尔管理咨询有限公司	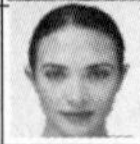

图2-82　在单元格分行输入数据

2.7 设计基础表单综合练习

在了解了表单设计的基本原则，以及要用到的一些基本技能后，我们以一个简单的人力资源管理中的员工信息表单为例，来说明基础表单的设计方法、技巧和步骤。

 案例2-10

2.7.1 表单字段详细描述

各个字段的基本要求如下。

- 员工工号只能是4位编码，且不允许重复。
- 员工姓名中不允许输入空格。
- 所属部门必须快速准确输入企业存在的部门，要名称统一。
- 学历必须快速规范输入。
- 婚姻状况要快速规范输入。
- 身份证号码必须是18位的文本，不允许重复。
- 出生日期、年龄、性别从身份证号码中自动提取。
- 入职时间必须是合法的日期。
- 本公司工龄自动计算得出。
- 表格自动美化。

2.7.2 表格架构设计

根据人力资源中对员工信息管理和分析的需要，创建一个工作表，命名为"员工信息"，数据列标题如图2-83所示。

	A	B	C	D	E	F	G	H	I	J	K
1	工号	姓名	所属部门	学历	婚姻状况	身份证号码	性别	出生日期	年龄	入职时间	本公司工龄
2											
3											
4											

图2-83 员工基本信息表格架构

2.7.3 规范工号的输入

使用数据验证,可以限制在A列里只能输入4位编码,并且不允许输入重复工号。选择区域A2:A200(假设人员不超过200人,可以根据实际情况选择一个合适的行数,但不能选择整列!),打开"数据验证"对话框,在"允许"下拉列表中选择"自定义",输入如下的验证公式,如图2-84所示。

=AND(LEN(A2)=4,COUNTIF($A$2:A2,A2)=1)

图2-84 设置工号的数据验证条件

2.7.4 规范姓名的输入

选中单元格区域B2:B200,设置数据验证,其数据验证的自定义公式如下,如图2-85所示。

=SUBSTITUTE(B2," ","")=B2

这个公式的原理是,先使用SUBSTITUTE函数把输入姓名中的所有空格替换掉,然后再跟输入的姓名进行比较,如果两者相等,表明输入的姓名中没有空格,否则就是有空格,就不允许输入到单元格。注意,这个设置仅仅限制汉字姓名。

图2-85 设置数据验证，不允许在姓名文本中输入空格

函数说明：SUBSTITUTE

SUBSTITUTE函数用于把一个字符串中指定的字符，替换为新的字符。用法如下：

= SUBSTITUTE(字符串,旧字符,新字符,替换第几个出现的)

例如，要把字符串"北京市北京西路"的第一个"北京"替换为"上海"，公式如下：

=SUBSTITUTE("北京市北京西路","北京","上海",1)

结果是"上海市北京西路"。

2.7.5 快速输入部门名称

假如企业的部门有总经办、财务部、人力资源部、贸易部、后勤部、技术部、生产部、销售部、信息部、质检部、市场部，那么选择单元格区域C2:C200，设置数据验证的"序列"条件，如图2-86所示。这样，我们就可以从下拉列表里快速选择输入某个部门名称。

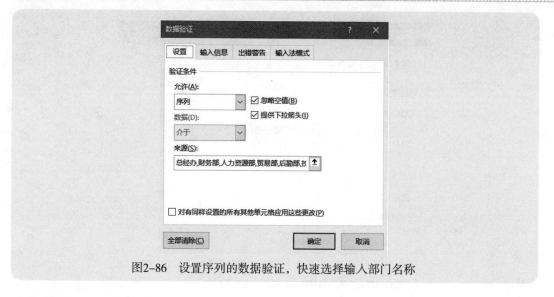

图2-86 设置序列的数据验证,快速选择输入部门名称

2.7.6 快速输入学历名称

　　员工的学历也是固定的几种。假若是以下几种:博士、硕士、本科、大专、中专、职高、高中,初中,那么选择单元格D2:D200,设置数据验证的"序列"条件,如图2-87所示。这样,我们就可以从下拉列表中快速选择输入学历。

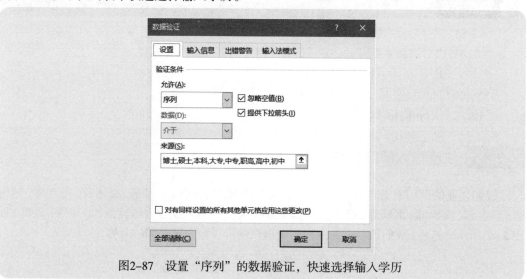

图2-87 设置"序列"的数据验证,快速选择输入学历

2.7.7 快速输入婚姻状况

E列输入员工的婚姻状况。婚姻状况就两种数据：已婚和未婚，因此也使用数据验证来控制输入，也就是在"数据验证"对话框的"来源"文本框中输入"已婚,未婚"，如图2-88所示。

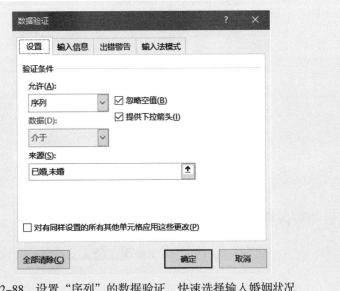

图2-88 设置"序列"的数据验证，快速选择输入婚姻状况

2.7.8 输入不重复的18位身份证号码

每个员工的身份证号码是不重复的，并且必须是18位，因此在单元格F列输入身份证号码时也要使用数据验证来控制。

首先将F列单元格格式设置成文本，然后选择单元格区域F2:F200，设置数据验证的"自定义"条件，输入如下公式，如图2-89所示。

=AND(LEN(F2)=18,COUNTIF($F$2:F2,F2)=1)

图2-89　设置数据验证，只能输入不重复的18位身份证号码

2.7.9　自动输入性别

员工性别从身份证号码中自动提取，不需要人工输入。选择单元格区域G2:G200，输入如下公式：

=IF(F2="","",IF(ISEVEN(MID(F2,17,1))," 女 "," 男 "))

这里，首先判断F列是否已经输入身份证号码，如果没输入，就不计算性别。如果F列已经输入了身份证号码，就计算性别。

2.7.10　自动输入出生日期

员工的出生日期也是从身份证号码中自动提取的，不需要人工输入。选择单元格区域H2:H200，输入如下公式：

=IF(F2="","",1*TEXT(MID(F2,7,8),"0000-00-00"))

2.7.11　自动计算年龄

有了出生日期，我们就可以使用DATEDIF函数自动计算年龄。选择单元格区域I2:I200，输入如下公式：

=IF(F2="","",DATEDIF(H2,TODAY(),"y"))

2.7.12　规范输入入职时间

入职时间是一个非常重要的数据，因为要根据这列日期计算工龄，分析流动性。由于这列日期要手工输入，就必须规范输入的入职时间数据合法有效，即要输入正确格式的日期，同时不能小于某个日期(如1980-1-1)，也不能是今天以后的日期。选择J2:J200单元格，设置入职时间的数据验证，如图2-90所示。

图2-90　设置数据验证，控制规范输入员工的入职时间

2.7.13　自动计算本公司工龄

有了入职时间，我们就可以使用DATEDIF函数自动计算本公司工龄。选择单元格区域K2:K200，输入下面的公式，就可以自动得到员工的本公司工龄。

=IF(J2="","",DATEDIF(J2,TODAY(),"Y"))

2.7.14　保证员工基本信息的完整性

由于B列至K列是员工的最基本信息，是不能缺少这些数据的，因此需要保证每个员工基本信息完整不缺。选择B2:B200单元格区域，把数据验证的条件公式进行如下修改：

=AND(SUBSTITUTE(B2," ","")=B2,COUNTA($B1:$K1)=10)

也就是增加了一个条件COUNTA($B1:$K1)=10，它用来判断上一行的B列至K列的数据是否都完整了(共有10列数据)，如图2-91所示。

图2-91　B列姓名设置两个验证条件:不允许有空格和上一行不能有空单元格

2.7.15 创建智能表格

对表单创建智能表格,并选择一个合适的表格样式。这样方便数据管理,插入行后也能自动往下复制公式。

2.7.16 数据输入与数据维护

设计好表格结构,利用函数和数据验证对数据的输入和采集实现了规范和自动化处理,我们就可以一行一行地输入员工基本信息。如图2-92所示就是部分数据效果。

	A	B	C	D	E	F	G	H	I	J	K
1	工号	姓名	所属部门	学历	婚姻状况	身份证号码	性别	出生日期	年龄	入职时间	本公司工龄
2	G001	胡伟苗	贸易部	本科	已婚	110108197302283390	男	1973-2-28	45	1998-6-25	19
3	G002	郑大军	后勤部	本科	已婚	421122196212152153	男	1962-12-15	55	1980-11-15	37
4	G003	刘晓晨	生产部	本科	已婚	110108195701095755	男	1957-1-9	61	1992-10-16	25
5	G004	石破天	总经办	硕士	已婚	131182196906114415	男	1969-6-11	48	1986-1-8	32
6	G005	蔡晓宇	总经办	博士	已婚	320504197010062010	男	1970-10-6	47	1986-4-8	32
7	G006	祁正人	财务部	本科	未婚	431124198510053836	男	1985-10-5	32	1988-4-28	30
8	G007	张丽莉	财务部	本科	已婚	320923195611081635	男	1956-11-8	61	1991-10-18	26
9	G008	孟欣然	销售部	硕士	已婚	320924198008252511	男	1980-8-25	37	1992-8-25	25
10	G009	毛利民	财务部	本科	已婚	320684197302090066	女	1973-2-9	45	1995-7-21	22
11	G010	马一晨	市场部	大专	未婚	110108197906221075	男	1979-6-22	38	2006-7-1	11
12	G011	王浩忌	生产部	本科	已婚	371482195810102648	女	1958-10-10	59	1996-7-19	21
13	G012	王嘉木	市场部	本科	已婚	11010819810913162X	女	1981-9-13	36	2010-9-1	7
14	G013	丛赫敏	市场部	本科	已婚	420625196803112037	男	1968-3-11	50	2016-8-26	1
15											

图2-92　员工基本信息表单

剩下的任务就是日常维护好这张表单,并利用函数或透视表,对这张基础表单数据进行分析,得出各种分析报告,比如员工属性分析报告。

03

其实不难

现有表格数据的快速整理与规范

"韩老师，我从ERP里导出的数据，发现没法计算，用SUM函数求和的结果居然是零！不知道里面藏了什么，每次都要花一天时间进行整理，非常繁琐累人，有没有什么简便的方法？"

"老师，我从K3导出的数据，在创建数据透视表时，日期没法按月按季度组合，这是怎么回事？"

"老师，每个月我都会收到十几个工作簿，汇总起来后要做基本的分析，但是每个人提交的表格极其不规范，整理起来非常费劲。有没有高效的方法来整理？"

诸如此类的问题，在每次培训课堂上，都会有很多学生拿出表格，指指点点，一脸的郁闷。

在第2章中，我们介绍了如何从零做起，利用有关的技能来设计基础表单。实际工作中，我们会经常从管理系统软件导出各种各样的数据，然后就开始了"八仙过海，各显神通"，通过各种方法来整理这些数据，但是效率并不高，甚至不知道怎么整理。

这并不是我们自己设计的表格出现了问题，而是管理系统软件导出的数据本身就存在这样的问题。总结起来，常见的有以下几种情况。

- 非法日期，无法计算。
- 文本型数字，无法求和。
- 含有特殊字符，无法求和，查找不匹配。
- 不同类型数据保存在一个单元格。
- 空单元格，缺失数据。
- 莫名其妙的合并单元格，原来软件也犯这个错。
- 空行，不知为什么要这么做。
- 小计，纯属为了看起来方便。
- 二维表格，其实是一种简单的汇总表。
- 其他问题。

本章我们就这样的问题，结合了大量的实际案例，为大家介绍些实用、高效的数据整理方法和技巧，帮助大家从那些繁琐的重复性劳动中解放出来。

3.1 修改非法日期

在第 2 章中已经说过，日期是正整数，不是文本字符串，但是在绝大多数情况下，从软件导出的数据表中，要么是非法的日期，要么是文本型日期，需要整理为真正的日期。

3.1.1 如何判断是否为真正的日期和时间

输入到单元格的日期和时间可以被设置成各种显示格式，戴上不同的面具。此外，由于每个人都会根据自己的习惯输入日期和时间，但有些情况下输入的貌似日期和时间的数据并非日期和时间。那么，如何判断单元格的数据是否为日期和时间呢？

前面我们已经说过，日期和时间都是数字，这样，我们就可以采用下面两种最简单的方法来判断单元格的数据是否为日期和时间。

1. 查看是否右对齐

最简单的办法是查看单元格的数据是否右对齐。因为数字的默认对齐方式是右对齐，因此如果是日期和时间，它们必定默认的是右对齐格式。当然，我们也可以手工将数据设置成右对齐，此时就可能出现错误的判断。

2. 设置单元格格式

第二种方法是将单元格格式设置为"常规"或"数字"，看是否变为数字，如果显示成了数字，表明是真正的日期和时间；如果还是不变，表明是文本，不是日期或时间，如图3-1和图3-2所示。

图3-1　将单元格格式设置为"常规"或"数字"，日期显示为正整数，表示是真正日期

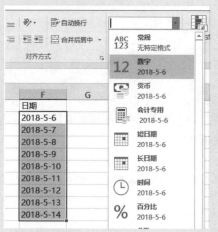

图3-2 将单元格格式设置为"常规"或"数字",日期还是显示为原来的模样,表示是非法日期

3.1.2 修改非法日期的最简便、最实用的方法

将非法日期修改为真正日期的常用方法是使用分列功能。单击"数据"→"分列"按钮,(如图3-3所示),打开"文本分列向导"对话框,在"第3步"中选择"日期"单选按钮,并根据实际情况,选择一种匹配的日期组合格式即可,如图3-4所示。

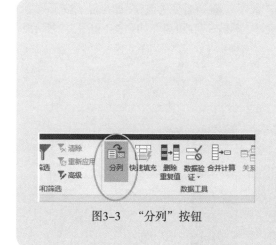

图3-3 "分列"按钮

图3-4 文本分列向导第3步:选中"日期"单选按钮,并指定匹配的年月日组合

3.1.3 六位数字的非法日期

案例3-1

图3-5所示是从某人事管理软件导出的员工基本信息局部数据，E列的出生年月日和H列的进公司时间都是错误的，需要将其转换成真正日期，以便能够计算年龄和工龄。

	A	B	C	D	E	F	G	H
1	工号	姓名	职务	性别	出生年月日	学历	专业	进公司时间
2	100001	王嘉木	总经理	男	660805	硕士	工商管理	080801
3	100002	丛赫敏	党委副书记	女	570103	大专	行政管理	040701
4	100003	白留洋	副总经理	男	630519	本科	道路工程	040701
5	100004	张丽莉	副总经理	男	680723	本科	汽车运用工程	070112
6	110001	蔡晓宇	总助兼经理	男	720424	本科	经济管理	070417
7	110002	祁正人	副经理	男	750817	本科	法学	090101
8	110003	孟欣然	业务主管	男	780119	本科	经济管理	041001
9	110006	王浩忌	科员	女	730212	本科	经济管理	070501
10	110008	刘颂峙	办事员	男	631204	本科	法律	041028
11	110009	刘冀北	办事员	女	830127	本科	工商管理	050908
12	120001	吴雨平	经理	男	570906	大专	企业管理	140701
13	120002	王浩忌	副经理	女	621209	本科	经济管理	080901
14								

图3-5 非法的出生年月日和进公司时间

步骤① 首先选中E列。

步骤② 单击"数据"→"分列"按钮，打开"文本分列向导 – 第1步，共3步"对话框，保持默认设置，如图3-6所示。

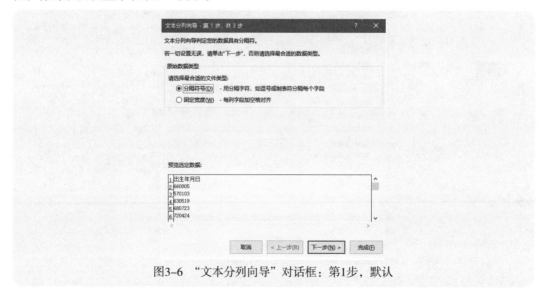

图3-6 "文本分列向导"对话框：第1步，默认

步骤③ 单击"下一步"按钮,打开"文本分列向导 – 第2步,共3步"对话框,保持默认设置,如图3-7所示。

步骤④ 单击"下一步"按钮,打开"文本分列向导 – 第3步,共3步"对话框,选中"日期"单选按钮,并从"日期"右侧的下拉列表中选择一个与单元格日期匹配的年月日组合,如图3-8所示。本案例中,单元格是"年月日"这样的格式(660805就是1966年8月15日),因此选择YMD。

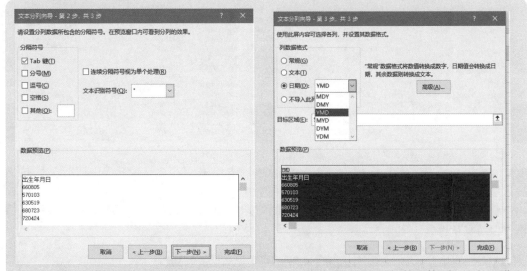

图3-7 "文本分列向导"对话框:第2步,默认　图3-8 "文本分列向导"对话框:第3步,选中"日期"

步骤⑤ 单击"完成"按钮,即将E列出生年月日数据转换为了真正的日期,如图3-9所示。

	A	B	C	D	E	F	G	H
1	工号	姓 名	职 务	性别	出生年月日	学历	专业	进公司时间
2	100001	王嘉木	总经理	男	1966-8-5	硕士	工商管理	080801
3	100002	丛赫敏	党委副书记	女	1957-1-3	大专	行政管理	040701
4	100003	白留洋	副总经理	男	1963-5-19	本科	道路工程	040701
5	100004	张丽莉	副总经理	男	1968-7-23	本科	汽车运用工程	070112
6	110001	蔡晓宇	总助兼经理	男	1972-4-24	本科	经济管理	070417
7	110002	祁正人	副经理	男	1975-8-17	本科	法学	090101
8	110003	孟欣然	业务主管	女	1978-1-19	本科	经济管理	041001
9	110006	王浩忌	科员	女	1973-2-12	本科	经济管理	070501
10	110008	刘颂峙	办事员	女	1963-12-4	本科	法律	041028
11	110009	刘冀北	办事员	女	1983-1-27	本科	工商管理	050908
12	120001	吴雨平	经理	男	1957-9-6	大专	企业管理	140701
13	120002	王浩忌	副经理	女	1962-12-9	本科	经济管理	080901

图3-9 E列的非法出生年月日数据转换成了真正的日期数据

采用相同的方法，将H列非法的进公司时间数据转换为真正的日期数据，最后就得到了如图3-10所示数据规范的员工信息表。

	A	B	C	D	E	F	G	H
1	工号	姓 名	职 务	性别	出生年月日	学历	专业	进公司时间
2	100001	王嘉木	总经理	男	1966-8-5	硕士	工商管理	2008-8-1
3	100002	丛赫敏	党委副书记	女	1957-1-3	大专	行政管理	2004-7-1
4	100003	白留洋	副总经理	男	1963-5-19	本科	道路工程	2004-7-1
5	100004	张丽莉	副总经理	男	1968-7-23	本科	汽车运用工程	2007-1-12
6	110001	蔡晓宇	总助兼经理	男	1972-4-24	本科	经济管理	2007-4-17
7	110002	祁正人	副经理	男	1975-8-17	本科	法学	2009-1-1
8	110003	孟欣然	业务主管	男	1978-1-19	本科	经济管理	2004-10-1
9	110006	王浩忌	科员	男	1973-2-12	本科	经济管理	2007-5-1
10	110008	刘颂峙	办事员	女	1963-12-4	本科	法律	2004-10-28
11	110009	刘冀北	办事员	女	1983-1-27	本科	工商管理	2005-9-8
12	120001	吴雨平	经理	男	1957-9-6	大专	企业管理	2014-7-1
13	120002	王浩忌	副经理	女	1962-12-9	本科	经济管理	2008-9-1

图3-10 出生年月日和进公司时间均修改完毕

3.1.4 八位数字的非法日期

案例3-2

图3-11所示是另外一种导出的由8个数字组成的非法日期，整理的方法仍然是采用分列工具，即选择A列，打开"文本分列向导"对话框，在第3步中选中"日期"单选按钮，并在右侧的下拉列表中选择一个与单元格日期匹配的年月日组合即可，修改后如图3-12所示。

	A	B	C
1	日期	产品	销量
2	20180301	产品2	109
3	20180305	产品1	320
4	20180310	产品3	548
5	20180310	产品1	321
6	20180313	产品2	753
7	20180314	产品1	294
8	20180318	产品2	684
9	20180318	产品3	882
10	20180321	产品3	768
11	20180323	产品1	809
12	20180324	产品1	555
13	20180330	产品1	432
14	20180330	产品2	336
15			

图3-11 八位数字表示的非法日期

	A	B	C
1	日期	产品	销量
2	2018-3-1	产品2	109
3	2018-3-5	产品1	320
4	2018-3-10	产品3	548
5	2018-3-10	产品1	321
6	2018-3-13	产品2	753
7	2018-3-14	产品1	294
8	2018-3-18	产品2	684
9	2018-3-18	产品3	882
10	2018-3-21	产品3	768
11	2018-3-23	产品1	809
12	2018-3-24	产品1	555
13	2018-3-30	产品1	432
14	2018-3-30	产品2	336

图3-12 修改后的真正日期

3.1.5 句点分隔年月日的非法日期

案例3-3

图3-13所示是以句点分隔年月日数字的非法日期,这种日期常见于手工输入日期的场合。

	A	B	C	D	E
1	工号	姓名	部门	出生日期	入职日期
2	0003	AA03	人力资源部	75.05.15	1995.05.22
3	0005	AA05	财务部	73.09.22	1997.03.11
4	0010	AA10	技术部	68.12.03	2002.07.22
5	0002	AA02	办公室	72.12.29	2003.01.02
6	0007	AA07	财务部	81.07.06	2003.10.20
7	0006	AA06	财务部	80.04.12	2006.07.01
8	0011	AA11	技术部	70.05.18	2007.06.24
9	0009	AA09	技术部	83.02.28	2007.12.19
10	0008	AA08	财务部	85.11.20	2010.02.18
11	0004	AA04	人力资源部	78.04.01	2013.10.24
12	0001	AA01	办公室	68.03.23	2017.06.17

图3-13 以句点分隔年月日数字的非法日期

这种非法日期的修改,既可以使用分列工具,也可以使用查找替换工具。后者是打开"查找和替换"对话框,然后在"查找内容"文本框中输入句点".",在"替换为"文本框中输入符号"-",单击"全部替换"按钮即可,如图3-14所示。

图3-14 "查找和替换"对话框

在此要特别注意的是,一定要先选择要修改的日期区域,再进行查找替换,切不可不选择区域就查找替换,这样做就会把其他单元格数字中的小数点给替换掉了。

3.1.6 年月日次序的文本格式日期

案例3-4

从某些管理软件导出的数据表,日期会是"年-月-日"格式的文本数据,看起来似乎是日期，实际上并不是真正的日期，如图3-15所示。

	A	B	C	D	E	F	G
1	日期	单据编号	客户编码	购货单位	产品代码	实发数量	金额
2	2018-05-01	XOUT004664	37106103	客户A	005	5000	26766.74
3	2018-05-01	XOUT004665	37106103	客户B	005	1520	8137.09
4	2018-05-02	XOUT004666	00000006	客户C	001	44350	196356.7
5	2018-05-02	XOUT004667	53004102	客户D	007	3800	45044.92
6	2018-05-03	XOUT004668	00000006	客户E	001	14900	65968.78
7	2018-05-04	XOUT004669	53005101	客户A	007	5000	59269.64
8	2018-05-04	XOUT004670	55803101	客户F	007	2300	27264.03
9	2018-05-04	XOUT004671	55702102	客户G	007	7680	91038.16
10	2018-05-04	XOUT004672	37106103	客户E	005	3800	20342.73
11	2018-05-04	XOUT004678	91006101	客户A	007	400	4741.57
12	2018-05-04	XOUT004679	37106103	客户H	005	10000	53533.49
13	2018-05-04	XOUT004680	91311105	客户F	007	2000	18037.83
14	2018-05-04	XOUT004681	91709103	客户F	002	2000	11613.18
15	2018-05-04	XOUT004682	37403102	客户F	007	4060	36616.8
16	2018-05-04	XOUT004683	37311105	客户K	007	1140	10281.57
17							

图3-15 A列是文本型日期，是文本，不是数字

这样的非法日期，可以使用分列工具快速完成，具体方法和步骤前面已经介绍过了。

3.1.7 月日年次序的文本格式日期

案例3-5

导出的数据表中，日期也可能是以"月日年"格式显示的文本型日期，如图3-16所示。

	A	B	C	D
1	日期	客户	单号	数量
2	6-02-2018	客户M	XOUT061	389
3	6-05-2018	客户D	XOUT054	18610
4	6-05-2018	客户B	XOUT060	876
5	6-08-2018	客户C	XOUT056	8797
6	6-10-2018	客户A	XOUT051	5495
7	6-11-2018	客户A	XOUT057	10401
8	6-14-2018	客户B	XOUT052	249
9	6-14-2018	客户C	XOUT055	579
10	6-15-2018	客户C	XOUT053	6458
11	6-21-2018	客户A	XOUT050	11764
12	6-21-2018	客户D	XOUT058	9115
13	6-28-2018	客户E	XOUT059	1129

图3-16 以"月日年"格式显示的文本型日期

这种非法日期也可以使用分列工具快速修改，但需要注意的是，在"文本分列向导"的第3步中，不仅要选中"日期"单选按钮，还要从右侧下拉列表中选择MDY日期格式，如图3-17所示。

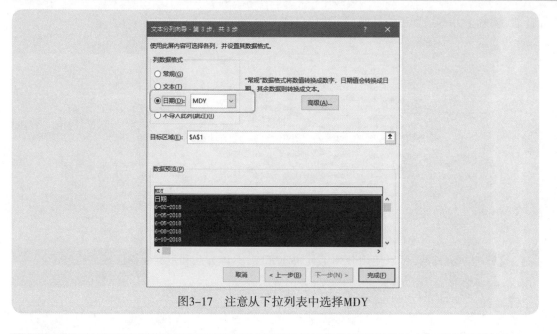

图3-17　注意从下拉列表中选择MDY

3.1.8 日月年次序的文本格式日期

案例3-6

图3-18所示是从ERP导出的数据,A列日期是按照日月年的次序排列的,并且日月年3个数之间是一个空格隔开的。很奇怪的数据啊!

	A	B	C
1	日期	摘要	发生额
2	01 06 2018	AAJ993	-6,351.87
3	01 06 2018	DH9440	4,958.59
4	01 06 2018	AA4999	37,590.18
5	01 06 2018	DJ4064	-8,868.87
6	02 06 2018	RO5F0	-1,415.74
7	02 06 2018	200GHH3	-765.63
8	02 06 2018	W3054	8,824.99
9	03 06 2018	DLGJ59	102,041.45
10	02 06 2018	EL0002	6,249.66
11	02 06 2018	EK00015	-3,648.16

图3-18　日月年3个数以空格隔开的非法日期

这个问题的解决方法，仍然是使用分列工具，但是有以下两个注意事项。

（1）在"文本分列向导"的第1步，一定要选中"分隔符号"单选按钮，因为在默认情况下，一般会自动选中"固定宽度"单选按钮，这样会无法转换日期，而会把日期分成了3列，如图3-19所示。

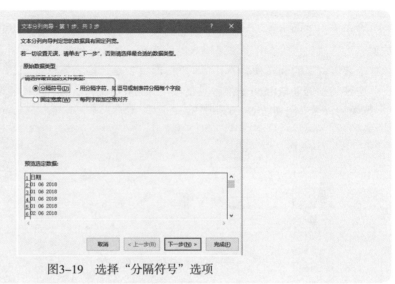

图3-19　选择"分隔符号"选项

（2）在"文本分列向导"的第3步，选中"日期"单选按钮，从其右侧的下拉列表中选择DMY日期格式，如图3-20所示。

图3-20　注意从下拉列表中选择DMY

3.1.9 非法时间的处理

案例3-7

有些人为了图省事，会以带小数点的数字来表示时间，比如2.33表示2小时33分钟。这种数据表达方式，主要是出于快速输入时间考虑，但是这种数据并不能直接用于汇总分析，而必须把小数点数字时间转换为真正的时间，即将2.33转换为2:33。

这种类型的非法时间是很容易修改的，一般情况下，利用查找替换即可，也就是把小数点"."替换为冒号"："，如图3-21和图3-22所示。

◢	A	B
1	零件	加工时间
2	零件1	2.33
3	零件2	4.15
4	零件3	10.52
5	零件4	8.28
6	零件5	5.21
7	零件6	7.39
8	零件7	12.33

图3-21　记录成小数的时间

◢	A	B	C
1	零件	加工时间	
2	零件1	2:33	
3	零件2	4:15	
4	零件3	10:52	
5	零件4	8:28	
6	零件5	5:21	
7	零件6	7:39	
8	零件7	12:33	

图3-22　查找替换整理成时间

但是，时间也可能输成了3.1的样子，它表示3小时10分钟，如果查找替换的话，就会变成了3:01，这显然是错误的。此时，正确的做法是使用相关的数学函数和时间函数进行处理，在单元格C2中输入下面的公式，然后往下复制，即可将带小数点数字表示的时间转换为真正的时间，如图3-23所示。

`=TIME(INT(B2),(B2-INT(B2))*100,0)`

◢	A	B	C	D
1	零件	加工时间	真正时间	
2	零件1	2.33	2:33	
3	零件2	4.15	4:15	
4	零件3	10.52	10:52	
5	零件4	8.28	8:28	
6	零件5	5.2	5:20	
7	零件6	7.39	7:39	
8	零件7	3.1	3:10	

图3-23　使用函数处理时间

这个公式的计算思路是：用INT函数把数字的整数部分取出，它是小时数字；再将原数字减去整数部分，得到的小数乘以100，得到分钟数；最后是用TIME函数将小时数和分钟数合并为真正的时间。

函数说明：INT

INT函数用于取数数字的整数部分。用法如下：
=INT(数字)
例如：INT(3.33) = 3，INT(8.28) = 8

函数说明：TIME

TIME函数用于将3个分别表示时、分、秒的数字，组合成时间。用法如下：
=TIME(时数字,分数字,秒数字)
例如：公式"=TIME(8,20,55)"的结果是8:20:55

3.2 转换数字格式

数字在 Excel 里有两种保存方式：纯数字和文本型数字。

纯数字用来表示数量、单价、金额等，需要能够进行加减乘除类的算术计算。

文本型数字用来处理编码类数字，例如邮政编码、科目编码、电话号码、银行账号、身份证号码等，因为这些数字不需要用来进行加减乘除类的算术计算。

然而，在实际工作中，很多人在数字的这两种格式之间糊涂了，以至于拿到的数字根本就无法用函数 SUM 求和，或者明明看是有一个数据 1001，但是用 VLOOKUP 函数就是找不到。造成这样问题的原因是，应该是纯数字的被处理成了文本型数字，应该是文本型数字的却被处理成了纯数字，或者在一列里，既有文本型数字也有纯数字。

3.2.1 快速辨认纯数字和文本型数字

文本型数字的本质是文本，是由数字构成的文本。因此在单元格中，它会自动左对齐。而对于纯数字来说，它会自动右对齐。这是第一眼的判断。

此外，在一般情况下，如果是文本型数字，会在单元格左上角显示一个绿色的小三角，表明这是文本型数字。点开这个标记,会出现几个选项,第一个就是"以文本形式存储的数字",如图3-24所示。

	A	B	C	D	E	F	G	H
1	公司名称	帐户名称	币种	交易金额	借贷标记	凭证编号	交易日期	起息日期
2	Hsk	Hsk	人民 ! ▾	172,587.68	-	9980385101	2009-09-01	2009-09-01
3	Hsk	Hsk	人民 以文本形式存储的数字			9980405201	2009-09-01	2009-09-01
4	Hsk	Hsk	人民 转换为数字(C)			9980561401	2009-09-01	2009-09-01
5	Hsk	Hsk	人民 关于此错误的帮助(H)			9983815801	2009-09-01	2009-09-01
6	Hsk	Hsk	人民			9983883401	2009-09-01	2009-09-01
7	Hsk	Hsk	人民 忽略错误(I)			9983898501	2009-09-01	2009-09-01
8	Hsk	Hsk	人民 在编辑栏中编辑(F)			PT08239202	2009-09-01	2009-09-01
9	Hsk	Hsk	人民 错误检查选项(O)...			6629000116	2009-09-01	2009-09-01
10	Hsk	Hsk	人民币	103,152.40	-	9980343201	2009-09-02	2009-09-02
11	Hsk	Hsk	人民币	2,000,000.00	+	9982909406	2009-09-02	2009-09-02
12	Hsk	Hsk	人民币	4,263.76	-	9983357301	2009-09-02	2009-09-02
13	Hsk	Hsk	人民币	9,785.33	-	9983357501	2009-09-02	2009-09-02
14	Hsk	Hsk	人民币	5,810.60	-	9980459501	2009-09-03	2009-09-03
15			合计	0				

图3-24 文本型数字单元格左上角一般会显示一个绿色小三角

有些情况下,单元格左上角没有绿色小三角,但仍然是文本型数字,此时就不能凭眼睛直接判断了。最简单的方法是使用SUM函数求和一下,如何能得到结果,就是纯数字;如果结果是0,表明是文本型数字。因为SUM函数的规则是:只计算纯数字,对于文本(包括文本型数字)会忽略掉。

3.2.2 文本型数字能计算吗

Excel有一个计算规则,文本型数字是可以直接加减乘除的,其原理就是一边转换一边计算,但文本型数字无法直接使用SUM、SUMIF、SUMIFS函数进行求和。

案例3-8

图3-25所示就是一个例子,使用SUM函数求和的结果是0,而使用直接相加的公式是有结果的。
- 单元格F2:
=SUM(B2:E2)
- 单元格G2:
=B2+C2+D2+E2

	A	B	C	D	E	F	G
1	产品	华北	华东	华南	华中	合计（SUM函数）	合计（直接单元格相加）
2	产品1	850.39	996.45	907.10	636.81	0	3,390.75
3	产品2	523.71	923.29	988.49	414.82	0	2,850.31
4	产品3	572.60	945.88	539.38	656.48	0	2,714.34
5	产品4	969.52	1,018.11	682.22	802.14	0	3,471.99
6	产品5	835.37	432.54	263.94	400.58	0	1,932.43
7	产品6	100.50	327.40	897.75	894.43	0	2,220.08
8	产品7	124.83	827.87	989.73	1,174.54	0	3,116.97

图3-25　文本型数字的计算：无法用SUM函数，但可以直接加减乘除

3.2.3　将文本型数字转换为纯数字的六大法宝

在实际数据处理中，我们不可能对大量的文本型数字进行加减乘除这样最原始的计算，而是需要使用函数快速汇总。因此，为了让文本型数字能够使用函数进行计算，需要先将文本型数字转换为纯数字。

将文本型数字快速转换为纯数字有如下6大法宝。

法宝1　智能标记

利用智能标记将文本型数字转换为数值的方法是非常简单的。首先选择要转换的单元格或单元格区域，单击智能标记，在弹出的下拉列表中选择"转换为数字"选项即可，如图3-26所示。

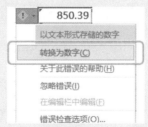

图3-26　利用智能标记将文本型数字转换为数值

尽管利用智能标记的方法非常简单，但也只能用在有智能标记的场合。另外，这种转换的本质是一个一个单元格的循环转换，当数据量非常大时，转换速度非常慢，甚至可能发生停止响应。

另外，在没有智能标记的情况下，就无法使用这种方法了，这时就需要采用别的方法。

法宝2　选择性粘贴

这种方法也比较简单，适用性更广，具体如下。

步骤 ① 先在某个空白单元格输入数字1。

步骤 ② 复制这个数字1的单元格。

步骤 ③ 选择要进行数据转换的单元格或单元格区域。

步骤 ④ 打开"选择性粘贴"对话框,选中"数值"单选按钮(选中这个单选按钮,是为了防止破坏表格已经设置好的格式),并选中"乘"或者"除"单选按钮,如图3-27所示。

步骤 ⑤ 单击"确定"按钮。

步骤 ⑥ 把数字1的单元格删除。

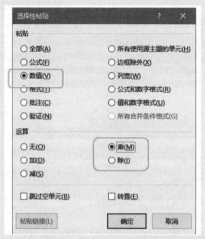

图3-27 利用选择性粘贴将文本型数字转换为纯数字

我们也可以在某个空白单元格内输入数字0,此时在选择性粘贴对话框中,就需要选中"加"或"减"单选按钮了。

选择性粘贴的方法特别适用于数据量大、有很多行很多列的场合。但是,选择性粘贴要经过几个步骤才能完成。如果就只有一两列文本型数字,但是有上千行甚至上万行,就没必要搞的这么复杂了,使用分列工具即可。

法宝 3 分列工具

使用分列工具转换文本型数字非常简单,选择要转换数据的某列,单击"数据"→"分列"按钮,打开"文本分列向导"对话框,在第1步中直接单击"完成"按钮(如图3-28所示),就可以将该列的文本型数字转换为纯数字。

但这种方法每次只能选择一列进行转换,因为分列工具只能用在一列中。如果要转换的文本型数字有很多列,这种方法就比较繁琐了。

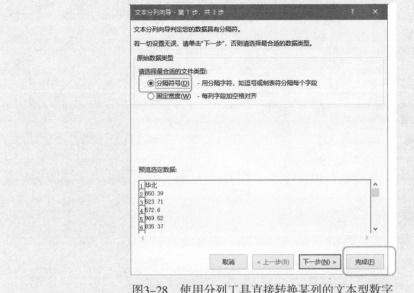

图3-28 使用分列工具直接转换某列的文本型数字

法宝4 VALUE 函数

在很多情况下，数据是从管理软件直接导出的，我们也不想改动这样的数据，因为需要直接使用导出的原始数据来制作动态数据分析模板，此时，就需要在公式中直接进行转换了。

例如，对图 3-29 中的文本型数字，可以联合使用 SUM 函数和 VALUE 函数创建数组公式直接求和，公式如下：

=SUM(VALUE(B2:E2))

	A	B	C	D	E	F
					{=SUM(VALUE(B2:E2))}	
1	产品	华北	华东	华南	华中	合计
2	产品1	850.39	996.45	907.10	636.81	3390.75
3	产品2	523.71	923.29	988.49	414.82	2850.31
4	产品3	572.60	945.88	539.38	656.48	2714.34
5	产品4	969.52	1,018.11	682.22	802.14	3471.99
6	产品5	835.37	432.54	263.94	400.58	1932.43
7	产品6	100.50	327.40	897.75	894.43	2220.08
8	产品7	124.83	827.87	989.73	1,174.54	3116.97
9						

图3-29 在计算公式中直接转换文本型数字

✋ **函数说明:** VALUE

> VALUE函数用于将文本型数字转换为纯数字。用法如下:
>
> =VALUE(文本型数字)
>
> 例如:公式"=VALUE("1048.57")"的结果是数字1048.57。

✋ **数组公式小知识:**

> 数组公式是对一个或多个数组进行计算的公式,输入数组公式必须同时按
> Ctrl+Shift+Enter三个键才能真正完成。
>
> 当数组公式完成后,在编辑栏里会看到公式的前后出现了一对大括号,表明该公式是
> 数组公式。
>
> 如果单击编辑栏,该大括号会自动消失。
>
> 这对大括号是自动显示出来的,而不是生硬的、自作多情地手工加上去的。切记! 切
> 记!

法宝5　两个减号

在公式中直接进行转换,除了使用VALUE函数外,还可以使用两个减号做公式。例如,
以图3-29所示数据为例,数组公式为:

　　=SUM(--B2:E2)

这个道理很容易理解,两个负号就相当于两个-1相乘,负负得正。这种转换的本质就是
利用了文本型数字可以直接做加减乘除计算。

法宝6　乘以1或者除以1

在选择性粘贴中,使用了乘以1或者除以1的方法快速转换,这种方法也可以做到公式中,
就像上面的负负得正一样的道理。例如,以图3-29所示数据为例,数组公式为:

　　=SUM(1*B2:E2)

或者:

　　=SUM(B2:E2/1)

3.2.4　将纯数字转换为文本型数字编码的两大法宝

上面介绍的是把文本型数字转换为纯数字,目的就是为了能够使用函数进行计算。反过
来,有时也需要把纯数字转换为文本型数字,因为这些数字本身是编码类数据,是不参与汇总
求和计算的,仅仅是一个类别名称而已。

我们不能通过设置单元格的方法来转换文本或数字，例如很多人觉得把单元格格式设置为文本，就认为单元格里的数字变成文本了，这种做法是完全错误的，因为你仅仅改变了单元格格式，并没有改动单元格内的数字。关于这个问题，在第8章会进行详细说明。

如图3-30所示，通过设置单元格格式为文本的方法，似乎把数字"转换"成了文本（因为看到数字左对齐了），但是利用函数判断仍然是数字。

● 判断是否为文本：

=ISTEXT(D3)

● 判断是否为数字：

=ISNUMBER(D3)

E3			f_x	=ISTEXT(D3)	
▲	A	B	C	D	E	F
1						
2		原始数字		设置单元格后	是否文本？	是否数字？
3		1000		1000	FALSE	TRUE
4		4999		4999	FALSE	TRUE
5		3002		3002	FALSE	TRUE
6		5888		5888	FALSE	TRUE
7		3926		3926	FALSE	TRUE
8						

图3-30　不能通过设置单元格格式的方法转换数字

如何快速将纯数字转换为文本型数字呢？有两大法宝任你选：分列工具和TEXT函数。

法宝1　分列工具

如果要把一列数字转换为原始位数的文本型数字，最简单、最高效的方法是使用分列工具。具体方法是：选择该列，单击"数据"→"分列"按钮，打开"文本分列向导"对话框，前2步默认，在第3步中选中"文本"单选按钮即可，如图3-31所示。

利用分列工具转换数字的最大优点是可以快速在原位置进行转换，不论该列中是否全部为数字，还是数字和文本混合的情况，都会进行统一处理。

但是，如果要将数字转换为要求位数的文本，或者在公式里直接转换并进行计算，那么分列工具就无能为力了，此时必须使用TEXT函数。

法宝2　TEXT函数

使用TEXT函数的最大优点是可以把纯数字设置成任意位数的文本型数字，并可以创建高效公式来直接转换并计算。比如在单元格输入了数字199，就可以使用TEXT函数将其转换为3位数文本199、4位数文本0199或5位数文本00199等，不够位数就在左边补足0。

图3-32所示就是将B列的数字转换为统一4位的文本，单元格D2的公式如下：

=TEXT(B2,"0000")

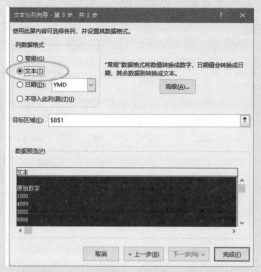

图3-31 "文本分列向导"对话框:第3步,选中"文本"单选按钮

你可能遇到这样的情况,单元格里是一个计算公式的百分比结果,现在想把这个单元格的百分比数字与一个文字连接起来,结果发现百分比数字变成了很长的小数,如图3-33所示。这是怎么回事?公式没有任何错误啊!

	A	B	C	D	E
1		原始数据		转换为4位文本	
2		23		0023	
3		6999		6999	
4		399		0399	
5		129		0129	
6		1		0001	
7		300		0300	
8					

D2 = TEXT(B2,"0000")

图3-32 利用TEXT函数将数字转换为文本

	A	B	C	D	E
1					
2		目标	4865		
3		完成	1273		
4		完成率	26.17%		
5					
6		完成率0.261664953751285			
7					

B6 = B4&C4

图3-33 直接连接单元格,得到了长长的小数

其实也不奇怪,单元格C4保存的本来就是一个小数,只不过你把单元格格式设置为了百分比显示。这样,你直接连接到公式中,显示的肯定是原始小数了。

那么,如何才能显示为"完成率26.17%"的字样呢?需要使用TEXT函数把小数变成百分比文本,公式如下:

=B4&TEXT(C4,"0.00%")

效果如图3-34所示。

再举一个例子。如图3-35所示，若单元格A2保存的是20180512这样的日期，现在需要从这个所谓的"日期"里取出中文的月份"5月"，以便与分析报告中的标题"1月"相匹配，此时从这个"日期"中提取月份的公式为：

　　　=TEXT(MID(A2,5,2),"0 月 ")

或者：

　　　=TEXT(TEXT(A2,"0000-00-00"),"m 月 ")

图3-34　使用TEXT函数把小数转换为百分比文本　　　图3-35　直接从非法日期中提取月份名称

比较一下，这两个公式有什么本质的区别？

第1个公式是先用MID函数取出中间代表月份的两位数字，再用TEXT函数将这个数字转换文字"*月"；第2个公式是先用TEXT函数将8位数字转换成文本型日期，再用TEXT函数将这个日期的月份文字取出来。

3.2.5　很奇怪的小数点和千分位符位置，无法计算了

一个学生问了我这样一个问题，图3-36所示是从财务软件导出来的原始数据，数字中的逗号","实际上是小数点，而小数点"."实际上是千分位符逗号，怎样才能将它们倒过来？

图3-36　很奇怪的小数点和千分位符位置

其实，这样的问题解决起来并不难，关键是思路和步骤。选中D列，先将小数点"."清除

（查找替换即可），然后再将逗号替换为小数点即可，如图3-37～图3-39所示。

图3-37　第1步：将小数点替换掉（"查找内容"里输入小数点"."，"替换为"里为空）

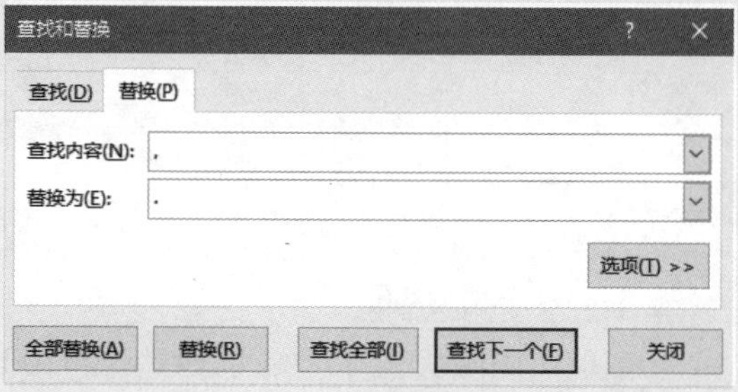

图3-38　第2步：将逗号","替换为小数点"."（"查找内容"里输入逗号，"替换为"里输入小数点）

	A	B	C	D	E
1	日期	客户	数量	金额	
2	2017-12-3	客户A	739	1475180.89	
3	2017-12-3	客户B	100	100474.23	
4	2017-12-15	客户C	200	1299.58	
5	2017-12-21	客户A	50	299.58	
6	2017-12-27	客户D	286	2425	
7	2017-12-28	客户E	563	908106.33	
8		合计	1938	2487785.61	

图3-39　D列数据转换成了真正的数字

3.2.6　如何将 Word 表格的长编码（身份证号码）复制到 Excel

　　在培训课上及交流群中，有时会遇到做HR的同学对我说："老师，我有一个Word表格，里面有一列是身份证号码，但是复制到Excel后，身份证号码的最后3位数字都变成了0，采用选择性粘贴的方法也不行，没办法，只好手工一个一个地重新输入了，有没有好的方法解决这个问题？"

在Word文档中，是不区分文字、日期、时间、数字的，都是文本，因此可以保存成原始的样子。但是，Excel就不一样了，它是严格区分这些不同类型数据的，因为Excel不是一个文字堆积的文档，而是数据管理和数据分析工具，尤其是要对数据进行各种汇总计算。

前面说过，Excel处理数字的位数是15位，因此在处理编码类数字的时候，要将其处理为文本型数字，这样才能完整地保存这样的长编码数字。

针对这个问题，有一个最简便灵巧的方法，只需几步即可完成。

图3-40所示是一个Word的表格，将其完整地复制到Excel表格中的具体方法和步骤如下。

姓名	部门	身份证号码	奖金
张三	财务部	110108197801012282	2385.34
李四	人力资源部	110108198312122291	18488.22
王五		110108198606239998x	7364.69

图3-40 Word文档中的表格

步骤① 首先阅读表格，弄清楚是几列数据，准备保存到Excel表格的什么位置。这里，表格有4列，准备保存到Excel的A:D列，其中C列保存身份证号码。

步骤② 在Excel工作表中，将C列的单元格格式设置为文本，如图3-41所示。

图3-41 将Excel表格要保存身份证号码的列设置为文本格式

步骤③ 选择Word中的表格，复制（按Ctrl+C组合键）。

步骤④ 单击Excel表格中的A1单元格，再单击鼠标右键，执行快捷菜单中的"粘贴选项"下的"匹配目标格式"命令（如图3-42所示），就得到了正确的数据表，如图3-43所示。

图3-42 执行"粘贴选项"下的"匹配目标格式"命令

	A	B	C	D
1	姓名	部门	身份证号码	奖金
2	张三	财务部	'110108197801012282	2385.34
3	李四	人力资源部	'110108198312122291	18488.22
4	王五		11010819860623998x	7364.69
5				

图3-43 得到了的正确的数据表

3.3 清除数据中隐藏的垃圾

　　从系统导出的数据,甚至通过邮件传递过来的表格,很有可能会出现莫名奇妙的情况,根本就没法进行计算。这种情况的原因说不清楚,但数据的前后确实含有眼睛看不见的东西,有时候是空格,有时候是特殊字符,有时候是一些特殊符号。此时,就必须给数据洗洗澡,清除掉附在数据上的渍泥垃圾,让数据呈现它原本干干净净的面目。

3.3.1 清除数据中的空格

　　一般情况下,单元格数据前后及中间的空格,用查找/替换工具即可解决。

　　如果是英文名称,那么按照英语语法要求,英文单词之间必须有一个空格,就不能使用查找/替换了,因为这样会替换掉所有的空格。这种情况下,可以使用TRIM函数来解决。就是在数据旁边做一个辅助列,然后输入公式=TRIM(A2)(假设A2是要处理的数据),往下复制公式,最后再把此列选择性粘贴成数值到原始数据区域,如图3-44所示。

	A	B
1	原始数据	处理后
2	I am an experienced Excel training lecturer	I am an experienced Excel training lecturer
3	Excel is a excellent tool	Excel is a excellent tool
4	VBA is Visual Basic for Application	VBA is Visual Basic for Application
5		

图3-44 利用TRIM函数处理英文中的空格

函数说明：TRIM

TRIM函数用于清除字符串中的空格，如果是字符前后的空格，会全部清除；如果是字符中间的空格，会保留一个空格，删除多余的。用法如下：

=TRIM(文本字符串)

3.3.2 清除单元格中的回车符

在某些表中，数据可以被分成几行保存在一个单元格内，如果要把这几行数据重新归拢成一行，该怎么做呢？总不能一个一个单元格处理吧？

要解决这个问题，可以使用查找/替换，也可以使用CLEAN函数，前者可以将换行符替换为任意的字符(如空格、符号等)，后者是得到了紧密相连的字符串。

打开"查找和替换"对话框，在"查找内容"文本框里按Ctrl+J组合键，就是输入换行符的快捷键(按下组合键后，眼睛是看不到换行符的)。

两种方法处理后的效果如图3-45所示。查找替换处理中，把换行符替换为了逗号；CLEAN函数则是全部清除了换行符。

	A	B	C	D
1	项目名称	说明	查找替换处理	函数CLEAN处理
2	A001	正在处理相关问题 领导还没批示 具体方案下周一讨论	正在处理相关问题，领导还没批示，具体方案下周一讨论	正在处理相关问题领导还没批示具体方案下周一讨论
3	A002	已进展一半 附属设备还未到货	已进展一半，附属设备还未到货	已进展一半附属设备还未到货

图3-45 清除单元格中的换行符

函数说明：CLEAN

CLEAN函数用于删除文本中所有不能打印的字符。用法如下：

=CLEAN (文本字符串)

3.3.3 清除数据中眼睛看不见的特殊字符

在有些情况下,从系统导入的表格数据中,会含有眼睛看不见的特殊字符。这些字符并不是空格,因此不论是利用TRIM函数还是CLEAN函数,都无法将这些特殊字符去掉,从而影响数据的处理和分析。

案例3-9

图3-46所示就是一个这样的案例,当使用SUM函数汇总各个项目的总金额时,发现结果是0。不论是用选择性粘贴,还是用分列工具的方法,都没法转换过来。

这个问题看起来很复杂,其实,两个小技巧即可快速解决这个问题。

步骤 ① 首先,如何发现单元格的特殊字符?

只要将单元格字体设置为Symbol,就可以看到这些特殊字符都显示成了□,但是在公式编辑栏里仍旧看不到任何符号,如图3-47所示。

图3-46　原始数据无法计算

图3-47　单元格字体设置为Symbol,
特殊字符显示为□

由于A列的业务编号数字前面都有一个0,这个0是不能丢失的,而金额数字是不需要考虑这个因素的,因此A列和B列要分别处理。

步骤 ② 从任一单元格里中复制一个这样的符号。选择B列,打开"查找和替换"对话框,将这个符号粘贴到"查找内容"文本框里(为什么要这么做? 因为我们也不知道这个符号是什么,没法在键盘上输入,只好复制粘贴了),而"替换为"文本框留空,然后单击"全部替换"按钮。

步骤③ 从A列的任一单元格里复制2个这样的符号。选择A列，打开"查找和替换"对话框，将这2个符号粘贴到 "查找内容"文本框里，在"替换为"文本框里输入一个英文的单引号，然后单击"全部替换"按钮。

步骤④ 把单元格字体恢复为原来的字体。

这样，就得到了如图3-48所示的结果。

	A	B	C
1	业务编号	金　额	
2	0401212	4,476.32	
3	0401211	17,620.00	
4	0401210	4,665.60	
5	0401209	2,674.75	
6	0401208	1600	
7	0401207	5080	
8	0401206	8800	
9	0401205	59411	
10	0401204	10000	
11	合计	114327.67	
12			

图3-48　得到正确的数据

3.4　数据分列的两大利器

数据分列是在实际工作中经常碰到的问题之一。从系统导入的数据，或者从网上下载的文件，或者一个文本文件，这些数据往往是保存为一列的数据，需要根据具体情况，对数据进行分列，以便让不同的数据分列保存。

分列的方法主要有以下两种。

- 使用分列工具。
- 使用函数公式。

3.4.1　分列工具：根据一个常规分隔符号分列数据

如果数据中有明显的分隔符号，例如空格、逗号、分号，或者其符号标记等，那么就可以使用分列工具快速分列。

案例3-10

图3-49所示是从指纹刷卡机中导入的刷卡数据。现在要对每个人的考勤进行统计分析,那么首先要把日期和时间分开。

图3-49　从指纹刷卡机中导入的原始考勤数据

观察数据得知。日期和时间中间有一个空格,并且是作为文本保存在了一个单元格,我们可以使用空格来分列,具体步骤如下。

步骤① 在D列后面插入一列。

步骤② 选择D列。

步骤③ 单击"数据"→"分列"按钮,打开"文本分列向导"对话框。

步骤④ 在第1步中,选中"分隔符号"单选按钮,如图3-50所示。

步骤⑤ 单击"下一步"按钮,进入第2步,选中"空格"复选框,如图3-51所示。

图3-50　第1步,选中"分隔符号"单选按钮

图3-51　第2步,选中"空格"复选框

步骤⑥ 单击"下一步"按钮，进入第3步，在对话框底部的列表框中，选择第一列的日期，然后选中"日期"单选按钮，如图3-52所示。

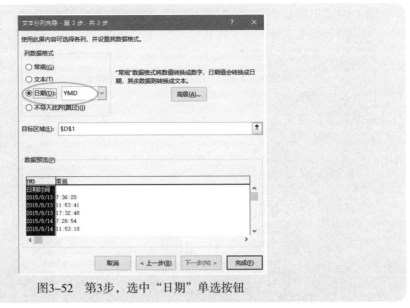

图3-52 第3步，选中"日期"单选按钮

步骤⑦ 单击"完成"按钮，就得到分列后的考勤数据，最后修改标题，如图3-53所示。

	A	B	C	D	E	F
1	部门	姓名	考勤号码	日期	时间	机器号
2	财务	张三	1	2015-8-13	7:36:20	1
3	财务	张三	1	2015-8-13	11:53:41	1
4	财务	张三	1	2015-8-13	17:32:48	1
5	财务	张三	1	2015-8-14	7:26:54	1
6	财务	张三	1	2015-8-14	11:53:18	1
7	财务	张三	1	2015-8-14	13:19:12	1
8	财务	张三	1	2015-8-15	7:41:00	1
9	财务	张三	1	2015-8-15	17:48:34	1
10	财务	张三	1	2015-8-17	7:32:13	1
11	财务	张三	1	2015-8-17	11:54:54	1
12	财务	张三	1	2015-8-17	13:15:44	1
13	财务	张三	1	2015-8-17	17:23:27	1
14	财务	张三	1	2015-8-17	20:16:25	1
15	财务	张三	1	2015-8-18	7:27:29	1
16	财务	张三	1	2015-8-18	11:53:34	1

图3-53 日期和时间分列后的刷卡数据表

案例3-11

图3-54是以逗号分隔的员工基本信息,它们被保存在了A列,这个数据的分列很简单。

步骤① 在文本分列向导的第1步中选中"分隔符号"单选按钮,如图3-55所示。

步骤② 在第2步中选中"逗号"复选框,如图3-56所示。

步骤③ 要特别注意的是,在第3步中必须选择身份证号码列,选中"文本"单选按钮,如图3-57所示。

结果如图3-58所示。

图3-54　以逗号分隔的数据

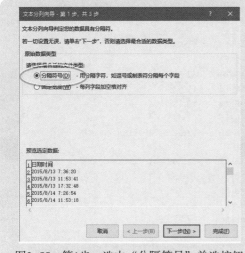

图3-55　第1步,选中"分隔符号"单选按钮

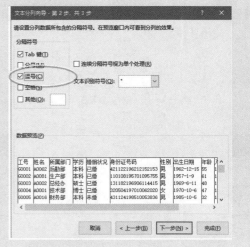

图3-56　第2步,选中"逗号"复选框

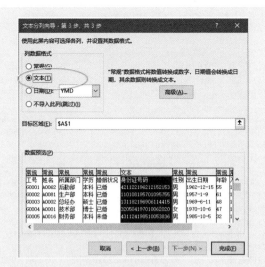

图3-57　第3步，选择身份证号码列，然后选中"文本"单选按钮

	A	B	C	D	E	F	G	H	I	J	K
1	工号	姓名	所属部门	学历	婚姻状况	身份证号码	性别	出生日期	年龄	入职时间	本公司工龄
2	G0001	A0062	后勤部	本科	已婚	421122196212152153	男	1962-12-15	55	1980-11-15	37
3	G0002	A0081	生产部	本科	已婚	110108195701095755	男	1957-1-9	61	1982-10-16	35
4	G0003	A0002	总经办	硕士	已婚	131182196906114415	男	1969-6-11	48	1986-1-8	32
5	G0004	A0001	技术部	博士	已婚	320504197010062020	女	1970-10-6	47	1986-4-8	31
6	G0005	A0016	财务部	本科	未婚	431124198510053836	男	1985-10-5	32	1988-4-28	29
7	G0006	A0015	财务部	本科	已婚	320923195611081635	男	1956-11-8	61	1991-10-18	26
8	G0007	A0052	销售部	硕士	已婚	320924198008252511	男	1980-8-25	37	1992-8-25	25
9	G0008	A0018	财务部	本科	已婚	320684197302090066	女	1973-2-9	45	1995-7-21	22
10	G0009	A0076	市场部	大专	未婚	110108197906221075	男	1979-6-22	38	1996-7-1	21
11	G0010	A0041	生产部	本科	已婚	371482195810102648	女	1958-10-10	59	1996-7-19	21
12	G0011	A0077	市场部	本科	已婚	11010819810913162X	男	1981-9-13	36	1996-9-1	21
13	G0012	A0073	市场部	本科	已婚	420625196803112037	男	1968-3-11	49	1997-8-26	20
14	G0013	A0074	市场部	本科	未婚	110108196803081517	男	1968-3-8	49	1997-10-28	20
15	G0014	A0017	财务部	本科	未婚	320504197010062010	男	1970-10-6	47	1999-12-27	18
16	G0015	A0057	信息部	硕士	已婚	130429196607168417	男	1966-7-16	51	1999-12-28	18
17	G0016	A0065	市场部	本科	已婚	320503197504172517	男	1975-4-17	42	2000-7-1	17

图3-58　分列后的数据

3.4.2　分列工具：根据一个特殊符号分列数据

案例3-12

图3-59所示是以特殊字符"|"分隔的员工基本信息，它们被保存在了A列。该数据的分列也很简单：在文本分列向导的第1步中选中"分隔符号"单选按钮；第2步中选中"其他"复

选框,然后在右侧的文本框中输入符号"|",如图3-60所示;第3步中注意选择身份证号码列,选中"文本"单选按钮。

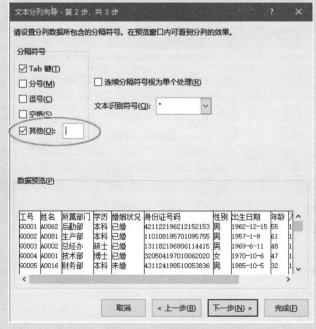

	A	B	C	D	E	F	G	H
1	工号|姓名|所属部门|学历|婚姻状况|身份证号码|性别|出生日期|年龄|入职时间|本公司工龄							
2	G0001|A0062|后勤部|本科|已婚|421122196212152153|男|1962-12-15|55|1980-11-15|37							
3	G0002|A0081|生产部|本科|已婚|110108195701095755|男|1957-1-9|61|1982-10-16|35							
4	G0003|A0002|总经办|硕士|已婚|131182196906114415|男|1969-6-11|48|1986-1-8|32							
5	G0004|A0001|技术部|博士|已婚|320504197010062020|女|1970-10-6|47|1986-4-8|31							
6	G0005|A0016|财务部|本科|未婚|431124198510053836|男|1985-10-5|32|1988-4-28|29							
7	G0006|A0015|财务部|本科|已婚|320923195611081635|男|1956-11-8|61|1991-10-18|26							
8	G0007|A0052|销售部|硕士|已婚|320924198008252511|男|1980-8-25|37|1992-8-25|25							
9	G0008|A0018|财务部|本科|已婚|320684197302090066|女|1973-2-9|45|1995-7-21|22							
10	G0009|A0076|市场部|大专|未婚|110108197906221075|男|1979-6-22|38|1996-7-1|21							
11	G0010|A0041|生产部|本科|已婚|371482195810102648|女|1958-10-10|59|1996-7-19|21							
12	G0011|A0077|市场部|本科|已婚|110108198109131262X|女|1981-9-13|36|1996-9-1|21							
13	G0012|A0073|市场部|本科|已婚|420625196803112037|男|1968-3-11|49|1997-8-26|20							
14	G0013|A0074|市场部|本科|未婚|110108196803081517|男|1968-3-8|49|1997-10-28|20							
15	G0014|A0017|财务部|本科|未婚|320504197010062010|男|1970-10-6|47|1999-12-27|18							
16	G0015|A0057|信息部|硕士|已婚|130429196607168417|男|1966-7-16|51|1999-12-28|18							

图3-59 以特殊字符"|"分隔

图3-60 第2步,选中"其他"复选框,并输入符号"|"

3.4.3　分列工具：根据多个分隔符号分列数据

在文本分列向导的第2步中,有多个分隔符号可以同时选择(但最多只能选择5个),因此可以根据实际数据情况,同时选择多个分隔符号进行分列。

案例3-13

针对图3-61所示表单,要求把科目编码和各个项目名称取出,保存在不同列中。

	A	B	C	D	E
1	目录名称	科目编码	名称1	名称2	名称3
2	科目:1002000200029918 银行存款/公司资金存款/中国建设银行				
3	科目:1002000200045001 银行存款/公司资金存款/中国农业银行				
4	科目:11220001 应收账款/职工借款				
5	科目:112200020001 应收账款/暂付款/暂付设备款				
6	科目:112200020002 应收账款/暂付款/暂付工程款				
7	科目:11220004 应收账款/押金				
8	科目:11220007 应收账款/单位往来				
9	科目:112200100001 应收账款/待摊费用/房屋租赁费				
10	科目:112200100005 应收账款/待摊费用/物业管理费				
11	科目:112200100010 应收账款/待摊费用/其他				
12	科目:11320001 应收利息/预计存款利息				
13	科目:115200020002 内部清算/公司清算资金/三方存管自有资金				
14	科目:115200130001 内部清算/三方存管客户/合格账户三方存管				
15	科目:1231 坏账准备				
16	科目:16010001 固定资产/房屋及建筑物				
17	科目:16010002 固定资产/电子设备				
18	科目:16010003 固定资产/运输设备				

图3-61　科目目录名称

仔细观察表格数据的特征:最左边的"科目"两个字是不需要的,它与科目编码之间是用冒号分隔的;科目编码与项目之间是用空格分隔的;各个项目之间使用斜杠/分隔。

步骤 ① 打开"查找和替换"对话框,将文字"科目:"替换掉。

步骤 ② 选择A列,打开"文本分列向导"对话框。

步骤 ③ 在第1步选中"分隔符号"单选按钮。

步骤 ④ 在第2步同时选中"空格"和"其他"复选框,并在"其他"右侧的文本框中输入斜杠/,如图3-62所示。

步骤 ⑤ 在第3步中选择科目编码,选中"文本"单选按钮,如图3-63所示。

效果如图3-64所示。

图3-62 第2步,同时选择"空格"和"其他"复选框,并在其右侧文本框中输入斜杠/

图3-63 第3步,选择科目编码列,然后选中"文本"单选按钮

	A	B	C	D
1	科目编码	总账科目	项目1	项目2
2	1002000200029918	银行存款	公司资金存款	中国建设银行
3	1002000200045001	银行存款	公司资金存款	中国农业银行
4	11220001	应收账款	职工借款	
5	112200020001	应收账款	暂付款	暂付设备款
6	112200020002	应收账款	暂付款	暂付工程款
7	11220004	应收账款	押金	
8	11220007	应收账款	单位往来	
9	112200100001	应收账款	待摊费用	房屋租赁费
10	112200100005	应收账款	待摊费用	物业管理费
11	112200100010	应收账款	待摊费用	其他
12	11320001	应收利息	预计存款利息	
13	115200020002	内部清算	公司清算资金	三方存管自有资金
14	115200130001	内部清算	三方存管客户	合格账户三方存管
15	1231	坏账准备		
16	16010001	固定资产	房屋及建筑物	
17	16010002	固定资产	电子设备	
18	16010003	固定资产	运输设备	

图3-64 分列后的科目目录表

3.4.4 分列工具：根据固定宽度分列数据

如果要分列的各个数据之间没有明显的分隔符号，但要分列的位置是固定的，那么也可以利用分列工具进行快速分列。

案例3-14

针对图3-65所示表单，要把A列的邮政编码和地址分成两列。

仔细观察数据特点，邮政编码是固定的6位数(要注意分列后必须处理为文本型数字，否则第一位的0就没了)，因此可以使用固定宽度分列。

	A	B	C
1	地址编码	邮编	地址
2	100083北京市海淀区成府路12号		
3	100711北京市东四西大街		
4	330452天津市塘沽区津沽公路三友巷		
5	215617江苏省张家港市杨舍镇农义村		
6	055150河北省石家庄市太行大道10号		

图3-65 把A列分成两列（邮政编码和地址）

 选择A列。

步骤② 单击"数据"→"分列"按钮,打开"文本分列向导"对话框。

步骤③ 在第1步中选中"固定宽度"单选按钮,如图3-66所示。

步骤④ 单击"下一步"按钮,进入第2步,在标尺的位置单击鼠标,设置分列线(仔细看对话框中的说明文字),如图3-67所示。

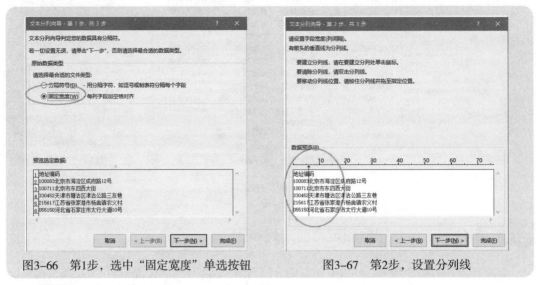

图3-66 第1步,选中"固定宽度"单选按钮　　　图3-67 第2步,设置分列线

步骤⑤ 单击"下一步"按钮,进入第3步,在对话框底部的列表框中选择第1列的邮政编码,然后选中"文本"单选按钮,如图3-68所示。

图3-68 第3步,选中"文本"单选按钮

步骤 ⑥　单击"完成"按钮，得到分列后的数据。

步骤 ⑦　修改标题。

函数公式：根据固定位置分列数据

在上面的例子中，如果不允许破坏原始的数据，要求从A列原始数据中分别提取邮政编码和地址，分别保存到B列和C列中，应该怎么做？此时就需要使用函数了。

案例3-15

如图3-69所示，由于邮政编码是固定的6位数，可以使用LEFT函数直接取出左侧的6位数，然后再用MID函数从第7位开始把右侧的字符取出来。公式如下：

● 单元格B2，邮编：

=LEFT(A2,6)

● 单元格C2，地址：

=MID(A2,7,100)

B2	:	×	✓	f_x	=LEFT(A2,6)	
	A			B		C
1	地址编码			邮编		地址
2	100083北京市海淀区成府路12号			100083		北京市海淀区成府路12号
3	100711北京市东四西大街			100711		北京市东四西大街
4	330452天津市塘沽区津沽公路三友巷			330452		天津市塘沽区津沽公路三友巷
5	215617江苏省张家港市杨舍镇农义村			215617		江苏省张家港市杨舍镇农义村
6	055150河北省石家庄市太行大道10号			055150		河北省石家庄市太行大道10号
7						

图3-69　使用函数分列数据

MID函数中，由于我们是把第7个以后的所有字符都取出来，因此函数的第3个参数给了一个足够的数字(100个)，这样就没必要去计算右边需要取几个字符了。

函数说明：LEFT

LEFT函数用于取出字符串左侧的指定个数的字符。用法如下：

=LEFT(字符串,截取的字符个数)

比如，取出字符串"中国1949年"左边的2个字符的公式如下：

=LEFT("中国1949年",2)

结果为"中国"。

3.4.6 函数公式：根据变动位置分列数据

如果要分列的数据长度不固定，但是都有一个明显的标志字符(字符、文字或者字母等)，此时可以先用FIND函数将这个标志字符的位置找出来，然后再用LEFT函数、RIGHT函数或者MID函数取出数据。

案例3-16

图3-70所示表格中包括原材料数据和成品数据，现要求从F列成品下料尺寸中提取3列数据：规格、数量和单位。

例如第2行，规格是"0.7*180*860"，数量是1，单位是"件"。

	A	B	C	D	E	F	G	H	I
1	名称	材质	原材料尺寸	单张产量	单价/kg	成品下料尺寸	规格	数量	单位
2	后臂板上构件-半	DC03	0.7*1250*860	7	5.50	0.7*180*860/1件			
3	车门锁销固定座 (外包)	DC01	1.2*1250*1110	312	5.25	0.7*105*1000/26件			
4	车门锁销固定板 (螺母板) 外包	Q235	4.5*1050*780	454	1.32	4.5*70*1000/41件			
5	行李箱盖锁销托架(外包)	DC01	1.2*1250*1050	30	5.05	1.2*105*1000/5件			
6	前门外蒙皮加强件(左)-半 (外包)	DC01	0.7*1000*750	10	5.25	0.7*200*750/1套			
7	前门外蒙皮加强件(右)-半 (外包)	DC01	0.7*1000*750	10	5.25	0.7*200*750/1套			
8	前门外蒙皮前加强件 (左) (外包)	DC01	0.7*1000*1400	70	5.25	0.7*188*1000/10件			
9	前门外蒙皮前加强件(右) (外包)	DC01	0.7*1000*1400	70	5.25	0.7*188*1000/10件			
10	中门关门限位器加强件 (左) 外包	DC01	1.0*1250*1290	90	4.90	1250*140*1.0/10件			
11	中门关门限位器加强件 (右) 外包	DC01	1.0*1250*1290	90	4.90	1250*140*1.0/10件			
12	中门上臂加强件 (左) (外包)	DC01	1.0*1000*1180	112	4.90	1.0*168*980/8套			
13	中门上臂加强件 (右) (外包)	DC01	1.0*1000*1180	112	4.90	1.0*168*980/8套			
14	中门锁加强件 (左) (外包)	DC01	1.2*1250*1320	30	5.05	1.2*340*1320/5套			
15	中门锁加强件 (右) (外包)	DC01	1.2*1250*1320	30	5.05	1.2*340*1320/5套			

图3-70　原材料数据和成品数据，G:I列是需要提取的规格、数量和单位

仔细分析成品下料尺寸数据，规格的后面有一个符号/，而单位都是一个汉字，这样我们就可以先使用FIND函数找出符号/的位置，使用LEFT函数取出符号/左边的规格，使用MID函数取出中间的数量，再用RIGHT函数取出右边的单位。第2行单元格公式如下：

● 单元格G2：

=LEFT(F2,FIND("/",F2)−1)

● 单元格H2：

=1*MID(F2,LEN(G2)+2,LEN(F2)−LEN(G2)−2)

● 单元格I2：

=RIGHT(F2,1)

效果如图3-71所示。

公式解释如下。

第1个公式：由于FIND函数的结果是符号/的位置，因此规格的字符长度就是这个位置数减去1，即FIND("/",F2)−1。

	A	B	C	D	E	F	G	H	I
	名称	材质	原材料尺寸	单张产量	单价/kg	成品下料尺寸	规格	数量	单位
1									
2	后壁板上构件-半	DC03	0.7*1250*860	7	5.50	0.7*180*860/1件	0.7*180*860	1	件
3	车门锁销固定座（外包）	DC01	1.2*1250*1110	312	5.25	0.7*105*1000/26件	0.7*105*1000	26	件
4	车门锁销固定板（螺母板）外包	Q235	4.5*1050*780	454	1.32	4.5*70*1000/41件	4.5*70*1000	41	件
5	行李箱盖皮锁销托架(外包)	DC01	1.2*1250*1050	30	5.05	1.2*105*1000/5件	1.2*105*1000	5	件
6	前门外蒙皮加强件(左)-半（外包）	DC01	0.7*1000*750	10	5.25	0.7*200*750/1套	0.7*200*750	1	套
7	前门外蒙皮加强件(右)-半（外包）	DC01	0.7*1000*750	10	5.25	0.7*200*750/1套	0.7*200*750	1	套
8	前门外蒙皮前加强件(左)（外包）	DC01	0.7*1000*1400	70	5.25	0.7*188*1000/10件	0.7*188*1000	10	件
9	前门外蒙皮前加强件(右)（外包）	DC01	0.7*1000*1400	70	5.25	0.7*188*1000/10件	0.7*188*1000	10	件
10	中门关门限位器加强件（左）外包	DC01	1.0*1250*1290	90	4.90	1250*140*1.0/10件	1250*140*1.0	10	件
11	中门关门限位器加强件（右）外包	DC01	1.0*1250*1290	90	4.90	1250*140*1.0/10件	1250*140*1.0	10	件
12	中门上臂加强件（左）（外包）	DC01	1.0*1000*1180	112	4.90	1.0*168*980/8套	1.0*168*980	8	套
13	中门上臂加强件（右）（外包）	DC01	1.0*1000*1180	112	4.90	1.0*168*980/8套	1.0*168*980	8	套
14	中门锁加强件（左）（外包）	DC01	1.2*1250*1320	30	5.05	1.2*340*1320/5套	1.2*340*1320	5	套
15	中门锁加强件（右）（外包）	DC01	1.2*1250*1320	30	5.05	1.2*340*1320/5套	1.2*340*1320	5	套
16									

G2 单元格公式：=LEFT(F2,FIND("/",F2)-1)

图3-71 分列结果

第2个公式：使用了LEN函数来计算数量的起始位置和位数。LEN(G2)+2是计算数量的起始位置，由前面已经提取的规格计算得出，由于符号/占一个，下一个才是数量的起始位置，因此要在规格字符的长度上加2。LEN(F2)-LEN(G2)-2是计算数量的位数，这是一个简单的数学计算：原始数据的总字符，减去已经提取的规格的总字符，再减去2(符号/是一个，单位也是一个，故合计是2)。当取出数量后，要把此结果乘以1，变成能够计算的数字，因为文本函数取出的任何数据都是文字。

第3个公式是最简单的，直接取出右边的一个字符即可。

函数说明：FIND

FIND函数用于从一个字符串中查找指定字符出现的位置。用法如下：

=FIND(指定字符,字符串,开始查找的起始位置)

例如，假若单元格A2保存字符串"Excel高效办公技巧"，现在要查找"办公"两个字出现的位置，则公式为"=FIND("办公",A2)"，得到结果为8，表明从左边的第1个字符算起，第8个字符就是要找的"办公"。这里忽略了该函数的第3个参数，表明从字符串的第一个字符开始查找。

函数说明：RIGHT

RIGHT函数用于取出一个字符串的右边指定个数的字符。用法如下：

=RIGHT(字符串,字符个数)

例如，公式"=RIGHT("1001现金",2)"，就是把字符串"1001现金"的右边2个字符取出来，结果为"现金"。

⊘ **案例3-17**

图3-72所示是另外一个例子,金额和单位写在同一个单元格中,无法直接计算单位服务费。如何解决这个问题呢?

	A	B	C
1	讲师类别	费用标准	单位服务费
2	A	600元/天	
3	B	300元/天	
4	C	80元/小时	
5	D	50元/小时	
6	E	100元/次	

图3-72 金额和单位写在同一个单元格中

这个问题并不难解决,先用FIND函数找出文字"元"的位置,然后再用LEFT函数把金额取出来,不过,LEFT函数取出来的"数字"并不是纯数字,而是文本,需要转换为纯数字,此时把结果乘以1即可。单元格C2公式如下:

=1*LEFT(B2,FIND(" 元 ",B2)-1)

结果如图3-73所示。

C2			fx	=1*LEFT(B2,FIND("元",B2)-1)		
	A	B	C	D	E	F
1	讲师类别	费用标准	单位服务费			
2	A	600元/天	600			
3	B	300元/天	300			
4	C	80元/小时	80			
5	D	50元/小时	50			
6	E	100元/次	100			
7						

图3-73 处理结果

3.4.7 函数公式:分列汉字和数字

在实际工作中,也经常会遇到这样的情况:数字编码和汉字名称连在了一起,它们中间没有任何分隔符号,而且数字个数和汉字个数也是变化的,现在要分成两列,怎么办?

案例3-18

图3-74所示是一个产品名称和规格连在一起的例子，现在的任务是把产品名称和规格分开。

图3-74 产品名称和规格连在一起

考虑到A列单元格数据仅仅是由数字(乘号"*"与数字算作一类，因为它们都是半角字符)和汉字(它们是全角字符)组成，每个数字有1个字节；而每个汉字有2个字节，因此我们可以使用LENB函数和LEN函数对数据长度进行必要的计算(注意它们的关系是：字符串的字节数减去字符数，就是汉字的个数)，再利用LEFT函数和RIGHT函数将产品名称和规格剥离开来。提取产品名称和规格的公式如下：

● 单元格B2：

=LEFT(A2,LENB(A2)–LEN(A2))

● 单元格C2：

=RIGHT(A2,2*LEN(A2)–LENB(A2))

效果如图3-75所示。

B2		× ✓ fx	=LEFT(A2,LENB(A2)-LEN(A2))		D
	A	B	C		
1	产品名称	名称	规格		
2	钢排800*1800	钢排	800*1800		
3	钢吸800*4000	钢吸	800*4000		
4	自浮式排泥胶管800*11800	自浮式排泥胶管	800*11800		
5	钢伸700*710	钢伸	700*710		
6	钢排700*1800	钢排	700*1800		
7	钢伸450*2570L	钢伸	450*2570L		
8	钢伸150*4000	钢伸	150*4000		
9	钢伸800*500	钢伸	800*500		
10	自浮管700*11800	自浮管	700*11800		
11	钢排750*1800	钢排	750*1800		
12	胶吸900*2250	胶吸	900*2250		

图3-75 分离出的产品名称和规格

✋ **函数说明：** LENB

LENB函数是计算字符串的字节长度。用法如下：

=LENB(字符串)

例如，公式"=LENB("1001现金")"的结果是8，因为4个数字计4个字节，2个汉字计4(2*2)个字节，共计8(4+2*2)个字节。

3.4.8 **函数公式：分列字母和数字**

如果名称是英文名称，编码是数字，并且连接在一起。这种情况下，字母和数字都是半角字符，利用上面的方法就行不通了。

◉ **案例3-19**

图3-76所示就是这样的一个例子，要求把紧密相连的编码数字和英文科目名称分成两列。这个问题解决起来比较麻烦。下面是一个建议的公式，具体原理这里不再介绍了。

● 单元格B2：

=TEXT(-LOOKUP(,-LEFT(A2,ROW($1:$15))),"0")

● 单元格C2：

=MID(A2,LEN(B2)+1,100)

效果如图3-76所示。

图3-76　分列字母和数字

3.4.9 **函数公式：逻辑稍微复杂点的分列**

遇到逻辑比较复杂的情况，尽管在有些情况下可以使用分列工具，但需要多分几次才能达到需要的效果；而搞清楚逻辑关系后，有时一个简单的函数就可以解决。

◉ **案例3-20**

图3-77所示就是这样的一个例子。现在要制作每个部门、每项费用的汇总表，首先必须

从B列里提取出项目名称和部门名称。

	A	B	C	D	E	F
1	科目代码	科目名称	本期借方发生额	本期贷方发生额	项目	部门
2	6602	管理费用	1,390,995.30	1,487,184.00		
3	6602.01	工资	278,100.00	255,224.28		
4	6602.01	[001]公司总部/[0]非质量成本	30,000.00	30,423.64		
5	6602.01	[003]人力资源部/[0]非质量成本	80,000.00	78,888.95		
6	6602.01	[004.01]采购部/[0]非质量成本	30,000.00	22,582.00		
7	6602.01	[004.02]计划部/[0]非质量成本	20,000.00	13,740.77		
8	6602.01	[005.01]会计部/[0]非质量成本	30,000.00	29,552.17		
9	6602.01	[005.02]仓储部/[0]非质量成本	25,000.00	21,206.68		
10	6602.01	[011]TSS小组/[0]非质量成本	26,000.00	24,400.80		
11	6602.01	[012]内控部/[0]非质量成本	27,000.00	24,500.62		
12	6602.01	[013]OEM部/[0]非质量成本	10,100.00	9,928.65		
13	6602.02	福利费	157,900.00	139,720.87		
14	6602.02	[001]公司总部/[0]非质量成本	150,000.00	138,055.77		
15	6602.02	[003]人力资源部/[0]非质量成本	5,000.00	515.10		
16	6602.02	[004.01]采购部/[0]非质量成本	-	-		
17	6602.02	[004.02]计划部/[0]非质量成本	-	-		
18	6602.02	[005.01]会计部/[0]非质量成本	-	-		

图3-77　原始的管理费用科目余额表

仔细研究下这个表格，主要特征还是在A列里隐藏着。如果某单元格的科目代码与上一行不一样，那么B列该单元格的数据就是项目名称；如果科目代码一样，就是部门名称了。此时，分列公式分别如下。

- 单元格E2：

=IF(A2<>A1,B2,E1)

- 单元格F2：

=IF(A2=A1,MID(B2,FIND("]",B2)+1,FIND("/",B2)-FIND("]",B2)-1),"")

结果如图3-78所示。

E2　=IF(A2<>A1,B2,E1)

	A	B	C	D	E	F
1	科目代码	科目名称	本期借方发生额	本期贷方发生额	项目	部门
2	6602	管理费用	1,390,995.30	1,487,184.00	管理费用	
3	6602.01	工资	278,100.00	255,224.28	工资	
4	6602.01	[001]公司总部/[0]非质量成本	30,000.00	30,423.64	工资	公司总部
5	6602.01	[003]人力资源部/[0]非质量成本	80,000.00	78,888.95	工资	人力资源部
6	6602.01	[004.01]采购部/[0]非质量成本	30,000.00	22,582.00	工资	采购部
7	6602.01	[004.02]计划部/[0]非质量成本	20,000.00	13,740.77	工资	计划部
8	6602.01	[005.01]会计部/[0]非质量成本	30,000.00	29,552.17	工资	会计部
9	6602.01	[005.02]仓储部/[0]非质量成本	25,000.00	21,206.68	工资	仓储部
10	6602.01	[011]TSS小组/[0]非质量成本	26,000.00	24,400.80	工资	TSS小组
11	6602.01	[012]内控部/[0]非质量成本	27,000.00	24,500.62	工资	内控部
12	6602.01	[013]OEM部/[0]非质量成本	10,100.00	9,928.65	工资	OEM部
13	6602.02	福利费	157,900.00	139,720.87	福利费	
14	6602.02	[001]公司总部/[0]非质量成本	150,000.00	138,055.77	福利费	公司总部
15	6602.02	[003]人力资源部/[0]非质量成本	5,000.00	515.10	福利费	人力资源部
16	6602.02	[004.01]采购部/[0]非质量成本	-	-	福利费	采购部
17	6602.02	[004.02]计划部/[0]非质量成本	-	-	福利费	计划部
18	6602.02	[005.01]会计部/[0]非质量成本	-	-	福利费	会计部
19	6602.02	[005.02]仓储部/[0]非质量成本	600.00	100.00	福利费	仓储部

图3-78　使用函数进行判断，提取项目名称和部门名称

注意: 在F2公式中提取部门名称时,联合使用了FIND函数和MID函数:用FIND函数分别找出]和/的位置,就可以计算出部门名称起始位置和字符个数。

3.4.10 快速填充:Excel 2016 新增的智能工具

如果你使用的是Excel 2016版,那么这样的分列是非常便捷的,使用"数据工具"组中的"快速填充"工具即可完成,如图3-79所示。

图3-79 "快速填充"按钮

以前面介绍的邮政编码和地址分列为例,基本步骤如下。

步骤1 首先将保存邮政编码的单元格区域设置为文本格式。

步骤2 在第1个单元格中手工输入邮政编码。

步骤3 选择包括第1个单元格在内所有要保存邮政编码的区域。

步骤4 单击"数据"→"数据工具"→"快速填充"按钮,即可快速完成邮政编码填充。

步骤5 快速填充地址。

3.5 删除表格中的垃圾行

好好的一个数据表单,有些人特喜欢插入空行,小计行、觉得这样做很舒服。但是,这样做的目的是什么? 为了方便看项目的合计数? 为了打印? 那么,这个表是基础表单,还是计算结果表格? 这样做的人很多,尤其是 Excel 小白们,都不知道自己设计的这张表格要达到什么目的。

对于基础表单而言,空行、空列、小计行、表格顶部的说明文字、表格底部的备注行,都属于垃圾。甚至重复输入的数据,也是多余的。

3.5.1　快速删除表单中的空行

空行的存在，可能是人工插入的，也可能是从系统导出的表格本身就存在空行。对于基础数据表格来说，空行一点用也没有，纯属垃圾，最好将其删除。

◎ 案例3-21

图3-80所示是从系统导入的银行存款日记账表格。在这个表格中，有大量的空行和合并单元格，它们的存在会影响到银行对账工作，必须删除空行，并把合并单元格处理掉。

	A	B	C	D	E	F
1	凭证号	交易日	交易金额	币种	客户编码	摘要
2						
3	300048	2016-9-29	646,974.29	CNY	G008058	DD9583370
4						
5						
6	001637	2016-9-23	-60,000.00	CNY	G007225	三院体检
7						
8						
9	001637	2016-9-23	-1.20	CNY	G007225	bank charge
10						
11						
12	001638	2016-9-23	-50,850.00	CNY	G007225	30%PREPAY
13						
14						
15	001638	2016-9-23	-1.20	CNY	G007225	BANK CHARGE
16						
17						
18	001639	2016-9-23	-26,320.50	CNY	G007225	艾特090042-30%
19						
20						

图3-80　存在大量空行和合并单元格

仔细观察表格的结构和数据，除C列以外，以其他各列为参照将空行删除，就可以一次性解决空行和合并单元格的问题。

下面是快速删除大量空行的一个非常实用的小技巧。

步骤 ①　选中A列（也就是代表空行的列）。

步骤 ②　按F5键或者Ctrl+G组合键，打开"定位"对话框，单击左下角的"定位条件"按钮，如图3-81所示。

步骤 ③　打开"定位条件"对话框，选中"空值"单选按钮，如图3-82所示。

图3-81　"定位"对话框

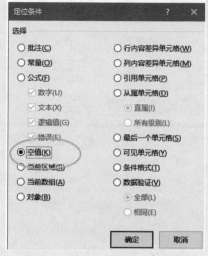

图3-82　选中"空值"单选按钮

步骤④ 单击"确定"按钮,将A列所有的空单元格选中,如图3-83所示。

	A	B	C	D	E	F	G
1	凭证号	交易日	交易金额	币种	客户编码	摘要	
2							
3	300048	2016-9-29	646,974.29	CNY	G008058	DD9583370	
4							
5							
6	001637	2016-9-23	-60,000.00	CNY	G007225	三院体检	
7							
8							
9	001637	2016-9-23	-1.20	CNY	G007225	bank charge	
10							
11							
12	001638	2016-9-23	-50,850.00	CNY	G007225	30%PREPAY	
13							
14							
15	001638	2016-9-23	-1.20	CNY	G007225	BANK CHARGE	
16							
17							
18	001639	2016-9-23	-26,320.50	CNY	G007225	艾特090042-30%	
19							
20							

图3-83　选中了A列所有的空单元格

步骤⑤ 单击"开始"→"删除"下拉按钮,在弹出的命令列表中选择"删除工作表行"命令,如图3-84所示。

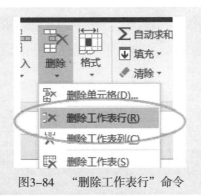

图3-84 "删除工作表行"命令

这样，就得到了一个没有空行的规范表单，如图3-85所示。

	A	B	C	D	E	F
1	凭证号	交易日	交易金额	币种	客户编码	摘要
2	300048	2016-9-29	646,974.29	CNY	G008058	DD9583370
3	001637	2016-9-23	-60,000.00	CNY	G007225	三院体检
4	001637	2016-9-23	-1.20	CNY	G007225	bank charge
5	001638	2016-9-23	-50,850.00	CNY	G007225	30%PREPAY
6	001638	2016-9-23	-1.20	CNY	G007225	BANK CHARGE
7	001639	2016-9-23	-26,320.50	CNY	G007225	艾特090042-30%
8	001639	2016-9-23	-1.20	CNY	G007225	bank charge

图3-85 删除空行后的表格数据

3.5.2 快速删除小计行

很多人喜欢在基础表单中按照类别插入很多小计行，这样的小计其实是没必要的，不仅增加了工作量，也不利于后面的数据处理和分析，应予以删除。

删除小计行最简便方法是：选择小计文字所在列，利用"查找和替换"工具，或者用筛选的方法，选中所有的小计单元格，然后删除工作表行。

图3-86所示是利用"查找和替换"对话框来选择所有小计单元格，方法如下。

步骤① 打开"查找和替换"对话框。

步骤② 在"查找内容"文本框里输入"小计"。

步骤③ 单击"查找全部"按钮，查出全部的小计单元格。

步骤④ 不要关闭对话框，在对话框中按Ctrl+A组合键，选择全部小计单元格，最后单击"关闭"按钮，关闭对话框。

图3-86　利用"查找和替换"对话框选择所有小计单元格

步骤⑤ 单击"开始"→"删除"→"删除工作表行"命令,将所选中的"小计"行全部删除。

3.5.3　删除重复数据

如果要快速删除数据清单中的重复数据,留下来唯一的不重复数据,可以使用"删除重复值"功能来完成,如图3-87所示。

图3-87　"删除重复值"按钮

案例3-22

图3-88所示是一张有重复报销记录的表单,现在要把重复的数据删除,仅保留一行唯一的数据,主要步骤如下。

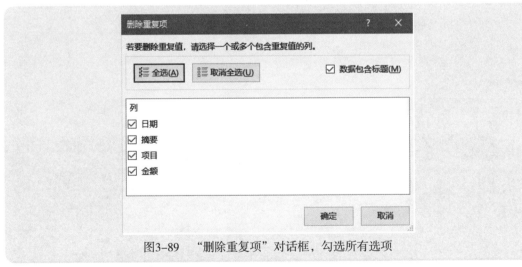

图3-88　有重复数据的表格

步骤① 单击数据区域任一单元格。

步骤② 单击"删除重复值"按钮，打开"删除重复项"对话框，选中"数据包含标题"复选框，并保证选择所有的列，如图3-89所示。

图3-89　"删除重复项"对话框，勾选所有选项

步骤③ 单击"确定"按钮，弹出一个提示对话框，告诉我们发现了几个重复值，删除后保留了几个唯一值，如图3-90所示。

图3-90　删除重复值提示对话框

步骤 ④ 单击"确定"按钮，关闭对话框，就得到了一个没有重复数据的表单，如图3-91所示。

	A	B	C	D	E
1	日期	摘要	项目	金额	
2	2018-3-15	张三报销交通费	交通费	295	
3	2018-3-8	张三报销差旅费	差旅费	305.38	
4	2018-3-12	马武支取现金	差旅费	3000	
5	2018-3-16	马武报销交通费	交通费	230	
6	2018-3-16	马武报销差旅费	差旅费	2945.23	
7	2018-3-16	马武交回现金	差旅费	54.77	
8	2018-3-12	郑达报销餐费	业务招待费	482	
9	2018-3-8	李四报销招待费	业务招待费	1086	

图3-91　没有重复数据的表单

3.6　填充单元格，确保数据的完整性

很多人设计的表格，合并单元格一大堆，还沾沾自喜，殊不知这样做的后果就是"没有困难制造困难也要上"。对于基础表单而言，合并单元格是一大忌，因为合并单元格就意味着有空单元格！

有时从系统导入的数据，也会存在大量的空单元格。实际上，这些空单元格并不是真正的空单元格，而是为了阅读方便而故意留空的，这样的空单元格势必影响数据汇总分析的正确性，必须予以填充。

有的表格中，由于业务数据的问题，也会有空单元格，尽管这些空单元格是必须存在的，但在有些情况下，需要把空单元格填充为数字 0，便于以后的数据汇总和分析。

这些问题统统归为填充空单元格，实际上也是很容易解决的。

3.6.1 处理并填充合并单元格

案例3-23

图3-92所示是一个存在合并单元格的例子,如果用这个表格数据进行透视分析,显然是错误的,需要处理并填充合并单元格。

	A	B	C	D	E	F	G	H	I
1	分公司	产品	华北	华南	华中	华东	西北	东北	西南
2	分公司A	产品A	952.06	967.64	1030.04	1089.22	876.33	973.82	744.53
3		产品B	40.38	57.42	61.8	70.04	68.84	68.35	69.62
4		产品C	1248.81	1282.82	1455.7	1162.85	1330.94	1311.36	1111.64
5		产品D	258545	268472	271434	268392	276706	279346	273547
6	分公司B	产品A	952.06	875.77	952.09	1245.38	1387.58	1341.9	1435.19
7		产品B	40.38	47.04	39.15	20.35	40.94	44.26	26.41
8		产品C	1248.81	1187.57	1076.82	1217.77	969.14	1047.46	1197.61
9		产品D	258545	262737	268451	259891	268968	266058	260798
10	分公司C	产品A	952.06	944.47	790.09	763.39	489.85	269.42	283.76
11		产品B	40.38	42.26	41.37	57.33	85.62	101.36	81.73
12		产品C	1248.81	958.51	661.03	792.98	1073.52	1019.26	921.01
13		产品D	258545	265406	260379	268823	259149	268956	263614
14	分公司D	产品A	952.06	1218.7	1456.63	1654.84	1508.74	1697.74	1733.65
15		产品B	40.38	13.72	30.26	34.5	36.49	35.4	10.58
16		产品C	1248.81	1521.38	1711.87	1862.68	2059.04	2160.56	2078.48
17		产品D	258545	260129	259559	262487	254186	245682	255405

图3-92 存在合并单元格的表格

步骤① 选择A列的合并单元格区域。

步骤② 单击"合并后居中"命令按钮(如图3-93所示),取消合并单元格,如图3-94所示。

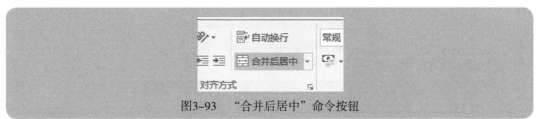

图3-93 "合并后居中"命令按钮

步骤③ 按F5键或者Ctrl+G组合键,打开"定位"对话框,再单击"定位条件"按钮,打开"定位条件"对话框,选中"空值"单选按钮(参阅前面的介绍),效果如图3-95所示。

步骤④ 输入等号=,点选单元格A2,输入公式"=A2",如图3-96所示。

	A	B	C	D	E	F	G	H	I
1	分公司	产品	华北	华南	华中	华东	西北	东北	西南
2	分公司A	产品A	952.06	967.64	1030.04	1089.22	876.33	973.82	744.53
3		产品B	40.38	57.42	61.8	70.04	68.84	68.35	69.62
4		产品C	1248.81	1282.82	1455.7	1162.85	1330.94	1311.36	1111.64
5		产品D	258545	268472	271434	268392	276706	279346	273547
6	分公司B	产品A	952.06	875.77	952.09	1245.38	1387.58	1341.9	1435.19
7		产品B	40.38	47.04	39.15	20.35	40.94	44.26	26.41
8		产品C	1248.81	1187.57	1076.82	1217.77	969.14	1047.46	1197.61
9		产品D	258545	262737	268451	259891	268968	266058	260798
10	分公司C	产品A	952.06	944.47	790.09	763.39	489.85	269.42	283.76
11		产品B	40.38	42.26	41.37	57.33	85.62	101.36	81.73
12		产品C	1248.81	958.51	661.03	792.98	1073.52	1019.26	921.01
13		产品D	258545	265406	260379	268823	259149	268956	263614
14	分公司D	产品A	952.06	1218.7	1456.63	1654.84	1508.74	1697.74	1733.65
15		产品B	40.38	13.72	30.26	34.5	36.49	35.4	10.58
16		产品C	1248.81	1521.38	1711.87	1862.68	2059.04	2160.56	2078.48
17		产品D	258545	260129	259559	262487	254186	245682	255405

图3-94　取消了合并单元格

	A	B	C	D	E	F	G	H	I
1	分公司	产品	华北	华南	华中	华东	西北	东北	西南
2	分公司A	产品A	952.06	967.64	1030.04	1089.22	876.33	973.82	744.53
3		产品B	40.38	57.42	61.8	70.04	68.84	68.35	69.62
4		产品C	1248.81	1282.82	1455.7	1162.85	1330.94	1311.36	1111.64
5		产品D	258545	268472	271434	268392	276706	279346	273547
6	分公司B	产品A	952.06	875.77	952.09	1245.38	1387.58	1341.9	1435.19
7		产品B	40.38	47.04	39.15	20.35	40.94	44.26	26.41
8		产品C	1248.81	1187.57	1076.82	1217.77	969.14	1047.46	1197.61
9		产品D	258545	262737	268451	259891	268968	266058	260798
10	分公司C	产品A	952.06	944.47	790.09	763.39	489.85	269.42	283.76
11		产品B	40.38	42.26	41.37	57.33	85.62	101.36	81.73
12		产品C	1248.81	958.51	661.03	792.98	1073.52	1019.26	921.01
13		产品D	258545	265406	260379	268823	259149	268956	263614
14	分公司D	产品A	952.06	1218.7	1456.63	1654.84	1508.74	1697.74	1733.65
15		产品B	40.38	13.72	30.26	34.5	36.49	35.4	10.58
16		产品C	1248.81	1521.38	1711.87	1862.68	2059.04	2160.56	2078.48
17		产品D	258545	260129	259559	262487	254186	245682	255405

图3-95　选择A列的空单元格

A2		：	× ✓ fx	=A2

	A	B	C	D
1	分公司	产品	华北	华南
2	分公司A	产品A	952.06	967.64
3	=A2	产品B	40.38	57.42
4		产品C	1248.81	1282.82
5		产品D	258545	268472
6	分公司B	产品A	952.06	875.77

图3-96　输入填充引用公式

步骤⑤ 按Ctrl+Enter组合键，即可完成数据的填充，如图3-97所示。

	A	B	C	D	E	F	G	H	I
1	分公司	产品	华北	华南	华中	华东	西北	东北	西南
2	分公司A	产品A	952.06	967.64	1030.04	1089.22	876.33	973.82	744.53
3	分公司A	产品B	40.38	57.42	61.8	70.04	68.84	68.35	69.62
4	分公司A	产品C	1248.81	1282.82	1455.7	1162.85	1330.94	1311.36	1111.64
5	分公司A	产品D	258545	268472	271434	268392	276706	279346	273547
6	分公司B	产品A	952.06	875.77	952.09	1245.38	1387.58	1341.9	1435.19
7	分公司B	产品B	40.38	47.04	39.15	20.35	40.94	44.26	26.41
8	分公司B	产品C	1248.81	1187.57	1076.82	1217.77	969.14	1047.46	1197.61
9	分公司B	产品D	258545	262737	268451	259891	268968	266058	260798
10	分公司C	产品A	952.06	944.47	790.09	763.39	489.85	269.42	283.76
11	分公司C	产品B	40.38	42.26	41.37	57.33	85.62	101.36	81.73
12	分公司C	产品C	1248.81	958.51	661.03	792.98	1073.52	1019.26	921.01
13	分公司C	产品D	258545	265406	260379	268823	259149	268956	263614
14	分公司D	产品A	952.06	1218.7	1456.63	1654.84	1508.74	1697.74	1733.65
15	分公司D	产品B	40.38	13.72	30.26	34.5	36.49	35.4	10.58
16	分公司D	产品C	1248.81	1521.38	1711.87	1862.68	2059.04	2160.56	2078.48
17	分公司D	产品D	258545	260129	259559	262487	254186	245682	255405

图3-97 填充数据完成

步骤⑥ 选择A列，按Ctrl+C组合键，然后打开如图3-98所示"选择性粘贴"对话框，选中"数值"单选按钮，单击"确定"按钮，即可将A列的公式转换为数值。

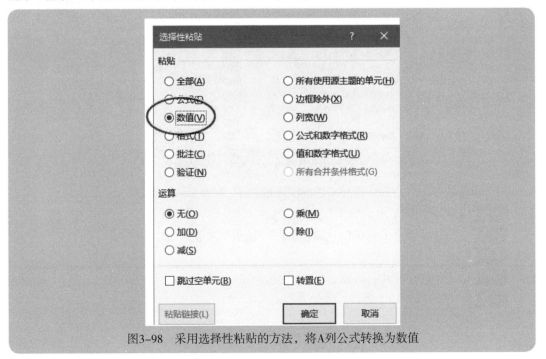

图3-98 采用选择性粘贴的方法，将A列公式转换为数值

3.6.2 快速填充空单元格为上一行数据

案例3-24

图3-99所示是一个从K3中导入的出货单数据,A:D列没有明细数据,现在需要将其填充为上一行的数据。

	A	B	C	D	E	F	G
1	日期	单据编号	客户编码	购货单位	产品代码	实发数量	金额
2	2018-5-2	XOUT004666	00000006	客户C	001	44350	196356.73
3	2018-5-4	XOUT004667	53004102	客户D	007	3800	45044.92
4					007	600	7112.36
5	2018-5-3	XOUT004668	00000006	客户E	001	14900	65968.78
6					006	33450	148097.69
7	2018-5-4	XOUT004669	53005101	客户A	007	5000	59269.64
8	2018-5-4	XOUT004671	55702102	客户Y	007	7680	91038.16
9					007	1420	16832.58
10	2018-5-4	XOUT004672	37106103	客户E	005	3800	20342.73
11					002	2000	12181.23
12					007	1500	17780.89
13					008	2200	45655
14	2018-5-4	XOUT004678	91006101	客户A	007	400	4741.57
15	2018-5-4	XOUT004679	37106103	客户Q	005	10000	53533.49
16	2018-5-4	XOUT004680	91311105	客户C	007	2000	18037.83
17					007	500	5926.96
18					002	1520	8826.02
19	2018-5-4	XOUT004681	91709103	客户G	002	2000	11613.18
20	2018-5-4	XOUT004682	37403102	客户C	007	4060	36616.8
21					007	1860	16775.19
22	2018-5-4	XOUT004683	37311105	客户W	007	1140	10281.57

图3-99 表格中存在大量的空单元格

这个难题的解决方法和步骤与前面的例子的相同,主要步骤如下。

步骤① 选择A:D列。

步骤② 按F5键或者Ctrl+G组合键,定位选择空单元格。

步骤③ 输入引用公式"=A3"。

步骤④ 按Ctrl+Enter组合键。

步骤⑤ 选择性粘贴,将公式转换为数值。

效果如图3-100所示。

	A	B	C	D	E	F	G
1	日期	单据编号	客户编码	购货单位	产品代码	实发数量	金额
2	2014-5-2	XOUT004666	00000006	客户C	001	44350	196356.73
3	2014-5-4	XOUT004667	53004102	客户D	007	3800	45044.92
4	2014-5-4	XOUT004667	53004102	客户D	007	600	7112.36
5	2014-5-3	XOUT004668	00000006	客户E	001	14900	65968.78
6	2014-5-3	XOUT004668	00000006	客户E	006	33450	148097.69
7	2014-5-4	XOUT004669	53005101	客户A	007	5000	59269.64
8	2014-5-4	XOUT004671	55702102	客户Y	007	7680	91038.16
9	2014-5-4	XOUT004671	55702102	客户Y	007	1420	16832.58
10	2014-5-4	XOUT004672	37106103	客户E	005	3800	20342.73
11	2014-5-4	XOUT004672	37106103	客户E	002	2000	12181.23
12	2014-5-4	XOUT004672	37106103	客户E	007	1500	17780.89
13	2014-5-4	XOUT004672	37106103	客户E	008	2200	45655
14	2014-5-4	XOUT004678	91006101	客户A	007	400	4741.57
15	2014-5-4	XOUT004679	37106103	客户Q	005	10000	53533.49
16	2014-5-4	XOUT004680	91311105	客户C	007	2000	18037.83
17	2014-5-4	XOUT004680	91311105	客户C	007	500	5926.96
18	2014-5-4	XOUT004680	91311105	客户C	002	1520	8826.02
19	2014-5-4	XOUT004681	91709103	客户G	002	2000	11613.18
20	2014-5-4	XOUT004682	37403102	客户C	007	4060	36616.8
21	2014-5-4	XOUT004682	37403102	客户C	007	1860	16775.19
22	2014-5-4	XOUT004683	37311105	客户W	007	1140	10281.57

图3-100　填充空单元格后的表格

3.6.3 快速填充空单元格为下一行数据

案例3-24所示介绍的是把上一行的数据往下填充，在实际工作中，也会遇到要把下一行的数据往上填充的问题。

◉案例3-25

图3-101就是这样一个例子，每个税金占3行，科目名称仅仅保存在了第3行，上面两行没有名称，现在要求把表格整理成完整的数据表单。

这种情况下的数据填充方法与案例3-24是一样的，先选中A列，定位空单元格，然后在当前活动单元格A2中输入公式"=A3"，按Ctrl+Enter组合键即可，如图3-102所示。

思考：为什么要输入"=A3"，而不是输入"=A4"吗？

	A	B	C	D
1	科目名称	期间	摘要	原币借方
2		11	期初余额	-
3		11	本期合计	7,161.88
4	营业税金及附加	11	本年累计	48,340.10
5		11	期初余额	-
6		11	本期合计	209.41
7	城建税	11	本年累计	1,416.86
8		11	期初余额	-
9		11	本期合计	83.77
10	地方教育费附加	11	本年累计	566.74
11		11	期初余额	-
12		11	本期合计	41.88
13	教育费附加	11	本年累计	850.13
14		11	期初余额	-
15		11	本期合计	2,512.92
16	文化事业建设费	11	本年累计	17,002.26
17		11	期初余额	-
18		11	本期合计	4,188.25
19	营业税	11	本年累计	28,337.09

图3-101　原始数据表格

	A	B	C	D
1	科目名称	期间	摘要	原币借方
2	营业税金及附加	11	期初余额	-
3	营业税金及附加	11	本期合计	7,161.88
4	营业税金及附加	11	本年累计	48,340.10
5	城建税	11	期初余额	-
6	城建税	11	本期合计	209.41
7	城建税	11	本年累计	1,416.86
8	地方教育费附加	11	期初余额	-
9	地方教育费附加	11	本期合计	83.77
10	地方教育费附加	11	本年累计	566.74
11	教育费附加	11	期初余额	-
12	教育费附加	11	本期合计	41.88
13	教育费附加	11	本年累计	850.13
14	文化事业建设费	11	期初余额	-
15	文化事业建设费	11	本期合计	2,512.92
16	文化事业建设费	11	本年累计	17,002.26
17	营业税	11	期初余额	-
18	营业税	11	本期合计	4,188.25
19	营业税	11	本年累计	28,337.09

图3-102　填充数据后的表格

3.6.4　快速往空单元格输入零

如果要往数据区域的空单元格中快速填充数字0,有两种高效的方法:查找替换法和定位填充法。

查找替换法的基本步骤是:打开如图3-103所示"查找和替换"对话框,在"查找内容"文本框里什么都不输,在"替换为"文本框里输入0,单击"全部替换"按钮,就自动向数据区域内所有的空单元格输入数字0。

图3-103　准备往数据区域的所有空单元格填充数字0

定位填充法的基本步骤是：先按F5键，在"定位条件"对话框中选择"空值"单选按钮，定位选择出数据区域内的所有空单元格，然后在键盘上输入数字0，再按Ctrl+Enter组合键。

3.7 表格结构的转换

如果拿到的表格结构不满足数据处理的要求，或者数据分析起来非常不方便，那么，不妨将表格结构进行改变。有时候这么处理一下，会起到事半功倍的效果。

3.7.1 行列互换位置

如果要把数据区域转置90°，也就是行变成列，列变成行，可以使用"选择性粘贴"的"转置"功能，具体操作步骤如下。

步骤1 选择数据区域，按Ctrl+C组合键。

步骤2 单击工作表其他空白区域的任意单元格。

步骤3 打开"选择性粘贴"对话框，选中"转置"复选框，单击"确定"按钮，如图3-104所示。

注意：转置之后的数据不能保存在原位置。

效果如图3-105所示。

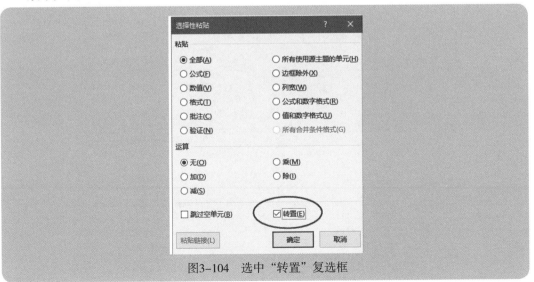

图3-104 选中"转置"复选框

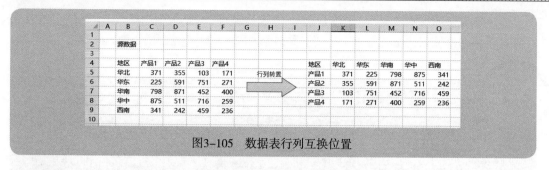

图3-105　数据表行列互换位置

3.7.2　将二维表格转换为一维表格：数据透视表方法

二维表格本质上是一种汇总表，如果作为数据源来使用，是无法建立一个灵活的数据模型进行各种数据分析的，此时需要将二维表格转换为一维表格。

在任何一个版本的Excel中都可以使用的转换方法，是使用多重合并计算数据区域功能。此功能的快捷键是Alt+D+P，注意这里的P键要按2下。

案例3-26

以图3-106所示的二维表格为例，使用多重合并计算数据区域功能转换为一维表格，如图3-107所示。

图3-106　原始的二维表格

图3-107　要转换为的一维表格

具体步骤如下：

步骤① 按Alt+D+P组合键，打开"数据透视表和数据透视图向导--步骤1（共3步）"对话框，选中"多重合并计算数据区域"单选按钮，如图3-108所示。

步骤② 单击"下一步"按钮，打开"数据透视表和数据透视图向导--步骤2a（共3步）"对话框，保持默认设置，如图3-109所示。

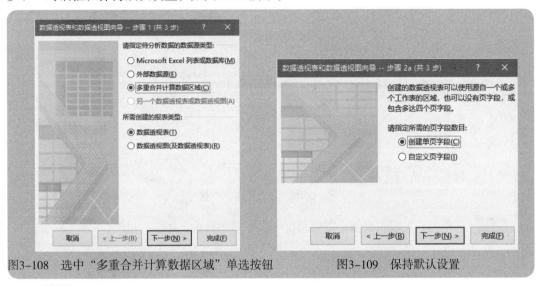

图3-108 选中"多重合并计算数据区域"单选按钮　　图3-109 保持默认设置

步骤③ 单击"下一步"按钮，打开"数据透视表和数据透视图向导--第2b步（共3步）"对话框，选择添加数据区域，如图3-110所示。

图3-110 选择添加数据区域

步骤④ 单击"下一步"按钮,打开"数据透视表和数据透视图向导--步骤3(共3步)"对话框,选中"新工作表"单选按钮,如图3-111所示。

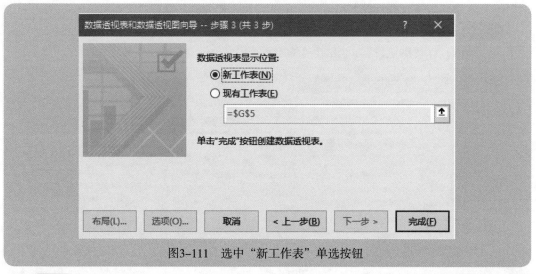

图3-111 选中"新工作表"单选按钮

步骤⑤ 单击"完成"按钮,就得到了一个数据透视表,如图3-112所示。

	A	B	C	D	E	F
1	页1	(全部) ▼				
2						
3	求和项:值	列标签 ▼				
4	行标签 ▼	二季度	三季度	四季度	一季度	总计
5	东北	633	584	798	337	2352
6	华北	741	796	718	201	2456
7	华东	224	395	479	773	1871
8	华南	404	433	590	599	2026
9	华中	453	434	640	671	2198
10	西北	279	679	775	526	2259
11	西南	305	318	711	221	1555
12	总计	3039	3639	4711	3328	14717

图3-112 得到的数据透视表

步骤⑥ 双击数据透视表最右下角的总计数单元格(本案例就是数值14717所在单元格),就得到了如图3-113所示的结果。

⁂	A	B	C	D
1	行 ▼	列 ▼	值 ▼	页1 ▼
2	东北	二季度	633	项1
3	东北	三季度	584	项1
4	东北	四季度	798	项1
5	东北	一季度	337	项1
6	华北	二季度	741	项1
7	华北	三季度	796	项1
8	华北	四季度	718	项1
9	华北	一季度	201	项1
10	华东	二季度	224	项1
11	华东	三季度	395	项1
12	华东	四季度	479	项1
13	华东	一季度	773	项1
14	华南	二季度	404	项1
15	华南	三季度	433	项1
16	华南	四季度	590	项1
17	华南	一季度	599	项1

◄ ► Sheet4 | Sheet3 | Sheet1 … ⊕

图3-113 双击总计数单元格得到的列表

步骤⑦ 我们可以在"设计"选项卡中做进一步处理，例如先在"表格样式"清除目前的样式，然后单击"转换为区域"按钮，将表格转换为普通的数据区域，最后修改表格标题。

这种转换方法看起来很繁琐，其实一点也不难，熟练后不到一分钟就能完成将二维表格转换为一维表格的工作。

3.7.3 将二维表格转换为一维表格：Power Query 方法

如果你安装的是Excel 2016版，还可以使用另外一种更简单、更快捷的方法：Power Query。以上面的数据为例，主要步骤如下。

步骤① 单击表格的任一单元格。

步骤② 单击"数据"→"获取和转换"→"从表格"按钮，如图3-114所示。

步骤③ 打开"创建表"对话框，保持默认，如图3-115所示。

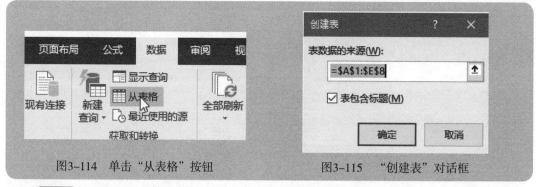

图3-114　单击"从表格"按钮　　　　　图3-115　"创建表"对话框

(步骤④) 单击"确定"按钮，进入"表1-查询编辑器"界面，如图3-116所示。

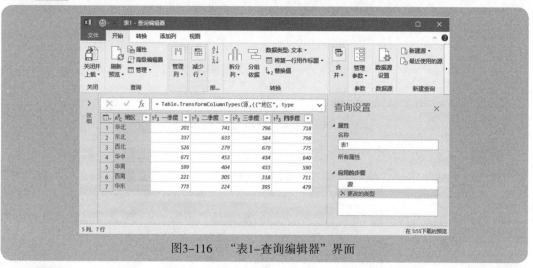

图3-116　"表1-查询编辑器"界面

(步骤⑤) 选择第1列"地区"，然后在"转换"选项卡中单击"逆透视列"下拉按钮，在弹出的下拉列表中选择"逆透视其他列"命令，如图3-117所示。

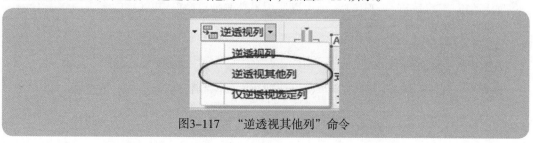

图3-117　"逆透视其他列"命令

那么就得到了如图3-118所示的转换结果。

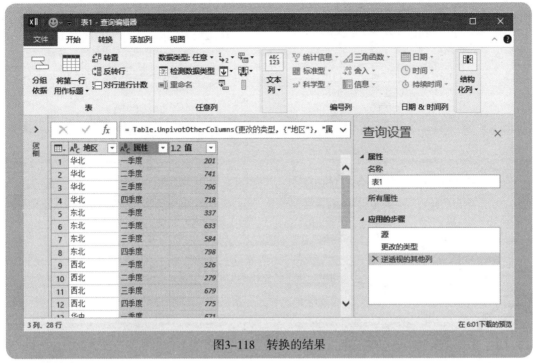

图3-118 转换的结果

步骤⑥ 在查询表中分别双击标题"属性"和"值"，将其重命名为"季度"和"金额"。

步骤⑦ 在"开始"选项卡中单击"关闭并上载"下拉按钮，在弹出的下拉列表中选择"关闭并上载"命令，如图3-119所示。

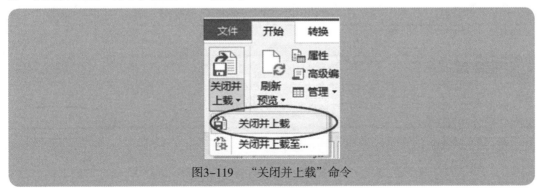

图3-119 "关闭并上载"命令

那么，就得到了一维表单的转换结果，如图3-120所示。

图3-120 导入到工作表的转换结果

3.8 数据整理规范问题

在日常数据整理过程中,我们遇到的问题是各种各样的,解决方案也不尽相同。前面我们介绍了常见的几大类问题及其解决方法,这些方法和技能技巧,都是我十几年培训的经验总结,期望能对快速提升大家的日常数据处理效率有所帮助。下面,再补充几个数据整理中的实际问题及其解决思路和技巧。

3.8.1 数据合并

数据合并,是指把几个单元格的数据合并在一个单元格里,生成一个新的字符串。数据合并的常用方法如下。

● 基本的连接计算(&)。
● CONCATENATE 函数。
● CONCAT 函数。
● TEXTJOIN 函数。

快速填充工具等。

案例3-27

在图3-121所示表格中，A~C列保存有3类数据，现在要把这3类数据连接成一个新字符串，保存到D列中。

	A	B	C	D
1	姓名	部门	职位	需要的结果
2	刘晓晨	人力资源部	经理	刘晓晨 人力资源部 经理
3	祁正人	人力资源部	主管	祁正人 人力资源部 主管
4	张丽莉	财务部	总监	张丽莉 财务部 总监
5	孟欣然	财务部	经理	孟欣然 财务部 经理
6	毛利民	财务部	主管	毛利民 财务部 主管
7	马一晨	销售部	总监	马一晨 销售部 总监
8	王浩忌	销售部	经理	王浩忌 销售部 经理
9	王玉成	销售部	经理	王玉成 销售部 经理
10	蔡齐豫	销售部	经理	蔡齐豫 销售部 经理
11				

图3-121 原始的3列数据，要连接成1列字符

1. 使用简单的连接符（&）合并数据

最常见的合并数据公式是使用连字符&一个一个地连接起来，这种方法对于少数几个单元格来说不是难事。对于此例来说，公式如下：

=A2&" "&B2&" "&C2

2. 使用 CONCATENATE 函数合并数据

如果使用CONCATENATE函数，则公式如下：

=CONCATENATE(A2," ",B2," ",C2)

函数说明：CONCATENATE

CONCATENATE函数用于将不超过255个字符连接成一个新字符串。用法如下：
=CONCATENATE(数据1,数据2,数据3,…)
在Excel 2016中，CONCATENATE函数即将消失，被功能更强大的CONCAT函数替代了。

---

3. 使用 CONCAT 函数合并数据

如果使用CONCAT函数，则公式如下(注意此函数仅仅是Excel 2016版才有的)：

=CONCAT(A2," ",B2," ",C2)

函数说明:CONCAT

CONCAT函数用于将多个字符连接成一个新字符串。用法如下:

=CONCAT(数据1,数据2,数据3,…)

CONCAT函数不仅可以一个一个单元格地选择,还可以同时选择整个单元格区域,甚至可以选择整列或整行。

4. 使用 TEXTJOIN 函数合并数据

如果使用TEXTJOIN函数,公式是最简单的(注意此函数仅仅是Excel 2016版才有的):

=TEXTJOIN(" ",,A2:C2)

函数说明:TEXTJOIN

TEXTJOIN函数用于将多个字符用指定分隔符,连接成一个新字符串。用法如下:

=TEXTJOIN(数据之间是否插入符号,是否忽略空值,数据1,数据2,数据3,...)

TEXTJOIN函数可以选择个别单元格,也可以选择整列或整行,还可以在每个数据之间插入分隔符。

3.8.2 快速批量修改数据

"领导说,下个月每个人的基本工资普调20%,我司有200多人,如何快速修改每个人的基本工资?"一个学生这样问道。我反问,如果仅仅是把某些级别领导的工资提高20%,其他合同员工的工资普调10%,劳务工的工资不做普调,你又会怎么做呢?

这其实是一个如何快速对数据进行批量修改的问题,使用"选择性粘贴"工具,必要时联合使用筛选,即可快速完成需要的修改。

1. 批量修改全部单元格数据

如果要对选中的单元格区域的所有单元格数据进行批量修改,比如统一乘以或者除以一个数,统一加上或减去一个数据,此时可以使用选择性粘贴的方法进行批量修改。

具体操作方法如下。

步骤① 先在某个单元格输入要进行计算的数字。

步骤② 按Ctrl+C组合键。

步骤③ 选择要修改的数据区域。

步骤④ 打开"选择性粘贴"对话框。

步骤⑤ 在"粘贴"选项组中选中"数值"单选按钮（这样操作不会破坏原来已经设置好的单元格格式），在"运算"选项组中选择相应的运算方式（加、减、乘、除），单击"确定"按钮即可，如图3-122所示。

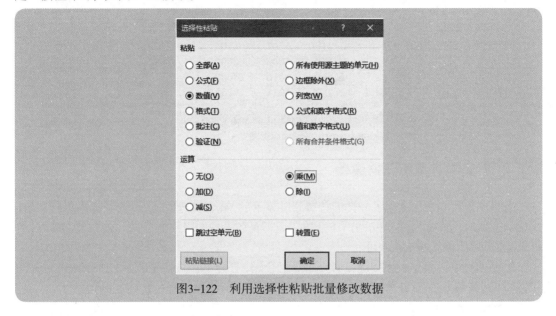

图3-122 利用选择性粘贴批量修改数据

2. 批量修改部分单元格数据

如果要对数据区域的部分单元格进行批量修改，如统一乘以或者除以一个数，统一加上或减去一个数据，也可以使用选择性粘贴的方法进行批量修改，方法与上面介绍的基本一样，只不过要先选择这些准备修改的单元格(可以通过筛选或者鼠标点选)。

例如，要对图3-123所示的北京和苏州的数据统一增加500，具体步骤如下。

步骤① 对数据区域建立筛选，把要修改的北京和苏州筛选出来，如图3-124所示。

步骤② 在任一空白单元格输入500，复制该单元格。

步骤③ 选择单元格区域C2:C12，按Alt+;组合键，选择可见单元格；或者打开"定位条件"对话框，选中"可见单元格"单选按钮。

步骤④ 打开"选择性粘贴"对话框，选择"加"单选按钮。

步骤⑤ 单击"确定"按钮。

最后的结果如图3-125所示。

	A	B	C
1	分公司	员工	工资
2	北京	A001	3700
3	天津	A002	8995
4	北京	A003	8650
5	上海	A004	7358
6	上海	A005	4412
7	苏州	A006	6700
8	苏州	A007	4100
9	北京	A008	6600
10	南京	A009	4846
11	苏州	A010	3600
12	北京	A011	6258

图3-123　原始的数据

	A	B	C
1	分公司	员工	工资
2	北京	A001	3700
4	北京	A003	8650
7	苏州	A006	6700
8	苏州	A007	4100
9	北京	A008	6600
10	北京	A010	3600
12	北京	A011	6258

图3-124　筛选出北京和苏州

	A	B	C
1	分公司	员工	工资
2	北京	A001	4200
3	天津	A002	8995
4	北京	A003	9150
5	上海	A004	7358
6	上海	A005	4412
7	苏州	A006	7200
8	苏州	A007	4600
9	北京	A008	7100
10	南京	A009	4846
11	苏州	A010	4100
12	北京	A011	6758

图3-125　批量修改后的数据

3.8.3 复制可见单元格数据

当对一个大型表格建立了分类汇总和分级显示后,或者筛选数据后,或者把某些行、某些列数据隐藏后,如果要复制显示出来的数据,而不复制隐藏的明细数据,那么就必须先定位可见单元格,然后再复制粘贴即可。

选择可见单元格,可按F5键或者Ctrl+G组合键,打开"定位条件"对话框,选中"可见单元格"单选按钮,如图3-126所示。

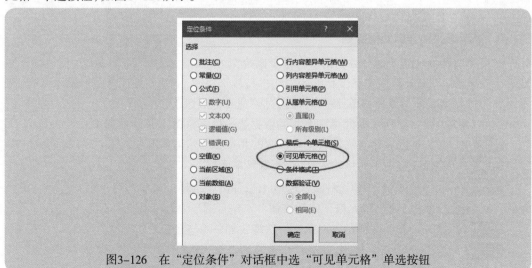

图3-126　在"定位条件"对话框中选"可见单元格"单选按钮

或者按Alt+;组合键,同样也可以选择可见单元格。

04

核心技能

彻底掌握并熟练运用常用的几个函数

前面 3 章一直在介绍最基本的事情：如何设计标准规范的基础表单，如何高效地整理乱表。没有标准规范的基础表单，就无法创建高效自动化的数据分析模板，不论是用函数还是透视表，都会感觉非常难！其实，这不是函数有多难，也不是透视表有多难，而是一开始就把表单设计出问题来了。

当有了标准规范的表单后，我们可以使用函数或透视表对数据进行各种汇总分析，以及利用图表把分析结果可视化。其中，函数公式又是数据处理和数据分析的最核心技能之一。然而，学习函数公式的目的是什么？学习函数公式的核心又是什么？如何快速掌握常用的函数及其综合运用？

　　不管是在培训课堂上，还是课下各种途径的交流学习中，我听到最多的一句话就是：函数太难学了，公式太难做了，绕着绕着就把自己绕晕了。就在昨天的一次大型公益沙龙讲座上，面对台下300多位财务人员，我只问了一句话：你们觉得学习Excel最难的是什么？几乎是异口同声地回答：函数！

　　其实，函数本身学起来并不难，看看帮助信息，基本上都能学会如何使用，最难的是如何利用函数创建公式，因为公式离不开具体的表格，离不开具体的问题，因此需要去好好理解表格，细心揣摩表格里面的逻辑，仔细去寻找解决问题的思路。

　　一句话，疏理逻辑思路永远是学习函数公式中最核心的东西。

4.1 熟悉而陌生的公式

不论是一个最简单的汇总表，还是一个复杂的自动化数据分析模板，里面最核心的是各种计算公式，而公式就是你所做各种计算的逻辑。那么，什么是公式？公式如何运算？如何引用单元格？如何输入常量？如何抓住公式的核心——逻辑思路？

4.1.1 什么是公式

简单来说，公式是以等号(=)开头的，以运算符连接将多个元素连接起来的表达式。在Excel中，凡是在单元格中先输入等号(=)，然后再输入其他数据的，Excel就自动判为公式。例如，在单元格输入了"=100"，那么尽管该单元格显示出的数据为100，但它的真正面目并不是数字100，而是一个公式，其计算结果是100。

4.1.2 公式的元素

输入到单元格的计算公式，由以下几种基本元素组成。

● 等号(=)：任何公式必须以等号(=)开头。
● 运算符：运算符是将多个参与计算的元素连接起来的运算符号，Excel公式的运算符有引用运算符、算术运算符、文本运算符和比较运算符。
● 常量：常量包括常数和字符串，是指值永远不变的数据，如10.02、2000等；字符串是指用双引号括起来的文本，如"47838""日期"等。
● 数组：在公式中还可以使用数组，以创建更加复杂的公式。例如，公式"=MMULT({1,2,3;4,5,6},{8;9;11})"就是计算两个矩阵{1,2,3;4,5,6}和{8;9;11}的乘积，得到一个新的矩阵，在函数MMULT中使用了常量数组{1,2,3;4,5,6}和{8;9;11}。
● 单元格引用：单元格引用是指以单元格地址或名称来代表单元格的数据进行计算。比如，公式"=A1+B2+200"就是将单元格A1的数据和B2的数据及常数200进行相加；公式"=SUM(销售量)"就是利用函数SUM对名称"销售量"所代表的单元格区域进行加总计算。
● 工作表函数和它们的参数：公式的元素可以是函数，例如公式"=SUM(A1:A10)"就使用了函数SUM，而"A1:A10"就是SUM的参数。
● 括号：括号主要用于控制公式中各元素运算的先后顺序。要注意区别函数中的括号，

函数中的括号是函数不可分割的一部分。

4.1.3 公式的运算符

Excel公式的运算符有引用运算符、算术运算符、文本运算符和比较运算符。下面简要介绍公式的运算符及其使用方法。

1. 引用运算符

引用运算符用于对单元格区域合并计算,常见的引用运算符有冒号(:)、逗号(,)和空格。

- 冒号(:)是区域运算符,用于对两个引用单元格之间所有单元格进行引用,如A1:B10表示以A1为左上角、以B10为右下角的连续单元格区域;A:A表示整个A列;5:5表示第5行。这样,公式"=SUM(A1:B10)"就是对单元格区域A1:B10进行加总计算;公式"=SUM(A:A)"就是对整个A列进行加总计算;公式"=SUM(5:5)"就是对整个第5行进行加总计算。
- 逗号(,)是联合运算符,用于将多个引用合并。例如,公式"=SUM(A2:A6,A5:D5)"用于计算单元格区域A2:A6和A5:D5的数字总和。这里请注意单元格A5是两个单元格区域的交叉单元格,它被计算了两次。
- 空格是交叉运算符,用于对两个单元格区域的交叉单元格的引用,例如,公式"=B5:C5 C5:D5"的结果为返回C5单元格的数据;公式"=SUM(B5:D5 C5:E5)"则是将两个单元格区域B5:D5和C5:E5的交叉单元格区域C5:D5的数据进行加总。

2. 算术运算符

算术运算符用于完成基本的算术运算,按运算的先后顺序,算术运算符有负号(–)、百分数(%)、幂(^)、乘(*)、除(/)、加(+)、减(–)。

例如,公式"=A1*B1+C1"就是将单元格A1和B1数据相乘后再加上单元格C1数据;公式"=A1^(1/3)"就是将求单元格A1的数据的立方根;公式"=-A1"就是将单元格A1的数字变为负数后输入到某个单元格。

3. 文本运算符

文本运算符用于两个或多个值连接或串起来产生一个连续的文本值,文本运算符主要是文本连接运算符&。例如,公式"=A1&A2&A3"就是将单元格A1、A2、A3的数据连接起来组成一个新的文本。

4. 比较运算符

比较运算符用于比较两个值，并返回逻辑值TRUE或FLASE。比较运算符有等于(=)、小于(<)、小于等于(<=)、大于(>)、大于等于(>=)、不等于(<>)。

例如，公式"=A1=A2"就是比较单元格A1和A2的值，如果A1的值等于A2的值，就返回TRUE，否则就返回FALSE。有人会说，这个公式怎么有两个等号啊？注意这个公式的左边第一个等号是公式的等号，而第二个等号是比较运算符。

4.1.4 公式中的常量

前面曾讲过，Excel处理的数据有3类：文本、日期时间、数字。当要在公式或函数中输入这样的常量时，要依据数据类型做不同的处理。

(1) 文本：要用双引号括起来，比如 ="客户"。

如果在单元格输入这样的公式"="100""，那么单元格得到的结果将不再是数字100，而是文本型数字。

(2) 日期和时间：也要用双引号括起来，比如：="2018-5-1"，="13:23:48"。如果直接输入公式"=2018-5-1"，那么就是减法运算了。

但要注意，带双引号的日期在直接做算术运算及用在日期函数进行计算中时，不需要特殊处理；但用在其他函数中时，最好使用DATEVALUE函数和TIMEVALUE函数将文本型日期和时间进行转换，即：

```
= DATEVALUE("2015-5-1")
=TIMEVALUE("13:23:48")
```

(3) 数字：直接输入即可。

4.1.5 公式中的标点符号

不论是在纯粹的公式(不用函数的公式)中输入标点符号，还是在函数参数中输入标点符号，永远牢记，这些标点符号都必须是半角字符。

4.1.6 单元格引用方式

引用的作用在于标识工作表上的单元格或单元格区域，并告知Excel在何处查找公式中所使用的数值或数据。

通过引用，可以在一个公式中使用工作表不同单元格所包含的数据，或者在多个公式中使用同一个单元格的数值;还可以引用同一个工作簿中其他工作表上的单元格或者其他工作簿中的数据。引用其他工作簿中的单元格被称为链接或外部引用。

在默认情况下,Excel使用A1引用样式,此样式下,字母标识列,数字标识行,这些字母和数字被称为列标和行号。若要引用某个单元格,应先输入列标字母再输入行号。例如,B2是引用B列和第2行交叉处的单元格。

Excel还可以设置为R1C1引用方式,此时R表示行(Row),C表示列(Column),R10C5表示引用第10行第5列的单元格,也就是常规的E10单元格。

4.1.7 复制公式时的要点

在引用单元格进行计算时,如果想要**复制公式**(俗称拉公式),那么就要特别注意单元格引用位置是否也跟着公式的移动发生变化。也就是说,要考虑单元格的引用方式:**相对引用**或**绝对引用**,以免复制后的公式不是想要的结果。

1. 相对引用

相对引用也称相对地址,用列标和行号直接表示单元格,如A2、B5等。当某个单元格的公式被复制到另一个单元格时,原单元格内公式中的地址在新的单元格中就会发生变化,但其引用的单元格地址之间的相对位置间距保持不变。

在默认情况下,输入的新公式使用相对引用。

2. 绝对引用

绝对引用又称绝对地址,在表示单元格的列标和行号前加$符号就称为绝对引用,其特点是在将此单元格复制到新的单元格时,公式中引用的单元格地址始终保持不变。

例如,公式"=SUM($A$1:$A$10)"总是对单元格区域A1:A10进行加总,而不论该公式复制到何处。

3. 混合引用

混合引用包括绝对列和相对行,或者绝对行和相对列。绝对引用列采用$A1、$B1等形式,就是列采用绝对引用,而行采用相对引用。绝对引用行采用A$1、B$1等形式,就是行采用绝对引用,而列采用相对引用。

如果公式所在单元格的位置改变,则相对引用将改变,而绝对引用不变。如果多行或多列地复制或填充公式,相对引用将自动调整,而绝对引用将不作调整。

例如,假设单元格A2的公式是"=A$1",那么当将单元格A2复制到单元格B3时,单元格B3的计算公式就会调整为"=B$1"。

混合引用在需要快速输入大量公式，而这些公式中总是引用某个固定的行或固定的列时，是非常有用的。

4. 引用转换小技巧：F4 键

引用方式之间转换的快捷方式是按F4键。连续按F4键，就会依照相对引用→绝对引用→列相对行绝对→列绝对行相对→相对引用……这样的顺序循环下去。

合理使用引用方式，可以在复制公式时事半功倍。

5. 相对引用和绝对引用举例

图4-1所示是计算各个产品销售额占销售总额的百分比，它们分别等于单元格B2、B3、B4和B5的数值除以单元格B6的数值。在各个单元格的计算公式中，使用固定的单元格B6数值作为分母，因此在各个单元格的计算公式中，对单元格B6要采用绝对引用。而公式的分子是各个产品自己的数据，因此分子是相对引用。这样，在单元格C2中输入公式 "=B2/$B$6"，然后向下复制到单元格C6，就可得到各个产品销售额的百分比数据。

	A	B	C	D
1	产品	销售额	占比	
2	产品A	543	15.39%	
3	产品B	765	21.68%	
4	产品C	1345	38.11%	
5	产品D	876	24.82%	
6	合计	3529	100.00%	

C2　fx　=B2/$B$6

图4-1　绝对引用

4.2　好好地认识函数

Excel 提供了大量的内置函数可供使用，利用这些函数进行数据计算与分析，不仅可以大大提高工作效率，而且不容易出错。

我们也可以利用宏和 VBA 编写自定义函数，并像工作表函数那样使用。

其实，就 Excel 的这些函数而言，我们经常使用的也就 20 个左右。因此，除了要掌握必要的函数基本知识外，还应熟练掌握这 20 个左右常用的函数。

4.2.1　什么是函数

函数就是我们在公式中使用的一种Excel内置工具,它用来迅速完成指定的计算,并得到一个计算结果。

大多数函数的计算结果是根据指定的参数值计算出来的,比如公式"=SUM(A1:A10,100)"就是加总单元格区域A1:A10的数值并再加上100。

也有一些函数不需要指定参数而直接得到计算结果,比如公式"=TODAY()"就是得到系统当前的日期。

4.2.2　函数的基本语法

在使用函数时,必须遵循一定的规则,即函数都有自己的基本语法。

有参数的函数的基本语法为:

　= 函数名 (参数 1, 参数 2, …, 参数 *n*)

没参数的函数的基本语法为:

　= 函数名 ()

在使用函数时,应注意以下几个问题。

● 函数也是公式,所以当公式中只有一个函数时,函数前面必须有等号(=)。

● 函数也可以作为公式中表达式的一部分,或者作为另外一个函数的参数,此时在函数名前就不能输入等号了。

● 函数名与其后的小括号"("之间不能有空格。

● 参数的前后必须用小括号"("和")"括起来,也就是说,一对括号是函数的组成部分。如果函数没有参数,则函数名后面必须带有左右小括号"( )"。

● 当有多个参数时,参数之间要用逗号","分隔。

● 参数可以是数值、文本、逻辑值、单元格或单元格区域地址、名称,也可以是各种表达式或函数。

● 函数中的逗号","、双引号" "等都是半角字符,而不是全角字符。

● 有些函数的参数中可以是可选参数,那么这些函数是否输入具体的数据可依实际情况而定。从语法上来说,不输入这些可选参数是合法的。

4.2.3　函数参数的类型

上面我们已经提到,函数的参数可以是数值、文本、逻辑值、单元格或单元格区域地址、名称，也可以是各种表达式或函数，或者根本就没有参数。函数的参数具体是哪种类型，可以根据实际情况而灵活确定。

（1）要获取当前的日期和时间，可以在单元格输入下面没有任何参数的公式：

=NOW()

（2）假若将单元格区域A1:A100定义了名称Data，那么就可以在函数中直接使用这个名称。下面两个公式的结果是完全一样的：

=SUM(A1:A100)

=SUM(Data)

（3）可以将整行或整列作为函数的参数。比如，要计算A列的所有数值之和，可以使用下面的公式：

=SUM(A:A)

也许你认为公式"=SUM(A:A)"的计算要花较长的时间，认为它是对"整个列"的计算，(一个列有1048576行)，事实并非如此，Excel只是计算到A列中有数据的最后一个单元格，并不会一直计算到A列的最后一行。

（4）在函数的参数中，也可以直接使用具体的数字，比如公式"=SQRT(156)"就是计算156的平方根；也可以直接使用文本，比如公式"=MATCH("aaa",A1:A10,0)"就是从数据区域A1:A10中查找文本aaa的位置。

（5）还可以将表达式作为函数的参数。例如，公式"=PMT(B2/12,B3,B1)"中，函数PMT的第一个参数就是一个表达式B2/12。

（6）一个函数的参数还可以是另外一个函数，称为嵌套函数。例如，下面的公式就是联合使用INDEX函数和MTACH函数查找数据，函数MATCH的结果是函数INDEX的参数：

=INDEX(B2:C4,MATCH(E2,A2:A4,0),MATCH(E1,B1:C1,0))

（7）更为复杂和高级一点的情况是：函数参数还可以是数组。例如，下面的公式就是判断单元格A1的数字是否为1、5、9，只要是它们的任一个，公式就返回TRUE，否则就返回FALSE：

=OR(A1={1,5,9})

总之，函数的参数可以是多种多样的，要根据实际情况采用不同的参数类型。

4.2.4 培养输入函数的好习惯

很多人在单元格输入函数时，特别喜欢一个一个字母、一个一个逗号、一个一个括号的输入，殊不知这样很容易出错。即使你对函数的语法比较熟悉，也容易搞错参数，或者漏掉参数，或者逗号加错了位置，或者括号加错了位置。

输入函数最好的方法是单击编辑栏上的"插入函数"按钮 f_x，打开"函数参数"对话框，就可以快速准确地输入函数的参数。

图4-2所示就是VLOOKUP函数的参数对话框,将光标移到每个参数文本框中,就可以看出该参数的含义,如果不清楚函数的使用方法,还可以单击对话框左下角的"有关该函数的帮助"标签,打开帮助信息进行查看。

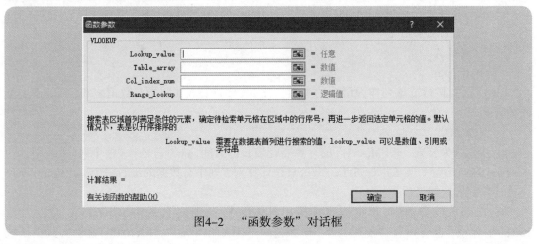

图4-2 "函数参数"对话框

4.3

创建公式的实用技能技巧

如果你是做简单的加减乘除公式,是没什么技巧的,直接进行加减乘除即可。

如果你是使用函数创建复杂的公式,那么,就需要掌握几个实用的技能技巧了,包括以下几点。

- 如何快速输入函数。
- 如何快速输入嵌套函数。
- 如何绘制逻辑流程图。
- 如何检查公式的错误。
- 如何查看公式某部分的计算结果。

4.3.1 快速输入函数

Excel 提供了非常快捷的函数输入方法,当在单元格直接输入函数时,只要输入某个字母,就会自动列示出以该字母打头的所有函数列表。如图4-3所示,就是输入字母SUM后,所有以字母SUM开头的函数列表，从而方便我们选择输入函数。

如果在函数中又输入另外一个函数，同样也会显示以某字母开头的函数列表，如图4-4所示。

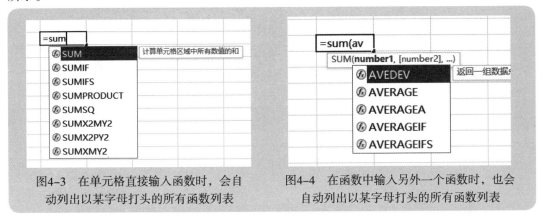

图4-3 在单元格直接输入函数时，会自动列出以某字母打头的所有函数列表

图4-4 在函数中输入另外一个函数时，也会自动列出以某字母打头的所有函数列表

当选择某个函数后，按Tab键，就自动在该函数名字后面添加了左括号，然后按Ctrl+A组合键，就打开了该函数的参数对话框。

在"函数参数"对话框中设置参数时，当一个参数输入完毕后，直接按Tab键，就自动把光标移到了下一个参数文本框中。

4.3.2 创建嵌套函数公式的利器：名称框

很多人不知道名称框在哪里，也不清楚名称框是干什么用的。名称框在公式编辑栏的最左侧，如图4-5所示。

图4-5 名称框

当单击某个单元格时，名称框中就会出现该单元格的地址。

在单元格中手工输入某个函数时，在名称框中就会出现目前你常用的10个函数中的第一个，如图4-6所示。

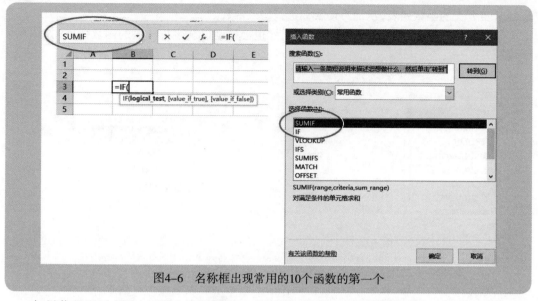

图4-6　名称框出现常用的10个函数的第一个

如果你是通过"插入函数"按钮 f_x 插入的函数,并打开了"函数参数"对话框,那么名称框中会出现该函数的名称,如图4-7所示。

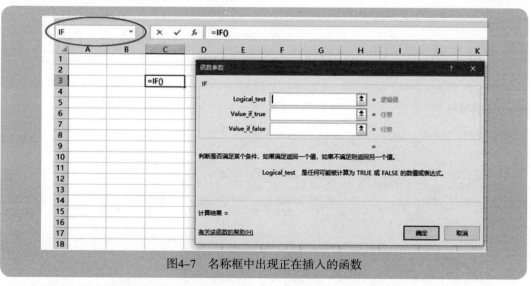

图4-7　名称框中出现正在插入的函数

如果要在某个函数中插入另外一个函数,可以直接在名称框中寻找,如图4-8所示。

总之,名称框是输入函数、创建嵌套函数公式的重要工具。

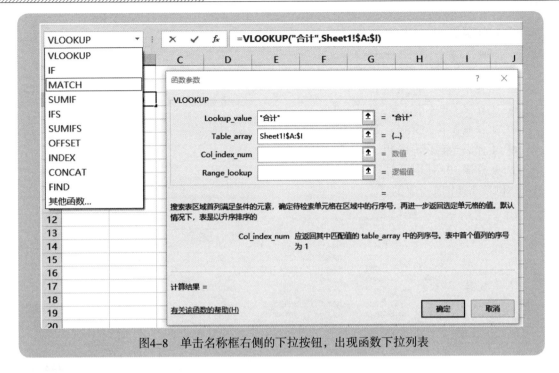

图4-8 单击名称框右侧的下拉按钮，出现函数下拉列表

4.3.3 创建嵌套函数公式的核心技能：逻辑流程图

逻辑流程图，就是在详细阅读表，弄清楚了数据之间的逻辑关系，然后寻找出解决问题的一个逻辑思路，以及解决问题的详细步骤。

如果经过了系统的学习和训练，可以将逻辑流程图画在脑子里，就可以直接在单元格里创建公式了。如果对函数的使用不熟练，也没有基本的逻辑训练，那么，还是老老实实地先学会如何画逻辑流程图吧。

逻辑流程图有以下两种。

（1）计算机式的逻辑流程图。

（2）函数对话框式的逻辑流程图。

下面我们结合几个实际例子，来说明这种逻辑思路流程图的形式及其重要性，以及逻辑流程图的具体画法。

⦿案例4-1

下面是一个计算工龄工资的例子,工龄工资标准如下。

● 工作不满1年的,0元。
● 工作满1年不满3年,每月200元。
● 工作满3年不满5年,每月400元。
● 工作满5年不满10年,每月600元。
● 工作满10年以上,每月1000元。

示例数据如图4-9所示。

	A	B	C	D	E
1	工号	姓名	入职时间	工龄(年)	工龄工资
2	0001	AAA1	2000-7-1	17	
3	0002	AAA2	2010-8-3	7	
4	0003	AAA3	2004-7-26	13	
5	0004	AAA5	2017-1-4	1	
6	0005	AAA6	1998-4-21	20	
7	0006	AAA7	2002-5-22	15	
8	0007	AAA8	2013-8-15	4	
9	0008	AAA9	2017-9-20	0	
10	0009	AAA12	2012-9-25	5	
11	0010	AAA13	2009-7-16	8	
12					

图4-9　计算工龄工资示例

这是一个典型的嵌套IF应用问题。由于是5个可能的结果,故需要使用4个IF嵌套来解决(因为一个IF只能处理两个结果)。

很多人在输入这样的嵌套函数公式时手忙脚乱、两眼发直地直接在单元格输入公式,结果常常是一按Enter键就弹出警告框,不是让检查括号,就是让检查逗号,都不知道错在什么地方了。

嵌套IF函数公式其实是非常锻炼人逻辑思维的,不是这个嵌套公式有多么复杂,而是在做这个公式之前,必须先弄清楚逻辑思路。

这个工龄工资的条件判断,有以下两个判断方向。

(1)从小到大。

(2)从大到小。

当选中了一个判断方向后,就要按照这个方向做下去,这个判断方向就是流程。

如图4-10所示是这两个判断方向的逻辑流程图。通过这个流程图,我们可以一目了然地知道每层IF的设置方法和步骤。

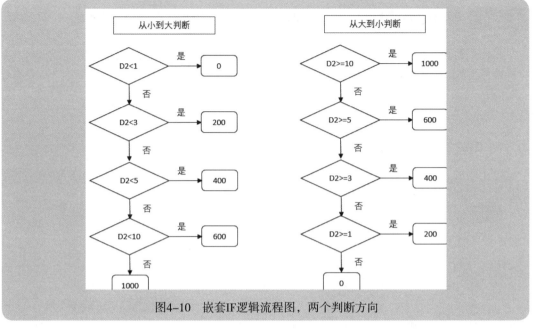

图4-10 嵌套IF逻辑流程图，两个判断方向

图4-11和图4-12所示是IF函数对话框式的逻辑流程图，这个看起来更加直观。

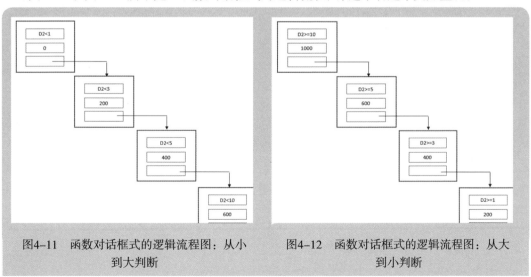

图4-11 函数对话框式的逻辑流程图：从小　　图4-12 函数对话框式的逻辑流程图：从大
　　　　到大判断　　　　　　　　　　　　　　　　到小判断

4.3.4 创建嵌套函数公式的实用技能之一: "函数参数"对话框 + 名称框

当绘制出逻辑流程图后,就对问题的本质及解决方法和步骤有了清晰的了解,那么就很容易创建出嵌套函数公式了。

但是,一般不建议手工输入嵌套函数公式,除非公式非常简单。强烈建议联合使用函数参数对话框和名称框来输入嵌套函数公式。

1. 同一个函数的嵌套

以上面的工龄工资计算为例,联合使用"函数参数"对话框和名称框来输入嵌套函数公式的具体步骤如下。

步骤① 单击"插入函数"按钮 f_x,打开第1个IF"函数参数"对话框,输入条件表达式和条件成立的结果,如图4-13所示。

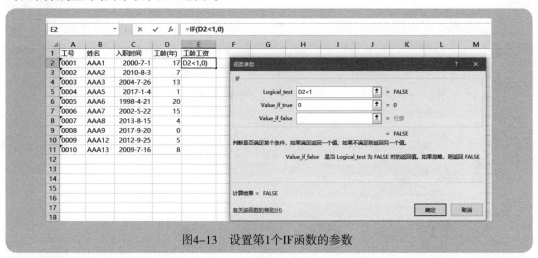

图4-13 设置第1个IF函数的参数

步骤② 将光标移到IF函数的第3个参数文本框中,单击名称框里出现的IF函数,如图4-14所示。如果没出现,就单击名称框右侧的下拉按钮,展开函数下拉列表,把IF找出来。

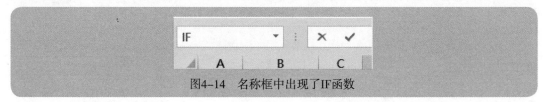

图4-14 名称框中出现了IF函数

单击名称框里的IF函数,打开第2个IF"函数参数"对话框,再设置该函数的条件表达式和条件成立的结果，如图4-15所示。

图4-15 设置第2个IF函数的参数

步骤③ 将光标移到IF函数的第3个参数文本框中，单击名称框中的IF函数，打开第3个IF"函数参数"对话框，再设置该函数的条件表达式和条件成立的结果，如图4-16所示。

图4-16 设置第3个IF函数的参数

步骤④ 将光标移到IF函数的第3个参数文本框中，单击名称框中的IF函数，打开第4个IF"函数参数"对话框，再设置该函数的条件表达式和条件成立的结果，如图4-17所示。

图4-17　设置第4个IF函数的参数

步骤 5 单击"确定"按钮,完成公式输入,如图4-18所示。公式如下:

=IF(D2<1,0,IF(D2<3,200,IF(D2<5,400,IF(D2<10,600,1000))))

图4-18　完成的计算公式

2. 不同函数的嵌套

很多问题需要使用多个不同函数来创建计算公式,了解这些函数之间的嵌套逻辑关系及如何输入嵌套函数公式,也是必须掌握的一项重要技能。这种不同函数的嵌套公式,同样也可以联合使用"函数参数"对话框和名称框来完成。

案例4-2

图4-19所示是一张工资表，要求制作指定员工的各个工资明细的金额，如图4-20所示。

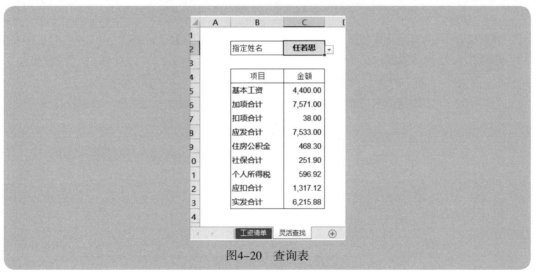

图4-19　工资清单

图4-20　查询表

在这个查询表中，姓名是条件，要从工资清单的B列数据中进行匹配，各个工资项目是要从姓名右侧的列位置取数，因此可以使用VLOOKUP函数进行查找，而各个项目的位置可以使用MATCH函数来自动确定。此时，函数对话框式的逻辑流程图如图4-21所示。查找公式就可以依据此逻辑思路来创建。

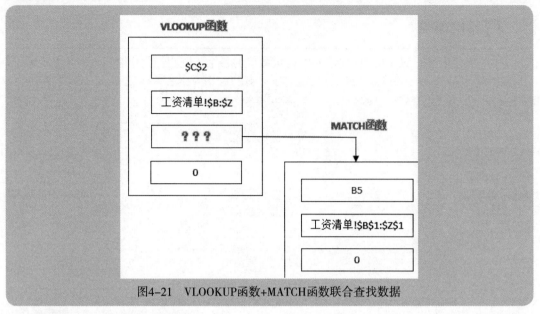

图4-21 VLOOKUP函数+MATCH函数联合查找数据

下面是这个公式的创建步骤。

步骤①单击"插入函数"按钮 *fx*,插入VLOOKUP函数,打开VLOOKUP"函数参数"对话框,先把几个确定的参数都设置好,如图4-22所示。

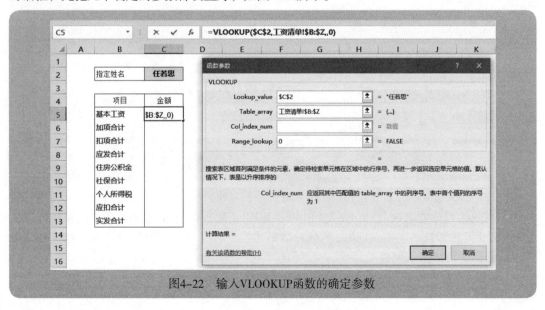

图4-22 输入VLOOKUP函数的确定参数

步骤② 将光标移到第3个参数文本框中，单击名称框右侧的下拉按钮，从展开的函数下拉列表中选择MATCH函数（如果没有该函数，则选择"其他函数"，在弹出的"插入函数"对话框中选择MATCH函数），如图4-23所示。

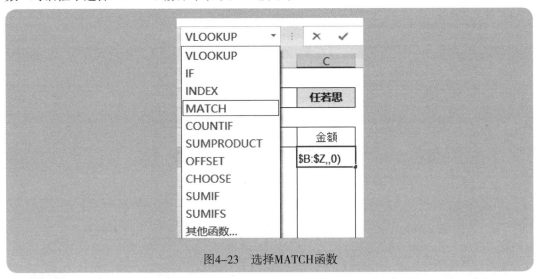

图4-23 选择MATCH函数

步骤③ 打开MATCH"函数参数"对话框，设置MATCH的参数，如图4-24所示。

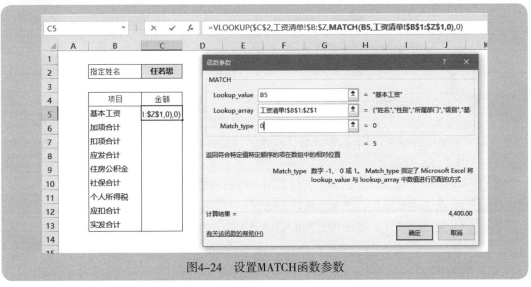

图4-24 设置MATCH函数参数

步骤④ 单击编辑栏里的VLOOKUP函数，返回到VLOOKUP"函数参数"对话框，检查是否所有参数都已经设置好,如图4-25所示。

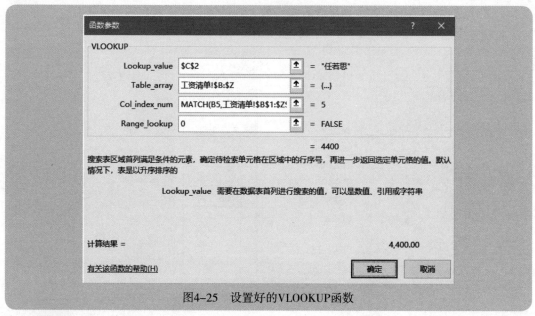

图4-25 设置好的VLOOKUP函数

步骤⑤ 单击"确定"按钮,完成公式输入。公式如下:

```
=VLOOKUP($C$2,
        工资清单 !$B:$Z,
        MATCH(B5, 工资清单 !$B$1:$Z$1,0),
        0)
```

4.3.5 创建嵌套函数公式的实用技能之二:分解综合法

当遇到逻辑比较复杂、或者嵌套函数比较多的情况时,分解综合法是一个比较好的创建公式的方法,其主要步骤如下。

步骤① 将一个问题分解成几步,分别用不同的函数计算。

步骤② 将上述几步的公式综合成一个公式。

步骤③ 完善公式(比如处理公式的错误值)。

🔘 案例4-3

图4-26所示是一个比较复杂些的例子,要求把指定客户、指定产品、指定季度的数据查找

出来。

	A	B	C	D	E	F	G	H	I	J
1	客户	产品	一季度	二季度	三季度	四季度			查询：	
2		产品1	636	746	643	123			指定客户	客户B
3	客户A	产品2	678	320	598	100			指定产品	产品3
4		产品3	766	746	131	275			指定季度	三季度
5		产品4	143	147	218	664				
6		产品1	171	270	783	375			销售额	
7	客户B	产品2	127	365	386	761				
8		产品3	501	368	667	258				
9		产品4	492	666	128	134				
10		产品1	578	157	344	128				
11	客户C	产品2	575	273	373	262				
12		产品3	174	217	313	686				
13		产品4	652	764	402	507				
14		产品1	216	141	470	442				
15	客户D	产品2	697	286	769	387				
16		产品3	352	721	387	793				
17		产品4	284	155	252	408				

图4-26 查找指定客户、指定产品、指定季度的数据

这个问题可以联合使用MATCH函数和INDEX函数来解决，即先用MATCH函数定位，再用INDEX函数取数。分解过程如下。

步骤① 首先要确定明确，取数的区域是单元格区域C2:F17。

步骤② 在A列数据区域中确定指定客户的位置。

在单元格J9输入公式，就得到该客户的位置(第几行)：

=MATCH(J2,A2:A17,0)

步骤③ 在B列数据区域中确定指定产品的位置。

由于每个客户下的产品个数和位置是一样的，因此在单元格J10输入公式，即可得到指定产品的位置。公式如下：

=MATCH(J3,B2:B5,0)

步骤④ 确定指定客户、指定产品的实际行位置。

这个位置是上面两个公式计算出来的，在单元格J11中输入公式，即可得到实际行位置。公式如下：

=J9+J10-1

步骤⑤ 下面把这个计算实际行位置的公式综合起来。

把这个公式中的J9替换为：

MATCH(J2,A2:A17,0)

把这个公式中的J10替换为:

MATCH(J3,B2:B5,0)

那么要查找的数据所在的行位置公式综合为(单元格J13):

=MATCH(J2,A2:A17,0)+MATCH(J3,B2:B5,0)−1

步骤⑥ 确定季度位置。

在单元格J14输入公式,得到指定季度的列位置:

=MATCH(J4,C1:F1,0)

步骤⑦ 在实际查询结果单元格J6输入下面的公式,就得到指定客户、指定产品和指定季度的数据:

=INDEX(C2:F17,J13,J14)

步骤⑧ 这个公式使用了单元格J13和J14,下面进行综合。

把公式中的J13替换成:

MATCH(J2,A2:A17,0)+MATCH(J3,B2:B5,0)−1

把公式中的J14替换成:

MATCH(J4,C1:F1,0)

那么,就得到了最终的查找数据公式:

```
=INDEX(C2:F17,
    MATCH(J2,A2:A17,0)+MATCH(J3,B2:B5,0)−1,
    MATCH(J4,C1:F1,0))
```

结果如图4-27所示。

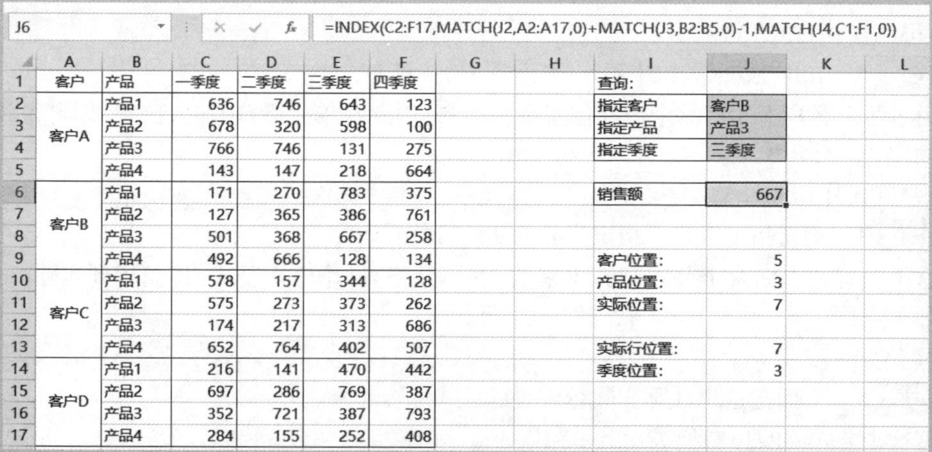

图4-27 分解综合公式

4.3.6　必须熟练运用的函数

在日常数据处理中，经常使用的函数并不多，不需要学那么多。但是，有几个函数却是经常使用的，不仅要学会它们的基本用法，还要学会联合使用这几个函数，能够创建高效计算公式。

这几个函数如下。

● 处理日期数据：TODAY、EDATE、DATEDIF。

● 处理文本数据：LEFT、RIGHT、MID、TEXT、FIND。

● 逻辑判断处理：IF、IFERROR、AND、OR。

● 分类汇总计算：COUNTIF、COUNTIFS、SUMIF、SUMIFS。

● 查找引用数据：VLOOKUP、MATCH、INDEX。

● 数据四舍五入：ROUND。

关于函数的全面介绍与应用，我将在另外一本著作《掌握核心技术不求人：Excel函数综合运用与动态数据分析模板》中进行详细介绍。

4.4　常用日期函数

日期是一个重要的数据，我们会经常要对日期进行计算。例如，要计算合同到期日、年龄、工龄等时，就需要使用日期函数进行计算了。

4.4.1　TODAY 函数：获取当天日期

获取当天日期使用TODAY函数，注意该函数没有参数，因此使用方法为：

    =TODAY()

例如，从今天开始，10天后的日期就是：

    =TODAY()+10

从今天开始，10天前的日期就是：

    =TODAY()–10

如图4-28所示就是计算各个合同离到期日的剩余天数，公式如下：

    =B2–TODAY()

	A	B	C
1	合同	到期日	到期剩余天数
2	A001	2017-12-31	89
3	A002	2018-3-25	173
4	A003	2018-5-31	240
5	A004	2018-9-30	362

图4-28　计算合同到期剩余天数

4.4.2 EDATE 函数：计算到期日

EDATE函数(英文念法是：End of Date)用来计算指定日期之前或之后几个月的日期，也就是给定了期限(月数)，要计算到期日。其使用方法如下：

=EDATE(指定日期，以月数表示的期限)

例如，单元格B2保存一个日期，那么这个日期之后5个月的日期就是：

=EDATE(B2,5)

这个日期之前5个月的日期是：

=EDATE(B2,–5)

而今天开始，3年5个月后的日期就是：

=EDATE(TODAY(),3*12+5)

EDATE函数得到的结果是一个常规的数字，因此需要把单元格的格式设置为日期格式。

案例4–4

如图4–29所示就是计算合同到期日，单元格D2的计算公式如下：

=EDATE(B2,C2*12)–1

D2　=EDATE(B2,C2*12)-1

	A	B	C	D	E
1	合同	签订日期	期限(年)	到期日	
2	A01	2017-5-15	2	2019-5-14	
3	A02	2017-11-30	3	2020-11-29	
4	A03	2018-2-1	2	2020-1-31	
5	A04	2018-4-22	2	2020-4-21	
6					

图4–29　计算合同到期日

4.4.3 DATEDIF 函数

DATEDIF 函数(英文念法是：Date difference)用于计算指定的类型下，两个日期之间的期限。用法如下：

=DATEDIF(开始日期 , 截止日期 , 格式代码)

这个函数在第2章已经详细介绍过了，是隐藏函数，在"插入函数"对话框里是找不到的，需要在单元格手工输入。

在使用这个函数时，务必注意两个日期的统一标准问题。

在计算期限时，如果开始日期是月初，那么截止日期也要为月初；如果开始日期是月末，那么截止日期也要为月末。

例如，开始日期是2016-10-1，截止日期是2017-9-30，要计算这两个日期之间的总月数，很显然应该是12个月，但是，下面的公式计算得到的结果却是11个月：

=DATEDIF("2016-10-1","2017-9-30","m")

要想得到正确的结果，公式必须改为：

=DATEDIF("2016-10-1","2017-9-30"+1,"m")

或者：

=DATEDIF("2016-10-1"-1,"2017-9-30","m")

案例4-5

如图4-30所示是计算员工年龄和工龄，各个单元格公式如下。

● 单元格 E2：

=DATEDIF(D2,TODAY(),"Y")

● 单元格 G2：

=DATEDIF(F2,TODAY(),"Y")

● 单元格 H2：

=DATEDIF(F2,TODAY(),"YM")

● 单元格 I2：

=DATEDIF(F2,TODAY(),"MD")。

● 单元格 J2：

=G2&" 年零 "&H2&" 个月零 "&I2&" 天 "

	A	B	C	D	E	F	G	H	I	J
1	工号	姓名	部门	出生日期	年龄	入职日期	工龄(年)	工龄(零几个月)	工龄(零几天)	合并
2	G001	张丽莉	财务部	1982-1-5	36	2017-1-14	1	3	17	1年零3个月零17天
3	G002	孟欣然	财务部	1973-4-28	45	1999-6-16	18	10	15	18年零10个月零15天
4	G003	毛利民	人力资源部	1988-7-3	29	2014-8-25	3	8	6	3年零8个月零6天
5	G004	马一晨	人力资源部	1980-2-12	38	2015-10-25	2	6	6	2年零6个月零6天
6	G005	王浩忌	人力资源部	1990-8-26	27	2016-2-18	2	2	13	2年零2个月零13天
7	G006	王嘉木	财务部	1975-10-11	42	2008-12-5	9	4	26	9年零4个月零26天
8										

图4-30　计算年龄和工龄

4.5　常用文本函数

在第2章和第3章中，已经简单介绍了几个常用的文本函数及其应用。下面再将这几个函数系统地复习一下。

4.5.1　LEFT 函数：从字符串左侧截取字符

LEFT 函数的功能是从字符串截取指定个数的字符。用法如下：

=LEFT(字符串 , 截取的字符个数)

比如，取出字符串"中国 1949 年"左边的 2 个字符，公式如下：

=LEFT(" 中国 1949 年 ",2)

结果为"中国"。

LEFT 函数得到的数据是文本，若要提取的字符串是数字时，要特别注意提取数据和原始数据类型的匹配。

案例4-6

图4-31所示是一张房屋销售记录表，要求根据C列楼栋房号的第1个数字进行判断，如果是3，就是复式公寓，否则就是平层公寓。

	A	B	C	D	E	F
1	日期	姓名	楼栋房号	类型	票据类型	票据号
2	4月23日	A001	5-1201		收据	0505931
3	4月28日	A002	3-901		收据	0505932
4	5月4日	A003	5-1301		收据	0505933
5	5月19日	A004	3-901		收据	0505934
6	6月4日	A005	3-902		收据	0505935
7	6月8日	A006	3-1201		收据	0505936
8	7月15日	A007	5-1201		收据	0505937

图4-31　从楼栋房号的第1个数字判断类型

这个问题需要联合使用LEFT函数和IF函数来解决：先用LEFT函数从楼栋房号中提取第1个数字，再用IF函数进行判断。公式如下：

=IF(LEFT(C2,1)="3"," 复式公寓 "," 平层公寓 ")

要特别注意：由于LEFT的结果是文本型数字3，因此判断条件值3也必须表达为文本型数字。

结果如图4-32所示。

D2			×	✓	fx	=IF(LEFT(C2,1)="3","复式公寓","平层公寓")		
	A	B	C	D	E	F	G	H
1	日期	姓名	楼栋房号	类型	票据类型	票据号		
2	4月23日	A001	5-1201	平层公寓	收据	0505931		
3	4月28日	A002	3-901	复式公寓	收据	0505932		
4	5月4日	A003	5-1301	平层公寓	收据	0505933		
5	5月19日	A004	3-901	复式公寓	收据	0505934		
6	6月4日	A005	3-902	复式公寓	收据	0505935		
7	6月8日	A006	3-1201	复式公寓	收据	0505936		
8	7月15日	A007	5-1201	平层公寓	收据	0505937		

图4-32　房屋类型的处理结果

4.5.2 RIGHT 函数：从字符串右侧截取字符

RIGHT函数的功能是从字符串右侧截取指定个数的字符。用法如下：

=RIGHT(字符串 , 截取的字符个数)

例如，下面的公式：

=RIGHT("1001 现金 ",2)

就是把字符串"1001现金"的右边2个字符取出来，结果为"现金"。

与LEFT函数一样，RIGHT函数得到的数据也是文本，因此在实际应用中，要特别注意提取数据和原始数据类型的匹配。

案例4-7

图4-33所示是从SAP中导入的区域内部往来账明细，现在需要从D列的摘要中提取出内部支票号，保存到F列。

	A	B	C	D	E	F
1	月	日	凭证号数	摘要	贷方	内部支票号
2	5	3	银-0001	*付钢材款支0743	500000	
3	5	3	银-0002	*付杂料款支7516	300000	
4	5	3	银-0003	*付杂料款支7652	205000	
5	5	3	银-0004	*付职工差旅费支0745	21000	
6	5	8	银-0005	*付地毯款支1528	375420.5	
7	5	8	银-0006	*付隔断款支0749	65366	
8	5	8	银-0007	*付分包款支0747	100000	
9	5	8	银-0008	*工费结算款支0748	150000	
10	5	9	银-0009	*付洗车设备预付款支1531	10000	

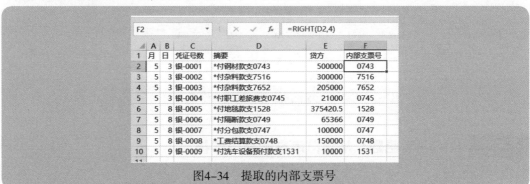

图4-33　导入的内部往来账明细

仔细观察D列摘要数据，可以看出，内部支票号就是摘要的最后4个数字，因此可以使用RIGHT函数直接取出。单元格F2公式如下：

```
=RIGHT(D2,4)
```

数据表格处理结果如图4-34所示。

F2　fx　=RIGHT(D2,4)

	A	B	C	D	E	F
1	月	日	凭证号数	摘要	贷方	内部支票号
2	5	3	银-0001	*付钢材款支0743	500000	0743
3	5	3	银-0002	*付杂料款支7516	300000	7516
4	5	3	银-0003	*付杂料款支7652	205000	7652
5	5	3	银-0004	*付职工差旅费支0745	21000	0745
6	5	8	银-0005	*付地毯款支1528	375420.5	1528
7	5	8	银-0006	*付隔断款支0749	65366	0749
8	5	8	银-0007	*付分包款支0747	100000	0747
9	5	8	银-0008	*工费结算款支0748	150000	0748
10	5	9	银-0009	*付洗车设备预付款支1531	10000	1531

图4-34　提取的内部支票号

4.5.3 MID函数：从字符串中间截取字符

MID函数用来从字符串中指定位置开始，截取指定个数的字符。用法如下：

```
=MID( 字符串 , 取数的起始位置， 要提取的字符个数 )
```

在第2章中，我们就使用了MID函数从身份证号码中提取生日和性别，忘记的朋友可回看第2章的内容。下面再举一个例子。

案例4-8

在图4-35中，左侧是从ERP中导入的原始数据。现在要统计每个客户每个月的销量，汇总表结构如图4-35右侧所示。

▲	A	B	C	D	E	F	G	H	I	J	K	L	M	N
1	日期	客户	产品	销量										
2	180101	客户6	产品2	84				月份 →	01	02	03	04	05	06
3	180101	客户7	产品2	37				客户6						
4	180102	客户5	产品1	16				客户7						
5	180102	客户8	产品1	19				客户5						
6	180102	客户2	产品3	33				客户8						
7	180103	客户4	产品2	30				客户2						
8	180103	客户7	产品3	68				客户4						
9	180103	客户8	产品3	37				客户1						
10	180104	客户1	产品1	105				客户3						
11	180104	客户7	产品4	61										
12	180104	客户2	产品4	79										
13	180104	客户8	产品1	66										
14	180104	客户6	产品3	56										
15	180104	客户4	产品2	108										
16	180104	客户3	产品2	98										
17	180105	客户7	产品1	45										

图4-35　原始数据与汇总表

汇总表要求按照月份汇总，而原始数据的A列是6位数的非法日期。有人说了，使用分列工具将A列转换成真正日期，然后再使用数据透视表直接完成就可以了。是的，这是一个最简便的汇总方法。

但是，原始数据总是在变，那么能不能用一个公式实现这个汇总目的呢？不需要分列转换，不需要辅助列？答案是：可以的，联合使用SUMPRODUCT函数和MID函数即可完成。

单元格I3公式如下：

```
=SUMPRODUCT(($B$2:$B$556=$H3)*1,
            (MID($A$2:$A$556,3,2)=I$2)*1,
            $D$2:$D$556)
```

在这个公式中，SUMPRODUCT函数的第二个参数 (MID($A$2:$A$556,3,2)=I$2)*1，就是使用了MID函数从原始非法日期中，把中间的两位数字取出来，与汇总表的标题进行比较。

4.5.4　FIND 函数：从字符串中查找指定字符的位置

FIND函数用于从一个字符串中，查找指定字符出现的位置。用法如下：

```
=FIND( 指定字符 , 字符串 , 开始查找的起始位置 )
```

例如,假若单元格A2保存字符串"Excel高效办公技巧",现在要查找"办公"两个字出现的位置,则公式为"=FIND("办公",A2)",得到结果为8,表明从左边的第1个字符算起,第8个字符就是要找的"办公"。这里忽略了该函数的第3个参数,表明从字符串的第1个字符开始查找。

要特别注意,FIND函数是区分大小写的。如果不区分大小写,需要使用SEARCH函数,其用法与FIND函数是完全一样的,即:

=SEARCH(指定字符,字符串,开始查找的起始位置)

在第3章中,我们介绍了很多FIND函数应用案例。下面再介绍一个简单的例子。

案例4-9

在图4-36中A列是从系统中导入的原始数据,现在需要把品名、数量和单位取出来。例如第一个"50kg玉米专用肥",品名是"玉米专用肥",数量是50,单位是Kg。

	A	B	C	D
1	原始数据	品名	数量	单位
2	50Kg玉米专用肥			
3	100Kg小麦复合肥			
4	0.5Kg花肥			

图4-36 从原始字符串中提取品名、数量和单位

如果先取品名,是不容易的,因为品名的名称长度不确定。

在这个例子中,单位都是Kg,所以是不用提取的,直接输入到D列即可。

数量是数字,可能是整数,也可能是小数,但数量有一个明显的特征:数量的数字后面是两个字符(Kg)。因此,只要把字符Kg的位置确定出来,就可以提取该字符前面的数量和后面的品名了。

各个单元格公式如下:

● 单元格B2:

=MID(A2,FIND("Kg",A2)+2,100)

● 单元格C2:

=LEFT(A2,FIND("Kg",A2)−1)

结果如图4-37所示。

	A	B	C	D
1	原始数据	品名	数量	单位
2	50Kg玉米专用肥	玉米专用肥	50	Kg
3	100Kg小麦复合肥	小麦复合肥	100	Kg
4	0.5Kg花肥	花肥	0.5	Kg

图4-37 提取出的品名、数量和单位

4.5.5 TEXT 函数：将数字转换为指定格式的文本

TEXT 函数用来把数字转换为指定格式的文本。用法如下：

=TEXT(数字 , 格式代码)

公式 "=TEXT(TODAY(),"mmmm")" 的结果是 April(假设 TODAY 是 2018–4–25)。

使用这个函数时，要注意以下几点。

(1)TEXT 函数转换的对象是数字，结果是文本。

(2)对于本身已经是文本的数据，TEXT 函数不起作用。

在第2章和第3章中，已经介绍了几个 TEXT 函数应用的例子。下面再介绍几个例子，以强化这个函数的应用。

案例4-10

图4–38所示是从 SAP 中导入的原始数据，现在要求用一个公式计算各月的总金额。

	A	B	C	D	E	F	G
1	日期	产品编码	金额			月份	总金额
2	110105	CD66026203	103297.7			1月	
3	110105	CD66309801	31298.37			2月	
4	110105	CD66309802	11896			3月	
5	110105	CD66237301	10000			4月	
6	110105	CD66239802	7000			5月	
7	110105	CD66239803	45500			6月	
8	110105	TC01013502	95281				
9	110106	TC01166401	58828.5				
10	110106	TC01349901	40400				
11	110106	TC01168801	1093.76				
12	110106	AP03826404	1710.81				

图4–38 原始数据和需要的汇总表

仔细分析 A 列日期的特点，中间2位数字就是月份，只要用 MID 函数将其取出来，然后使用 TEXT 函数将取出的数字01、02、03……转换为"1月""2月""3月"……即可。这样，单元格 G2 的公式如下：

=SUMPRODUCT((TEXT(MID($A$2:$A$317,3,2),"0 月 ")=F2)*1,$C$2:$C$317)

结果如图4–39所示。

	A	B	C	D	E	F	G
1	日期	产品编码	金额			月份	总金额
2	110105	CD66026203	103297.7			1月	2,330,536.50
3	110105	CD66309801	31298.37			2月	1,199,825.20
4	110105	CD66309802	11896			3月	1,005,432.05
5	110105	CD66237301	10000			4月	1,026,086.27
6	110105	CD66239802	7000			5月	1,594,051.39
7	110105	CD66239803	45500			6月	-
8	110105	TC01013502	95281				
9	110106	TC01166401	58828.5				
10	110106	TC01349901	40400				
11	110106	TC01168801	1093.76				
12	110106	AP03826404	1710.81				
13	110107	TC01260301	65590.2				
14	110107	TC01313401	50699				

图4-39　直接使用原始数据进行汇总

公式中表达式"TEXT(MID($A$2:$A$317,3,2),"0月")"的原理，就相当于在工作表做了一个辅助列，联合使用MID函数和TEXT函数从A列日期数据中提取月份名称，如图4-40所示。单元格D2公式如下：

=TEXT(MID(A2,3,2),"0 月 ")

	A	B	C	D
1	日期	产品编码	金额	月份
2	110105	CD66026203	103297.7	1月
3	110105	CD66309801	31298.37	1月
4	110105	CD66309802	11896	1月
5	110105	CD66237301	10000	1月
6	110105	CD66239802	7000	1月
7	110105	CD66239803	45500	1月
8	110105	TC01013502	95281	1月
111	110225	CM01137302	12000	2月
112	110228	CD89867001	5256	2月
113	110228	CD66973902	3871.69	2月
114	110228	TC01351502	8170	2月
115	110228	TC01351503	40465.32	2月
116	110301	TC01018201	43403.09	3月
117	110301	TC01018202	1959	3月
118	110302	TC01183701	50699	3月

图4-40　做辅助列，提取并转换月份名称

4.6 常用逻辑判断函数

逻辑判断贯穿 Excel 的各个方面，离开了逻辑判断，很多数据处理就无法进行。在 Excel 函数中，逻辑判断函数是最常用的函数之一。尽管很多人对 IF 函数有所了解并能够应用，但也有相当一部分小白，居然没用过 IF 函数，更谈不上嵌套 IF 了。因此，熟练掌握并运用 IF 函数，是使用 Excel 最基本的要求之一。

4.6.1 什么是条件表达式

IF 函数的应用，离不开条件判断，而条件判断的核心就是如何构建条件表达式。

条件表达式，就是根据指定的条件准则，对两个项目进行比较(逻辑运算)，若满足条件，则返回 TRUE，否则返回 FALSE。

这里要注意以下几点。

(1)在做大小比较时，逻辑值和文本永远大于任何数字。

(2)只能是两个项目进行比较，不能是3个以上的项目做比较。

比如，公式"=100>200"就是判断100是否大于200，结果是 FALSE。

又如，公式"=100>200>300"的逻辑是：先判断100是否大于200，结果为 FALSE，再把这个结果 FALSE 与300进行判断，其结果是 TRUE 了。这个公式是两个判断的过程。

(3)条件表达式的结果只能是逻辑值：TRUE 或 FALSE。

(4)在基本的算术运算中，逻辑值 TRUE 和 FALSE 分别被当做数字1和0。

例如，公式"=100+TRUE"的结果是101，而公式"=100*TRUE"的结果是100，因为在公式中，TRUE 被处理成了1。

(5)逻辑运算符有以下6个。

- 等于(=)。
- 大于(>)。
- 大于或者等于(>=)。
- 小于(<)。
- 小于或者等于(<=)。
- 不等于(<>)。

4.6.2 IF 函数的基本用法与注意事项

IF 函数的基本用法是,根据指定的条件进行判断,得到满足条件的结果1或者不满足条件的结果2。其用法如下:

=IF(条件判断 , 条件成立的结果 1, 条件不成立的结果 2)

IF 函数的逻辑关系以及与"函数参数"对话框的对应关系如图4-41所示。

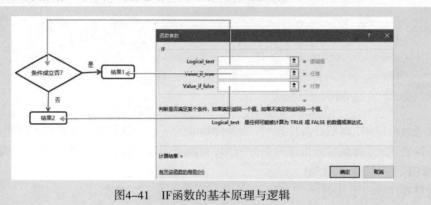

图4-41　IF函数的基本原理与逻辑

案例4-11

在此通过图 4-42 展示 IF 函数的基本应用,计算每个人迟到和早退的分钟数。这里规定上班时间是 8:30— 17:30。计算公式如下:

● 单元格 G2,迟到分钟数:

=IF(E2>8.5/24,(E2-8.5/24)*24*60,"")

此时参数设置如图4-43所示。

G2				fx	=IF(E2>8.5/24,(E2-8.5/24)*24*60,"")			
	A	B	C	D	E	F	G	H
1	登记号码	姓名	部门	日期	上班时间	下班时间	迟到分钟数	早退分钟数
2	3	李四	总公司	2014-3-2	8:19	17:30		
3	3	李四	总公司	2014-3-3	9:01	17:36	31	
4	3	李四	总公司	2014-3-4	8:16	17:29		1
5	3	李四	总公司	2014-3-9	8:21	17:27		3
6	3	李四	总公司	2014-3-10	8:33	17:36	3	
7	3	李四	总公司	2014-3-12	8:23	17:29		1
8	3	李四	总公司	2014-3-14	8:18	17:29		1
9	3	李四	总公司	2014-3-15	8:21	17:28		2
10	3	李四	总公司	2014-3-19	8:18	17:27		3

图4-42　IF函数基本应用:计算迟到分钟数和早退分钟数

● 单元格 H2，早退分钟数：

=IF(F2<17.5/24,(17.5/24−F2)*24*60,"")

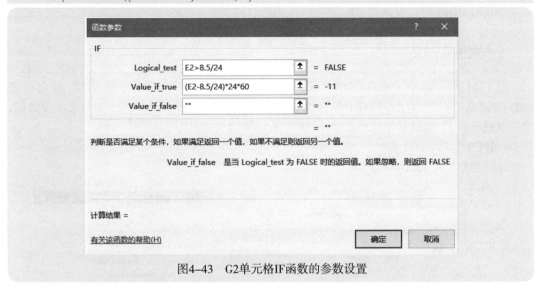

图4-43　G2单元格IF函数的参数设置

思考：在这个公式中，8.5/24是什么？ 17.5/24又是什么？ "*24*60"又是什么意思？ 如果不理解这种写法，请返回前面的章节中，仔细阅读关于Excel处理日期和时间的规则。

4.6.3　创建嵌套 IF 公式的实用技能

很多的数据处理需要使用嵌套IF函数来做公式，关于如何快速创建嵌套IF函数公式，前面已经介绍过了，这里不再叙述。

记住以下核心的两点。

(1)学会画逻辑流程图来梳理逻辑思路。

(2)学会使用"函数参数"对话框和名称框来快速准确地输入函数。

4.6.4　IFERROR 函数：处理公式的错误值

设计公式，不可避免地会出现错误值。公式的错误，要么是公式根本就错了，必须彻底纠正；要么是公式没错，只是由于数据问题，导致公式计算错误，此时，就需要将错误值进行处理。

如果要将公式可能出现的错误值屏蔽掉，可以使用IFERROR。也就是说，如果公式计算出现了错误，就把这个错误值处理为希望的结果，比如设置单元格为空，如果不出现错误，就不用管它，此时，公式可以修改如下：

=IFERROR(公式表达式 ,"")

如果要把错误值处理为数字0,公式可以写为:

=IFERROR(公式表达式 , 0)

案例4-12

图4-44所示就是一个IFERROR函数应用示例,当"去年"列没有数据时,就会出现#DIV/0!错误,这是不对的,因此必须处理这个错误值。这里的处理方式为:如果去年没数据,增长率就不算了,也就是单元格留空。此时,单元格E3公式如下:

=IFERROR(D3/C3-1,"")

此时参数设置如图4-45所示。

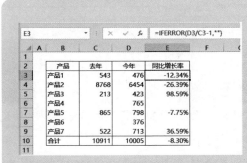

图4-44　使用IFERROR函数处理错误值　　　　图4-45　IFERROR函数的参数设置

4.6.5　AND 函数:几个条件都必须同时成立

前面介绍的都是一个条件的判断。实际数据处理中,也会经常做几个条件的判断,例如给定了几个条件,这几个条件必须都满足。

一个形象的比喻:丈母娘挑女婿,开出了3个条件,而且这3个条件都必须满足:有1000万元存款、有至少一套房子、至少有一辆50万元以上的汽车。

几个应聘者来了。丈母娘问应聘者甲:你这3样都有什么? 应聘者甲说,我有一套房子,有200万元存款,汽车是一辆QQ。丈母娘怒道:出去!

丈母娘问应聘者乙:你这3样都有什么? 应聘者乙说,我有一辆100万元的汽车,但银行存款只有10万元,目前租房子住。丈母娘一瞪眼:你也出去!

丈母娘问应聘者丙:你这3样都有什么? 应聘者丙说,我有1001万元存款,一套房子,汽车价值51万元。丈母娘笑道:孩子,外面风大,快进屋里来。

这就是典型的3个条件是不是都满足的逻辑判断问题，需要使用AND函数。

AND函数用来组合几个与条件，也就是这几个条件必须同时满足。用法如下：

=AND(条件1, 条件2, 条件3,···)

案例4-13

以案例4-11的数据为例，要判断哪些人正常出勤，以便计算公司的正常出勤率。

所谓正常出勤，就是既不迟到也不早退，因此是两个条件同时成立的判断。

如图4-46所示，单元格G2的公式为：

=IF(AND(E2<=8.5/24,F2>=17.5/24),"y","")

G2		▼	:	× ✓	f_x	=IF(AND(E2<=8.5/24,F2>=17.5/24),"y","")	
▲	A	B	C	D	E	F	G	H
1	登记号码	姓名	部门	日期	上班时间	下班时间	是否正常出勤	
2	3	李四	总公司	2014-3-2	8:19	17:30	y	
3	3	李四	总公司	2014-3-3	9:01	17:36		
4	3	李四	总公司	2014-3-8	8:16	17:29		
5	3	李四	总公司	2014-3-9	8:21	17:27		
6	3	李四	总公司	2014-3-10	8:33	17:36		
7	3	李四	总公司	2014-3-12	8:23	17:29		
47	8	马六	总公司	2014-3-27	8:22	17:35	y	
48	8	马六	总公司	2014-3-28	8:05	17:36	y	
49	8	马六	总公司	2014-3-29	8:08	17:34	y	
50	11	钱九	总公司	2014-3-4	8:22	14:40		
51	11	钱九	总公司	2014-3-5	8:29	20:56	y	
52	11	钱九	总公司	2014-3-9	8:22	17:52	y	
53	11	钱九	总公司	2014-3-10	9:58	17:40		
54	11	钱九	总公司	2014-3-11	8:17	17:50	y	
55	11	钱九	总公司	2014-3-12	8:22	17:44	y	

图4-46　判断每个人是否正常出勤

4.6.6　OR 函数：只要有一个条件成立即可

OR函数用来组合几个或条件，也就是这几个条件只要有一个满足即可。用法如下：

=OR(条件1, 条件2, 条件3,···)

案例4-14

以案例4-11的数据为例，判断哪些人没有正常出勤？

所谓非正常出勤,就是要么迟到,要么早退,因此"要么迟到,要么早退"两个条件中,只要有一个成立即可。

如图4-47所示,单元格G2的公式为:

　　=IF(OR(E2>8.5/24,F2<17.5/24),"y","")

图4-47　判断每个人是否非正常出勤

4.7　常用汇总计算函数

　　从分类汇总方式上来说,常见的分类汇总方式有计数与求和两种;从分类汇总的匹配条件上来说,有精确匹配汇总与模糊匹配汇总;从条件的多少来说,有单条件分类汇总与多条件分类汇总。

　　不同情况下的分类汇总,解决的思路是不同的,使用的函数也是不同的。

4.7.1　两种常见的分类汇总方式:计数与求和

　　所谓计数,就是把满足条件的单元格个数统计出来。这样的问题在人力资源中是经常碰到的,比如统计各个部门、各个职位、各个学历、各个年龄段的员工人数,统计各个工资区间的人数等;在财务中也会遇到这类问题,比如统计订单数、统计汇款次数、统计金额笔数等。

　　所谓求和,就是把满足条件的单元格数据进行加总合计。这样的问题,遍及企业的财务、人力资源、销售、生产等各个方面。

4.7.2 两种条件下的分类汇总：单条件与多条件

不论是什么情况下的分类汇总，几乎都是有条件的，而条件也有单条件和多条件之分。比如，要计算每个地区的总销售额，这就是单条件求和问题；如果要计算每个地区、每个产品的销售额，就是两个条件下的求和问题(多条件求和)。

4.7.3 两种匹配条件下的分类汇总：精确匹配与模糊匹配

有些情况下，要根据一个具体的条件进行分类汇总，这就是精确匹配。比如要计算华东地区的销售额。

在另外一些情况下，需要把含有指定关键词的数据汇总起来，这就是模糊匹配。比如要计算含有关键词"钢筋"的金额合计数。

还有一些情况下，要统计某个数值区间的数据。例如把销售额在100万元以上的订单数统计出来，并计算这些订单金额的合计数。

模糊匹配问题，常常使用通配符(*)来匹配关键词，或者使用比较运算符(大于、大于或等于、小于、小于或等于、不等于)来做数值区间匹配。

4.7.4 常用的条件计数与条件求和函数

在日常数据处理和分析中，常用的条件计数与条件求和函数有以下几个。
- 条件计数：COUNTIF 函数(单条件计数)，COUNTIFS 函数(多条件计数)。
- 条件求和：SUMIF 函数(单条件求和)，SUMIFS 函数(多条件求和)。

4.7.5 单条件计数 COUNTIF 函数：精确匹配

COUNTIF 函数是根据一个指定的条件，把指定区域内满足条件的单元格个数统计出来。使用方法如下：

    =COUNTIF(统计区域 , 条件值)

这里要注意，条件值可以是精确的，也可以是模糊的。

案例4-15

根据员工基本信息表，统计每个部门、每个学历的总人数，如图4-48所示，计算公式如下：
(1) 单元格C3，各部门人数：

    =COUNTIF(基本信息 !C:C,B3)

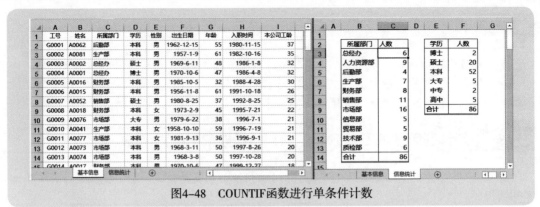

图4-48　COUNTIF函数进行单条件计数

此时参数设置如图4-49所示。

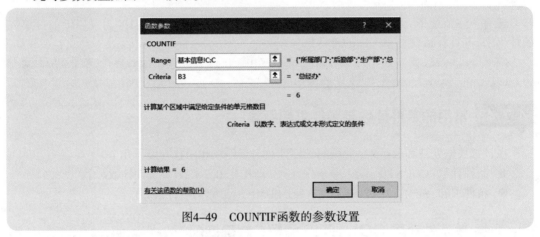

图4-49　COUNTIF函数的参数设置

(2)单元格F3,各学历人数:

　=COUNTIF(基本信息 !D:D,E3)

统计每个部门时,就是在"基本信息"工作表的C列里统计每个部门出现的次数,是单条件计数。

统计每个学历时,就是在"基本信息"工作表的D列里统计每个学历出现的次数,也是单条件计数。

4.7.6　单条件计数 COUNTIF 函数：模糊匹配，使用通配符

如果把COUNTIF函数的第2个参数设置为模糊的条件,比如使用通配符(*),或者使用比较运算符,就可以实现模糊匹配条件下的单条件计数。

案例4-16

图4-50所示是一张购买材料的明细表，其中C列保存购买材料的说明文字，现在要求统计每种材料的购买次数。

显然，这个问题就是一个模糊匹配条件下的单条件计数问题，因为在C列里保存的是购买材料说明文字，其中含有购买的材料名称。这个问题就需要使用通配符(*)来构建模糊匹配条件了。

通配符(*)代表用来进行模糊匹配的任意字符。常见的表达形式如表4-1所示。

表4-1 通配符的表达形式

类 型	表 达 方 式	含 义
开头是	钢筋*	以"钢筋"开头
结尾是	*钢筋	以"钢筋"结尾
包含	*钢筋*	含有"钢筋"
不包含	<>*钢筋*	不含有"钢筋"

这样，单元格I3的计算公式如下：

=COUNTIF(C:C,"*"&H3&"*")

这个公式，就是从C列里查找并统计那些含有H3单元格指定关键词（这里就是"钢筋"）的单元格并统计个数。

	A	B	C	D	E	F	G	H	I
1	日期	供应商名称	项目	票号	金额				
2	2017-01-18	北京意顺风发展有限公司	购钢筋款	104959	831.50			项目	采购次数
3	2017-01-28	北京华维电子有限公司	购网线款	104960	30,000.00			钢筋	6
4	2017-01-29	北京马哈电子科技有限公司	购电缆款	104961	40,000.00			网线	4
5	2017-02-18	北京瑞高星科技有限公司	购监视器款	104962	22,750.00			电缆	6
6	2017-02-22	北京意顺风发展有限公司	购钢筋款	104963	312,600.00			监视器	4
7	2017-03-19	北京京晶电器有限公司	购热水器款	104964	56,850.00			控制器	4
8	2017-04-12	北京双星电子有限公司	购热水器款	104965	46,363.94			热水器	13
9	2017-04-18	北京京晶电器有限公司	购钢筋款	104965	4,954.23				
10	2017-04-20	北京华维电子有限公司	购网线款	104966	33,383.30				
11	2017-04-20	北京马哈电子科技有限公司	购电缆款	104967	20,000.00				
12	2017-04-20	北京卓越控制设备有限公司	购控制器款	104968	5,550.00				
13	2017-05-19	北京意顺风发展有限公司	购钢筋款	104969	189,692.00				
14	2017-06-12	北京马哈电子科技有限公司	购电缆款	104970	20,000.00				

图4-50 模糊匹配条件下的单条件计数

此时参数设置如图4-51所示。

图4-51 COUNTIF函数的条件使用通配符

4.7.7 单条件计数 COUNTIF 函数：模糊匹配，使用比较运算符

使用比较运算符，可以统计指定数值以上的、以下的、或者不等于的数据。

例如，在前面案例4-15所示的员工信息统计中，要统计工龄20年(含)以上和20年以下的人数。公式分别如下：

● 单元格I3，工龄20年(含)以上人数：

=COUNTIF(基本信息 !I:I,">=20")

此时的参数设置如图4-52所示。

● 单元格I4，工龄20年以下人数：

=COUNTIF(基本信息 !I:I,"<20")

结果如图4-53所示。

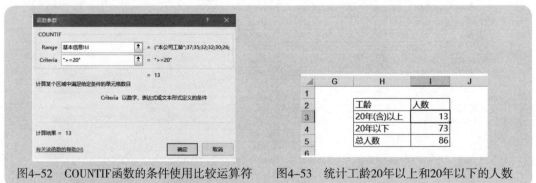

图4-52 COUNTIF函数的条件使用比较运算符   图4-53 统计工龄20年以上和20年以下的人数

案例4-17

下面的例子是从员工信息表中，统计劳务工和合同工的总人数。这里合同类型有合同工、

劳务工和外借3种情况。

大部分人会这么做公式，也就是分别统计出劳务工和合同工的人数，再相加：

=COUNTIF(J:J," 劳务工 ")+COUNTIF(J:J," 合同工 ")

这个思路是比较繁琐的，因为毕竟是两个公式相加。

其实，由于合同类型仅仅有3种，那么剔除“外借”这种类型，剩下的不就是劳务工和合同工的总人数吗？

有了这个思路，就可以使用比较运算符来做模糊条件匹配，也就是统计“不等于外借”的单元格个数。此时公式如下：

=COUNTIF(J2:J87,"<> 外借 ")

结果如图4–54所示。

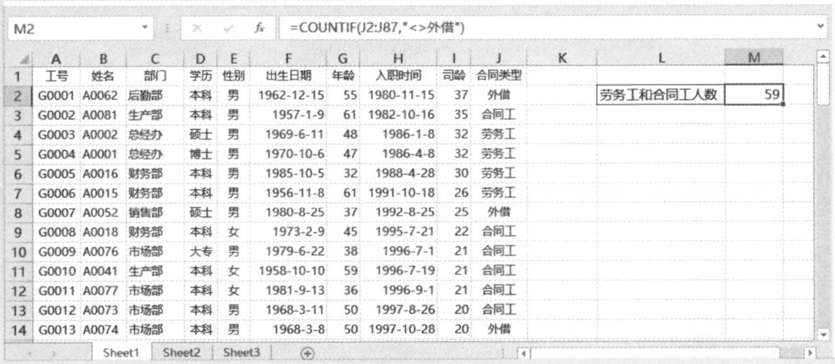

M2　=COUNTIF(J2:J87,"<>外借")

	A	B	C	D	E	F	G	H	I	J	K	L	M
1	工号	姓名	部门	学历	性别	出生日期	年龄	入职时间	司龄	合同类型			
2	G0001	A0062	后勤部	本科	男	1962-12-15	55	1980-11-15	37	外借		劳务工和合同工人数	59
3	G0002	A0081	生产部	本科	男	1957-1-9	61	1982-10-16	35	合同工			
4	G0003	A0002	总经办	硕士	男	1969-6-11	48	1986-1-8	32	劳务工			
5	G0004	A0001	总经办	博士	男	1970-10-6	47	1986-4-8	32	劳务工			
6	G0005	A0016	财务部	本科	男	1985-10-5	32	1988-4-28	30	劳务工			
7	G0006	A0015	财务部	本科	男	1956-11-8	61	1991-10-18	26	劳务工			
8	G0007	A0052	销售部	硕士	男	1980-8-25	37	1992-8-25	25	外借			
9	G0008	A0018	财务部	本科	女	1973-2-9	45	1995-7-21	22	合同工			
10	G0009	A0076	市场部	大专	男	1979-6-22	38	1996-7-1	21	合同工			
11	G0010	A0041	生产部	本科	女	1958-10-10	59	1996-7-19	21	合同工			
12	G0011	A0077	市场部	本科	女	1981-9-13	36	1996-9-1	21	合同工			
13	G0012	A0073	市场部	本科	男	1968-3-11	50	1997-8-26	20	合同工			
14	G0013	A0074	市场部	本科	男	1968-3-8	50	1997-10-28	20	外借			

图4–54　统计劳务工和合同工的总人数

4.7.8 多条件计数 COUNTIFS 函数：精确匹配

COUNTIFS函数是根据指定的多个条件，把指定区域内满足所有条件的单元格个数统计出来。用法如下：

=COUNTIFS(统计区域 1, 条件值 1, 统计区域 2, 条件值 2, 统计区域 3, 条件值 3,…)

与COUNTIF函数一样，这里的每个条件值同样可以是精确的，也可以是模糊的。

另外，这里的几个条件，都必须是“与”条件，也就是说，所有条件都满足才计入在内。

案例4–18

下面的例子是从员工信息表中，统计每个部门、每个学历的人数，如图4–55所示。这是两个条件的精确匹配计数，单元格C3的公式为：

=COUNTIFS(基本信息 !$C:$C,$B3, 基本信息 !$D:D,C2)

这个公式的原理就是：从基本信息表的C列里匹配指定的部门，从基本信息表的D列里匹配指定的学历，因此是两个条件都必须成立。

此时参数设置如图4-56所示。

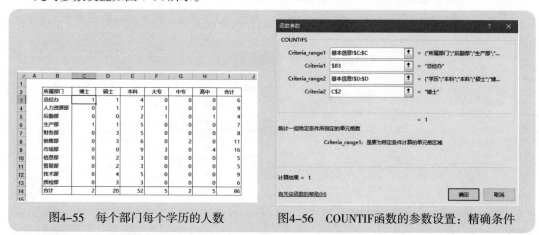

图4-55　每个部门每个学历的人数　　　图4-56　COUNTIF函数的参数设置：精确条件

说明一下，这个汇总表出现了大量的0，很难看。可以在"Excel选项"对话框中设置不显示0(如图4-57所示)，这样表格就清晰多了，如图4-58所示。

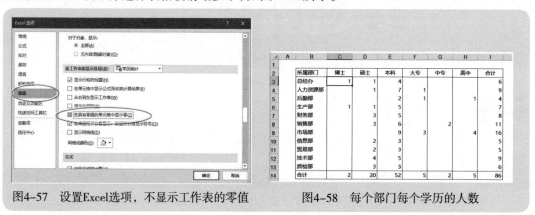

图4-57　设置Excel选项，不显示工作表的零值　　　图4-58　每个部门每个学历的人数

4.7.9　多条件计数 COUNTIFS 函数：模糊匹配，使用通配符

与COUNTIF函数一样，COUNTIFS函数的几个条件值也可以是模糊匹配的条件，例如使用通配符、使用比较运算符等。

案例4-19

图4-59所示是一张统计各个供应商各种材料采购次数的统计表。单元格I4公式如下：
=COUNTIFS($B:$B,$H4,$C:$C,"*"&I$3&"*")

在这个公式中，从B列匹配供应商名称，是精确条件；从C列匹配产品名称，是含有指定名称的模糊条件。

图4-59　统计各个供应商各种材料的采购次数

此时的函数参数设置如图4-60所示。

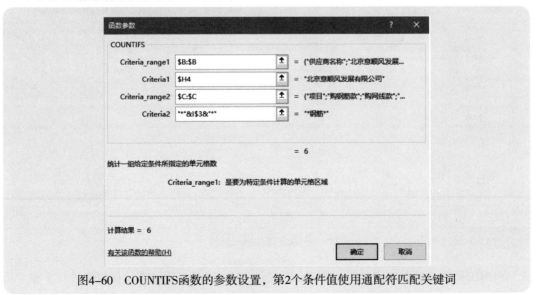

图4-60　COUNTIFS函数的参数设置，第2个条件值使用通配符匹配关键词

4.7.10 多条件计数 COUNTIFS 函数：模糊匹配，使用比较运算符

当条件是诸如大于、小于、不等于这样的条件值比较时，就可以在条件值中使用比较运算符进行判断处理。

案例4-20

如图4-61所示是从员工信息表中，统计每个部门在每个年龄段的人数分布。这是模糊条件下的多条件计数。各单元格公式如下：

(1)单元格C3：

=COUNTIFS(基本信息 !$C:$C,$B3, 基本信息 !$G:$G,"<=30")

此时的参数设置如图4-62所示。

(2)单元格D3：

=COUNTIFS(基本信息 !$C:$C,$B3, 基本信息 !$G:$G,">=31", 基本信息 !$G:$G,"<=40")

(3)单元格E3：

=COUNTIFS(基本信息 !$C:$C,$B3, 基本信息 !$G:$G,">=41", 基本信息 !$G:$G,"<=50")

(4)单元格F3：

=COUNTIFS(基本信息 !$C:$C,$B3, 基本信息 !$G:$G,">=51")

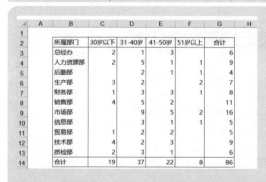

图4-61　每个部门、每个年龄段的人数

图4-62　COUNTIF函数的参数设置：部门为精确条件，年龄为模糊条件

4.7.11 单条件求和 SUMIF 函数：精确匹配

SUMIF 函数是根据指定的一个条件,把指定区域内满足条件的单元格数据进行求和。用法如下：

=SUMIF(条件判断区域 , 条件值 , 实际求和区域)

与 COUNTIF 函数的一样，函数的条件值可以是精确的，也可以是模糊的。

SUMIF 函数的应用非常广泛，从基础表单的直接汇总，到某些表格的自动求和，大部分表格都有这样的条件求和问题。下面介绍几个实际应用案例。

案例4-21

图4-63所示是一个统计每个购货商的采购次数和采购总金额的例子。计算公式如下：

● 单元格I3，采购次数：

=COUNTIF(B:B,H3)

● 单元格J3，采购总金额：

=SUMIF(B:B,H3,E:E)

	A	B	C	D	E	F	G	H	I	J
1	日期	供应商名称	项目	票号	金额					
2	2017-01-18	北京意顺风发展有限公司	购钢筋款	104959	831.50			供应商名称	采购次数	采购金额
3	2017-01-28	北京华维电子有限公司	购网线款	104960	30,000.00			北京意顺风发展有限公司	6	528,679.09
4	2017-01-29	北京马帕电子科技有限公司	购电缆款	104961	40,000.00			北京华维电子有限公司	4	315,449.00
5	2017-02-18	北京瑞高星科技有限公司	购监视器款	104962	22,750.00			北京马帕电子科技有限公司	6	130,000.00
6	2017-02-22	北京意顺风发展有限公司	购钢筋款	104963	312,600.00			北京瑞高星科技有限公司	4	144,935.00
7	2017-03-19	北京京晶电器有限公司	购热水器款	104964	56,850.00			北京京晶电器有限公司	7	260,284.23
8	2017-04-12	北京双星电子有限公司	购热水款	104964	46,363.94			北京双星电子有限公司	6	129,411.63
9	2017-04-18	北京京晶电器有限公司	购热水器款	104965	4,954.23			北京卓越控制设备有限公司	4	243,400.00
10	2017-04-20	北京华维电子有限公司	购网线款	104966	33,383.30					
11	2017-04-20	北京马帕电子科技有限公司	购电线款	104967	20,000.00					
12	2017-04-20	北京卓越控制设备有限公司	购控制器款	104968	5,550.00					
13	2017-05-19	北京意顺风发展有限公司	购钢筋款	104969	189,692.00					
14	2017-06-12	北京马帕电子科技有限公司	购电线款	104970	20,000.00					
15	2017-06-18	北京京晶电器有限公司	购热水款	104971	108,500.00					
16	2017-06-20	北京双星电子有限公司	购热水器款	104972	13,159.79					
17	2017-07-01	北京京晶电器有限公司	购热水器款	104973	5,000.00					

图4-63　统计每个购货商的采购次数和采购总金额

此时的参数设置如图4-64所示。

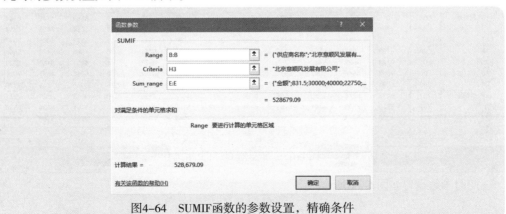

图4-64　SUMIF函数的参数设置，精确条件

案例4-22

图4-65所示是一种很多人都会设计的表格结构,在每个部门下都有一个小计,现在要把这些部门的小计进行加总,保存到表格的顶部,方便查看。很多人会使用这样的笨公式开始相加了:

=B7+B14+B21+B32+…

结果是,一不留神加错单元格,然后就发现总数对不上,就开始一个一个单元格检查了,然后发现还是不对……

其实,要加总的单元格都是小计,为什么不让函数去寻找小计数呢?因为相加的单元格都有一个明显的特征:B列里都是"小计"所对应的数据。因此,只要判断B列里是否有"小计",如有,就把C列的数据相加,否则就不加。因此,这个求和公式,使用一个SUMIF函数即可快速准确地解决。

单元格B2的公式如下:

=SUMIF($B:$B," 小计 ",C:C)

	A	B	C	D	E	F	G	H	I	J	K	L	M	N
1			1月	2月	3月	4月	5月	6月	7月	8月	9月	10月	11月	12月
2		总计	256949	262975	272128	266138	244379	257922	256889	253942	280285	277099	266330	274309
3	部门	姓名												
4	办公室	A01	8024	8215	8125	8923	8313	7037	5870	4459	7266	5628	7159	8258
5		A02	4925	7237	4423	4901	5926	6185	4385	6938	4218	6486	8187	4107
6		A03	7650	7617	8548	4175	4555	8761	7849	6320	5916	7826	8996	7543
7		小计	20599	23069	21096	17999	18794	21983	18104	17717	17400	19940	24342	19908
8	人力资源部	B01	8381	4411	5654	6849	7291	5907	6136	8861	4236	5955	5759	8681
9		B02	6248	5502	4930	4699	6243	4289	8293	4569	8236	8390	6764	4042
10		B03	7968	5380	5123	4448	4051	5668	8189	8128	4655	6578	4664	7114
11		B04	4589	8884	7679	4181	6517	8581	8828	5239	6471	4645	4482	8313
12		B05	6900	5348	5410	8031	7209	4880	5337	8195	8335	7540	7299	8974
13		B06	4828	5070	4875	5307	4672	8919	7342	7494	7762	8437	8437	7799
14		小计	38914	34595	33671	33515	35983	38244	44125	42486	39695	41793	37405	44923
15	财务部	C01	7015	4752	7368	5837	4888	6702	5936	5118	6549	8698	4749	8304
16		C02	4704	4604	5453	5848	6640	4815	4668	5503	8773	6884	7456	4854
17		C03	4952	5111	6180	8713	4999	8215	5291	7544	6903	5359	6009	7047
18		C04	4769	7883	6566	7759	6324	4490	5111	5261	8088	7400	6470	5683
19		C05	6744	4622	8442	7290	6567	8969	7434	8573	7771	4461	8132	6224
20		C06	7097	8546	5067	5939	8016	7772	4236	8937	6492	6263	4897	7018
21		小计	35281	35518	39076	41386	37434	40963	32676	40936	44576	39065	37761	39130
22	营销部	Y01	8117	8272	6330	5595	5704	5819	4272	7198	7379	5042	8825	7551
23		Y02	8520	7779	6441	8489	4461	7772	5102	4510	8913	8191	6206	6538
24		Y03	4030	6233	8899	7959	7742	6289	7045	7088	6539	8535	5989	4629

Sheet1

图4-65　加总所有部门的小计

此时参数设置如图4-66所示。

图4-66　SUMIF函数的参数设置

4.7.12　单条件求和 SUMIF 函数：模糊匹配，使用通配符

将SUMIF函数的条件值设置为模糊的条件，比如使用通配符，即可实现关键词模糊匹配下的汇总。

案例4-23

计算各个项目的采购总金额，如图4-67所示。单元格J3的计算公式如下：

=SUMIF(C:C,"*"&H3&"*",E:E)

	A	B	C	D	E	F	G	H	I	J
1	日期	供应商名称	项目	票号	金额			项目	采购次数	采购金额
2	2017-01-18	北京意顺风发展有限公司	购钢筋款	104959	831.50			钢筋	6	528,679.09
3	2017-01-28	北京华维电子有限公司	购网线款	104960	30,000.00			网线	4	315,449.00
4	2017-01-29	北京马哈电子科技有限公司	购电缆款	104961	40,000.00			电缆	6	130,000.00
5	2017-02-18	北京瑞高星科技有限公司	购监视器款	104962	22,750.00			监视器	4	144,935.00
6	2017-02-22	北京意顺风发展有限公司	购钢筋款	104963	312,600.00			控制器	4	243,400.00
7	2017-03-19	北京京晶电器有限公司	购热水器款	104964	56,850.00			热水器	13	389,695.86
8	2017-04-12	北京双星电子有限公司	购热水器款	104965	46,363.94					
9	2017-04-18	北京京晶电器有限公司	购热水器款	104965	4,954.23					
10	2017-04-20	北京华维电子有限公司	购网线款	104966	33,383.30					
11	2017-04-20	北京马哈电子科技有限公司	购电缆款	104967	20,000.00					
12	2017-04-20	北京卓越控制设备有限公司	购控制器款	104968	5,550.00					
13	2017-05-19	北京意顺风发展有限公司	购钢筋款	104969	189,692.00					
14	2017-06-12	北京马哈电子科技有限公司	购电缆款	104970	20,000.00					
15	2017-06-18	北京京晶电器有限公司	购热水器款	104971	108,500.00					
16	2017-06-20	北京双星电子有限公司	购热水器款	104972	13,159.79					

图4-67　计算各个项目的采购次数和采购总金额

此时参数设置如图4-68所示。

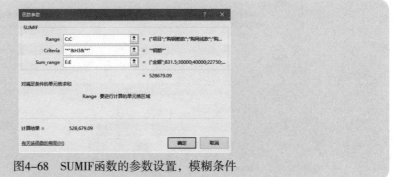

图4-68　SUMIF函数的参数设置,模糊条件

4.7.13 单条件求和 SUMIF 函数:模糊匹配,使用比较运算符

有学生问,如何把一列中保存有正数和负数的数字,分别计算正数的合计和负数的合计?
这个问题就是一个使用比较运算符构建模糊条件的应用。

案例4-24

图4-69是对账单数据,现在要对E列的发生额按照正数和负数分别求和。公式分别如下:
- 正数合计:
=SUMIF(E:E,">0")
- 负数合计:
=SUMIF(E:E,"<0")

图4-69　分别计算正数和负数的合计

4.7.14 多条件求和 SUMIFS 函数,精确条件

SUMIFS函数是根据指定的多个条件,把指定区域内满足所有条件的单元格数据进行求
和。用法如下:

```
=SUMIFS( 实际求和区域,
         条件判断区域 1, 条件值 1,
         条件判断区域 2, 条件值 2,
         条件判断区域 3, 条件值 3…)
```

这里的各个条件值,既可以是精确的条件,也可以是模糊的条件。

案例4-25

图4-70所示是一张收款记录表,现在要求制作实时的收款统计表,按项目和用途进行汇总。这是两个条件的精确匹配求和,单元格J2的计算公式如下:

=SUMIFS($C:$C,$E:$E,$I2,$F:F,J1)

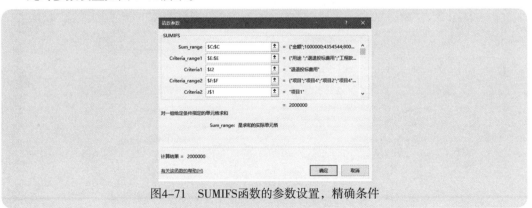

	A	B	C	D	E	F		I	J	K	L	M	N
1	日期	支票号	金额	付款单位	用途	项目		用途	项目1	项目2	项目3	项目4	合计
2	1月10日	电汇	1,000,000.00	客户01	退退投标费用	项目4		退退投标费用	2000000	21000	50000	1400000	3471000
3	1月10日	电汇	4,354,544.00	客户02	工程款	项目2		工程款	16669338.23	18183334.02	2782066.03	43973017.57	81607755.85
4	2月1日	电汇	8,000,000.00	客户03	工程款	项目4		投标退投标费用	0	730000	150000	2500000	3380000
5	2月1日	电汇	2,000,000.00	客户03	工程款	项目4		投标费	0	20000	17768	43000	80768
6	2月3日	1188	400,000.00	客户04	投标退投标费	项目4		水电费	13240.15	0	0	90000	103240.15
7	2月7日	5640	100,000.00	客户05	投标退投标费	项目4		工资	0	270675.59	0	310852.4	581527.99
8	2月7日	6990	100,000.00	客户06	工程款	项目4		备用金	0	30000	0	0	30000
9	2月8日	1403	91,451.00	客户07	工程款	项目2		水水电费	0	1800	0	143523.63	145323.63
10	2月9日	9757	20,000.00	客户08	投标费	项目4		上缴管理费	0	0	0	350000	350000
11	2月9日	3809	2,000,000.00	客户09	工程款	项目1		合计	18682578.38	19256809.61	2999834.03	48810393.6	89749615.62

图4-70 按项目和用途汇总金额

此时参数设置如图4-71所示。

图4-71 SUMIFS函数的参数设置,精确条件

4.7.15 多条件求和 SUMIFS 函数,模糊条件,使用通配符

SUMIFS函数的各个条件值使用通配符构建条件,就可以对包含有关键词的项目进行汇总

求和。

案例4-26

计算每个客户、每个类别产品的总金额，如图4-72所示。

这里，客户是精确条件，但产品类别是模糊的，是原始表中C列的产品编码的左两位字母，因此需要使用通配符进行关键词匹配。

单元格H3的公式如下：

```
=SUMIFS($D:$D,$B:$B,$G3&"*",$C:$C,H$2)
```

	A	B	C	D
1	日期	产品编码	客户	金额
2	110105	CD66026203	客户A	103297.7
3	110105	CD66309801	客户B	31298.37
4	110105	CD66309802	客户C	11896
5	110105	CD66237301	客户D	10000
6	110105	CD66239802	客户A	7000
7	110105	CD66239803	客户B	45500
8	110105	TC01013502	客户C	95281
9	110106	TC01166401	客户D	58828.5
10	110106	TC01349901	客户A	40400
11	110106	TC01168801	客户B	1093.76
12	110106	AP03826404	客户C	1710.81

产品类别	客户A	客户B	客户C	客户D	合计
CD	527,821.99	947,818.30	1,273,530.84	559,894.77	3,309,065.90
TC	270,752.94	1,024,802.28	830,507.81	1,127,644.49	3,253,707.52
AP	2,895.52	20,366.89	31,582.27	8,718.00	63,562.68
GN	-	142.00	252.00	20.00	414.00
EQ	61,214.76	206,937.32	59,436.00	54,614.46	382,202.54
BT	-	230.00	105,954.58	11,896.00	118,080.58
CM	12,000.00	10.00	0.50	-	12,010.50
JX	-	-	2,387.69	14,500.00	16,887.69
合计	874,685.21	2,200,306.79	2,303,651.69	1,777,287.72	7,155,931.41

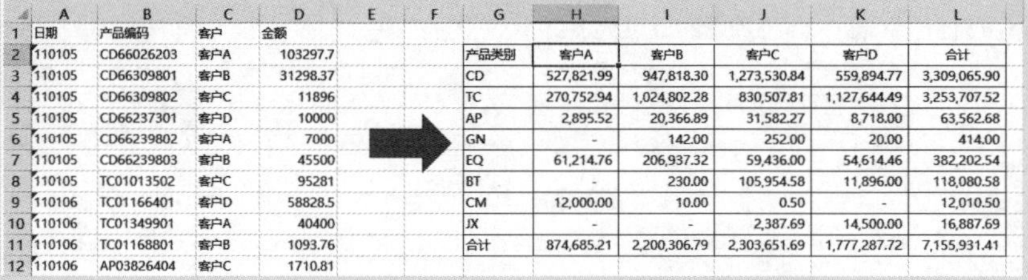

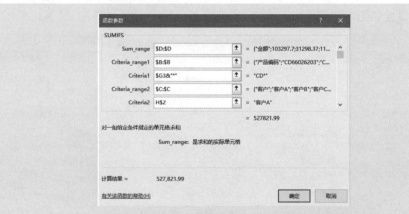

图4-72 计算每个客户、每个类别产品的总金额

SUMIFS函数的参数设置如图4-73所示。

图4-73 SUMIFS函数的参数设置，使用通配符构建模糊条件

4.7.16 多条件求和SUMIFS函数，模糊条件，使用比较运算符

有学生问，华东地区销售额在10万元以上的门店有多少家？这些门店的销售总额是多

少？华北呢？华南呢？……这样的问题，你会如何统计出来？

案例4-27

图4-74所示就是这样的一个示例。左侧A列至F列是店铺月报数据，右侧I列至K列是统计报表。A列地区的统计是精确条件，F列销售额10万元以上的是比较条件，是模糊条件。

这样，各个单元格计算公式如下：

● 单元格J4，销售额10万元以上的门店数：

=COUNTIFS(A:A,I4,F:F,">100000")

● 单元格K4，销售额10万元以上门店的销售总额：

=SUMIFS(F:F,A:A,I4,F:F,">100000")

K4				fx	=SUMIFS(F:F,A:A,I4,F:F,">100000")					
	A	B	C	D	E	F	G	H	I	J	K
1	地区	城市	性质	店名	本月指标	实际销售金额					
2	东北	大连	自营	AAAA-001	150000	57062			销售额10万元以上的店铺数和销售额汇总		
3	东北	大连	自营	AAAA-002	280000	130192.5			地区	店铺数	销售总额
4	东北	大连	自营	AAAA-003	190000	86772			东北	5	570,493.50
5	东北	沈阳	自营	AAAA-004	90000	103890			华北	4	584,108.00
6	东北	沈阳	自营	AAAA-005	270000	107766			华东	32	5,018,385.94
7	东北	沈阳	自营	AAAA-006	180000	57502			华南	1	102,682.00
8	东北	沈阳	自营	AAAA-007	280000	116300			华中	2	224,113.50
9	东北	沈阳	自营	AAAA-008	340000	63287			西北	2	390,873.20
10	东北	沈阳	自营	AAAA-009	150000	112345			西南	6	664,961.20
11	东北	沈阳	自营	AAAA-010	220000	80036			合计	52	7,555,617.34
12	东北	沈阳	自营	AAAA-011	120000	73686.5					

图4-74　销售额在10万元以上的门店统计

SUMIFS函数的参数设置如图4-75所示。

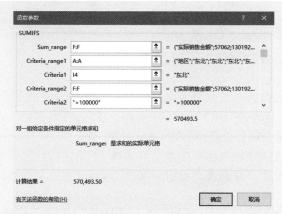

图4-75　SUMIFS函数的参数设置：地区是精确条件，销售额是模糊条件

4.8 常用查找引用函数

"老师,怎样才能快速从工资表里把每个人的实发工资链接到发放单工作表中?我现在都是先排序,然后直接等号过来。工作表次序经常被别人打乱,不得不每次都排序,太麻烦了。"

"老师,我的表格没法用 VLOOKUP 函数取数了,因为匹配值在右边呢,怎么办啊? 听说 VLOOKUP 可以反向查找,网上查到的公式不理解,有没有更好理解的函数公式啊? "

"老师,从 U8 里导出的管理费用科目很乱,我希望能做一个公式,直接把含有某个指定项目名称的数据查找出来。我每次都是先分列,再查找,但是分列也很麻烦。有没有一个简单的公式来解决这个问题? "

诸如此类,核心都是数据查找的问题,而数据查找,是数据处理和数据分析中最常见的操作,经常使用的查找函数是下面 3 个,如果能把这 3 个函数熟练综合运用,基本上就能解决常见的数据处理分析问题。

- VLOOKUP。
- MATCH。
- INDEX。

如果你具有一定的函数公式基础了,那么还需要学习 INDIRECT 函数及 OFFSET 函数,以及如何把这些函数综合起来,制作自动化的数据分析模板。关于这两个函数及自动化高效数据分析的制作,将在其他著作中进行介绍。

4.8.1 VLOOKUP 函数:基本原理

说起 VLOOKUP 函数,大多数人都会说,我用过。在很多人的应聘简历中,也都写着精通 Excel,面试时也信心十足地说会用 VLOOKUP 函数。然而,在每次的培训课上,都会遇到咨询 VLOOKUP 函数的,说这个函数总是用不好,总是出现问题。

VLOOKUP 函数的原理是:根据一个指定的条件,在指定的数据列表或区域内,从数据区域左边的第一列中匹配哪个项目满足指定的条件,然后从右边某列取出该项目对应的数据。用法如下:

=VLOOKUP(匹配条件 , 查找列表或区域 , 取数的列号 , 匹配模式)

该函数的4个参数说明如下。

- 匹配条件：就是指定的查找条件。
- 查找列表或区域：是一个至少包含一列数据的列表或单元格区域，并且该区域的第1列必须含有要匹配的条件，也就是说，谁是匹配值，就把谁选为区域的第1列。
- 取数的列号：是指定从区域的哪列取数，这个列数是从匹配条件那列开始往右算的。
- 匹配模式：是指做精确定位单元格查找和模糊定位单元格查找。当为TRUE或者1或者忽略时做模糊定位单元格查找，也就是说，匹配条件不存在时，匹配最接近条件的数据；当为FALSE或者0时做精确定位单元格查找，也就是说，条件值必须存在，要么是完全匹配的名称，要么是包含关键词的名称。

> VLOOKUP函数的应用是有条件的，并不是任何表格、任何数据查询问题都可以使用VLOOKUP函数。要使用VLOOKUP函数，必须满足以下4个条件。
> - 查询区域必须是列结构的，也就是数据必须按列保存(这就是为什么该函数的第1个字母是V的原因了，V就是英文单词Vertical的缩写)。
> - 匹配条件必须是单条件的。
> - 查询方向是从左往右的，也就是说，匹配条件在数据区域的左边某列，要取的数在匹配条件的右边某列(网上出现了VLOOKUP函数的从右往左反向查找，其实本质并不是这个函数能反向查找，而是在函数中使用了数组，在这个数组中将条件列和结果列调换了位置)。
> - 在查询区域中，匹配条件不允许有重复数据。

把VLOOKUP函数的第1个参数设置为具体的值，从查询表中数一数要取数的列号，并且把第4个参数设置为FALSE或者0，这是最常见的用法。

4.8.2 VLOOKUP 函数：基本用法

了解了VLOOKUP函数的基本原理，下面结合实际案例，介绍这个函数的基本用法和注意事项。

案例4-28

图4-76所示，是一张员工工资清单，现在要求把每个人的实发工资从工资表中查询出来，保存到发放表中，如图4-77所示。

图4-76　工资表

图4-77　发放表

　　这是一个典型的VLOOKUP函数应用例子。下面我们分析下,为什么这个问题可以用VLOOKUP函数来解决。

　　在这个例子中,要从"5月工资"中查找姓名为"李萌"的"实发合计"。那么,VLOOKUP的查找数据的逻辑描述如下。

　　(1)姓名"李萌"是条件,是查找的依据(匹配条件),因此VLOOKUP函数的第1个参数是A2指定的具体姓名。

　　(2)搜索的方法是从"5月工资"工作表的B列里,从上往下依次搜索匹配哪个单元格是"李萌"两个字,如果是,就不再往下搜索,转而往右准备取数,因此VLOOKUP函数的第2个参数从"5月工资"工作表的B列开始,到S列结束的单元格区域B:S。

　　(3)这里要取"实发合计"这列的数,从姓名这列算起,往右数到第18列是要提取的实发合计，因此VLOOKUP函数的第3个参数是18。

（4）因为要在"5月工资"的B列里精确定位到有"李萌"姓名的单元格，所以VLOOKUP函数的第4个参数要输入FALSE或者0。

这样，"发放表"工作表D2单元格的查找公式如下：

=VLOOKUP(A2,'5 月工资 '!B:S,18,0)

VLOOKUP函数的参数设置如图4-78所示，结果如图4-79所示。

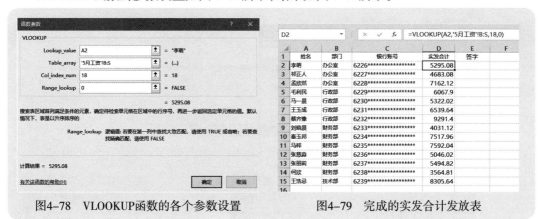

图4-78　VLOOKUP函数的各个参数设置　　　图4-79　完成的实发合计发放表

4.8.3　VLOOKUP 函数：根据关键词查找

VLOOKUP函数的第一个参数是匹配条件，就像前面介绍的COUNTIF和SUMIF函数一样，这个条件可以使用通配符(*)来匹配关键词，或者使用通配符(?)来匹配字符个数。这种查找方法可以解决很多看起来很复杂的数据查找问题。

案例4-29

图4-80所示是一个快递公司收单记录表的例子，希望在D列输入某个地区后，E列自动从价目表里匹配出价格来。

但是，价目表里的地址并不是一个单元格只保存一个地区名称，而是把价格相同的地区保存在了一个单元格，此时，查找的条件就是从某个单元格里查找是否含有指定的地区名字了，这种情况下，在查找条件里使用通配符即可。单元格E2的公式如下：

=VLOOKUP("*"&D2&"*",$I$3:$J$9,2,0)

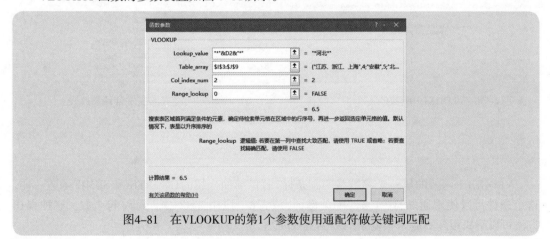

	A	B	C	D	E	F	G	H	I	J
1	日期	接单人	件数	目的地	单价	金额			价目表	
2	2017-9-10	A	1	河北	6.5	6.5			地址	价格
3	2017-9-11	B	1	上海	4	4			江苏、浙江、上海	4
4	2017-9-12	A	2	云南	9	18			安徽	5
5	2017-9-13	D	5	重庆	9	45			北京、天津、广东、福建、山东、湖北、湖南	6
6	2017-9-14	C	1	上海	4	4			江西、河南、河北、山西	6.5
7	2017-9-15	A	3	江苏	4	12			广西	7.5
8	2017-9-16	A	6	江苏	4	24			陕西、辽宁	8
9	2017-9-17	B	8	天津	6	48			吉林、黑龙江、云南、贵州、四川、重庆、海南	9
10	2017-9-18	A	2	山东	6	12				
11	2017-9-19	A	1	广东	6	6				
12	2017-9-20	C	10	安徽	5	50				
13	2017-9-21	C	1	广西	7.5	7.5				
14	2017-9-22	B	2	山西	6.5	13				
15										

图4-80　VLOOKUP的第1个参数使用通配符(*)

VLOOKUP函数的参数设置如图4-81所示。

图4-81　在VLOOKUP的第1个参数使用通配符做关键词匹配

4.8.4　VLOOKUP 函数:根据条件从多个区域查找

VLOOKUP函数的第2个参数是查找区域,一般情况下是指定的一个固定区域。但是在某些情况下,需要从多个区域里进行查找,此时,可以使用相关函数(如IF函数、CHOOSE函数、INDIRECT函数等)进行判断并自动选择某个区域。

案例4-30

图4-82所示是4个地区的汇总表,现在要求制作指定分公司、指定产品的销售分布报表。

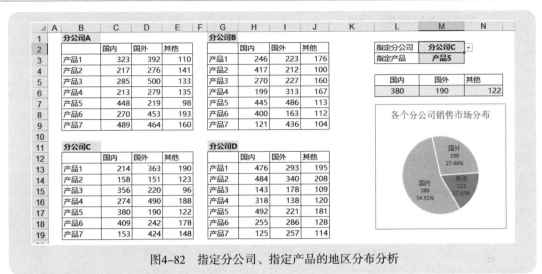

图4-82　指定分公司、指定产品的地区分布分析

不论是哪个分公司的数据区域，要查询的都是指定产品在各个地区的数据，产品在第1列，3个地区的数据分别在产品右侧的第2列、第3列和第4列，因此可以使用VLOOKUP函数匹配查找。

但是，从哪个数据区域查找呢？这个可以根据指定的分公司来判断，使用嵌套IF函数即可解决区域的选择问题。

这样，单元格的公式可以设计如下：

单元格 L6 ：=VLOOKUP(M3,

　　　　　　　　IF(M2=" 分公司 A",B3:E9,

　　　　　　　　　IF(M2=" 分公司 B",G3:J9,

　　　　　　　　　IF(M2=" 分公司 C",B13:E19,

　　　　　　　　　G13:J19))),

　　　　　　　　2,

　　　　　　　　0)

单元格 M6 ：=VLOOKUP(M3,

　　　　　　　　　IF(M2=" 分公司 A",B3:E9,

　　　　　　　　　　IF(M2=" 分公司 B",G3:J9,

　　　　　　　　　　IF(M2=" 分公司 C",B13:E19,

　　　　　　　　　　G13:J19))),

　　　　　　　　　3,

　　　　　　　　　0)

单元格 N6 : =VLOOKUP(M3,

　　　　　IF(M2=" 分公司 A",B3:E9,

　　　　　　IF(M2=" 分公司 B",G3:J9,

　　　　　　IF(M2=" 分公司 C",B13:E19,

　　　　　　G13:J19))),

　　　　　4,

　　　　　0)

相应函数的参数设置如图4-83和图4-84所示。

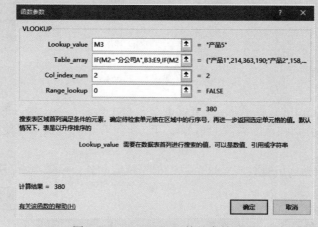

图4-83　VLOOKUP函数的参数设置

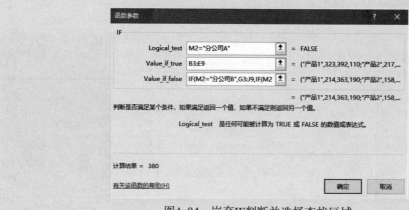

图4-84　嵌套IF判断并选择查找区域

4.8.5 VLOOKUP 函数：自动定位取数的位置

VLOOKUP函数的第3个参数是取数的列位置，一般情况下是用眼睛数出来的。但是，这种方法在很多情况下是不方便的，比如一个大型表格，有几十列数据，但仅仅需要取出其中的某几列数据，而这些列的位置可能相隔很远。此时，如何做出一个高效的查找公式？

案例4-31

针对图4-85所示工资表，希望制作一个查询表，从"工资清单"工作表中查询指定员工的主要工资项目，如图4-86所示。

	工号	姓名	性别	所属部门	级别	基本工资	岗位工资	工龄工资	医疗保险	失业保险	社保合计	个人所得税	应扣合计	实发合计
	A	B	C	D	E	F	G	H	U	V	W	X	Y	Z
2	0001	刘晓晨	男	办公室	1级	1581	1000	360	67.2	33.6	369.6	211.38	1169.88	4031.12
3	0004	祁正人	男	办公室	5级	3037	800	210	48.2	24.1	265.1	326.42	1026.92	4683.08
4	0005	张丽莉	女	办公室	3级	4376	800	150	45	22.5	247.5	469.68	1104.18	5494.82
5	0006	孟欣然	女	行政部	1级	6247	800	300	56	28	308	821.78	1585.88	7162.12
6	0007	毛利民	男	行政部	4级	4823	600	420	40.4	20.2	222.2	570.8	1162.1	6067.9
7	0008	马一晨	男	行政部	1级	3021	1000	330	52.6	26.3	289.3	439.18	1237.98	5322.02
8	0009	王浩忌	男	行政部	1级	6859	1000	330	58.6	29.3	322.3	1107.66	1952.36	8305.64
9	0013	王玉成	男	财务部	6级	4842	600	390	45.8	22.9	251.9	666.16	1386.36	6539.64
10	0014	蔡齐豫	女	财务部	5级	7947	1000	360	67.2	33.6	369.6	1354.1	2312.6	9291.4
11	0015	秦玉邦	男	财务部	6级	6287	800	270	51.4	25.7	282.7	910.74	1653.04	7517.96

图4-85 工资清单

项目	金额
指定姓名	孟欣然
基本工资	6247
加项合计	8896
扣项合计	148
应发合计	8748
住房公积金	456.1
社保合计	308
个人所得税	821.78
应扣合计	1585.88
实发合计	7162.12

图4-86 查询指定员工的工资主要项目

工资清单上的列数多达26，但我们仅仅需要取出9列数据，而这9列数据分布在不同的位置，此时，如果做9个公式，在每个公式里数位置，那你就有点想不开了。

由于查询表上的项目名称与工资表上第1行的项目名称是相同的名字，因此可以使用MATCH函数来自动定位出每个项目的位置，将MATCH定位出的位置号作为VLOOKUP函数的第3个参数，那么就可以创建一个高效的查找公式了。

单元格C5的公式如下，往下复制就得到各个项目的数据：

=VLOOKUP($C$2,工资清单!$B:$Z,MATCH(B5,工资清单!$B$1:$Z$1,0),0)

这里，MATCH(B5,工资清单!$B$1:$Z$1,0) 就是自动从工资清单的标题里，定位出某个项目的位置，如图4-87所示。

由于VLOOKUP函数是从B列开始V数的，所以MATCH函数也必须从B列开始定位，如图4-88所示。

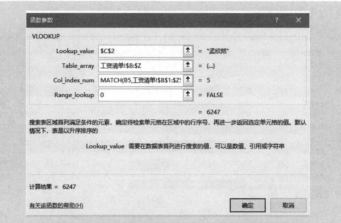

图4-87　VLOOKUP函数的参数设置，第3个参数是MATCH的结果

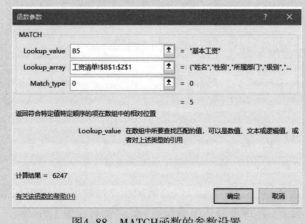

图4-88　MATCH函数的参数设置

下面将详细介绍，MATCH函数的用法。

4.8.6　MATCH 函数：具有定海神针的功能

MATCH函数的功能是从一个数组(一个一维数组，或者工作表上的一列数据区域，或者工作表上的一行数据区域)中，把指定元素的存放位置找出来。

就像一个实际生活中的例子：大家先排成一队，喊号，问张三排在了第几个？ MATCH函数就是这么个意思。

由于必须是一组数，因此在定位时只能选择工作表的一列区域或者一行区域，也可以是自己创建的一维数组。

MATCH函数得到的结果不是单元格的数据，是指定数据的单元格位置。其语法如下：

=MATCH(查找值 , 查找区域 , 匹配模式)

这里的查找区域只能是一列、一行，或者一个一维数组。

匹配模式是一个数字–1、0或者1。如果是1或者忽略，查找区域的数据必须做升序排序。如果是–1，查找区域的数据必须做降序排序。如果是0，则可以是任意顺序。一般情况下，我们设置成0，做精确匹配查找。

MATCH函数也不能查找重复数据，也不区分大小写，这点要特别注意。

例如，在图4–89中，查找字母C的位置都是5，公式分别如下：

● 左图：

=MATCH("C",B3:B9,0)

● 右图：

=MATCH("C",B3:H3,0)

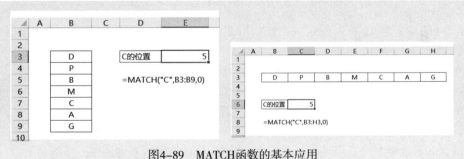

图4–89　MATCH函数的基本应用

MATCH函数的第2个参数也可以是一个一维常量数组，因此函数还可以用来在数组数据中查找定位，解决复杂的数据处理问题。

例如，下面公式的结果是3，也就是说，字母A在数组 {"B","D","A","M","P"} 的第3个位置：

=MATCH("A",{"B","D","A","M","P"},0)

案例4-32

下面首先介绍一个简单的应用，就是如何使用MATCH函数来核对两个表格。

假如有两份名单，分别保存在两个工作表中，现在要求对两份名单进行核对，看看哪些人在表1里有而表2里没有，哪些人在表2里有而表1里没有，哪些人在两个表里都有，分别保存在什么位置。

这样的问题，很多人首先想到的是使用VLOOKUP函数来解决，但是VLOOKUP函数的结果不直观。使用MATCH函数，不仅可以判断是否存在，更可以得到该数据在各个表中的保存位置，如图4-90所示。

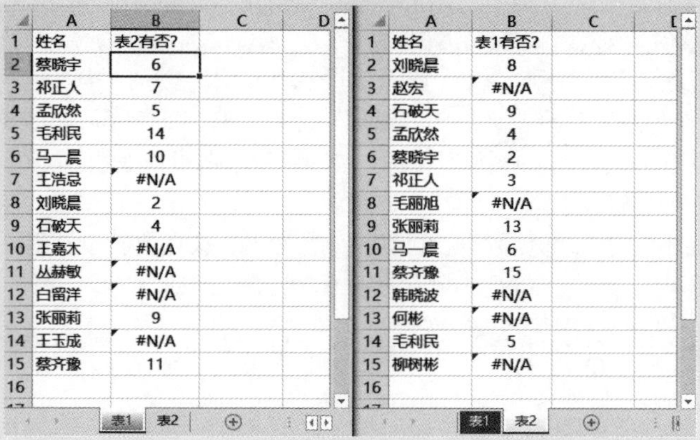

	A	B
1	姓名	表2有否?
2	蔡晓宇	6
3	祁正人	7
4	孟欣然	5
5	毛利民	14
6	马一晨	10
7	王浩忌	#N/A
8	刘晓晨	2
9	石破天	4
10	王嘉木	#N/A
11	丛赫敏	#N/A
12	白留洋	#N/A
13	张丽莉	9
14	王玉成	#N/A
15	蔡齐豫	11

	A	B
1	姓名	表1有否?
2	刘晓晨	8
3	赵宏	#N/A
4	石破天	9
5	孟欣然	4
6	蔡晓宇	2
7	祁正人	3
8	毛丽旭	#N/A
9	张丽莉	13
10	马一晨	6
11	蔡齐豫	15
12	韩晓波	#N/A
13	何彬	#N/A
14	毛利民	5
15	柳树彬	#N/A

图4-90　使用MATCH函数核对两个表格数据

在表1的单元格B2输入公式“=MATCH(A2,表2!A:A,0)”如图4-91所示，往下复制，得到判断表1姓名是否在表2出现的结果：如果为数字，表明在表2存在，数字就是在表2中的保存位置(在A列的第几行)，如果出现错误值，就表明不存在。

在表2的单元格B2输入公式“=MATCH(A2,表1!A:A,0)”，往下复制，得到判断表2姓名是否在表1出现的结果：如果为数字，表明在表1存在，数字就是在表1中的保存位置(在A列的第几行)，如果出现错误值，就表明不存在。

MATCH函数更多的应用是嵌入到其他函数中，与其他函数联合使用。举例如下。

- 与VLOOKUP函数联合使用，自动输入VLOOKUP函数的第3个参数。
- 与INDEX函数联合使用，先用MATCH函数定位出取数的行位置和列位置，再用INDEX取数。
- 与OFFSET函数联合使用，使用MATCH函数确定偏移量或新单元格区域的大小等。

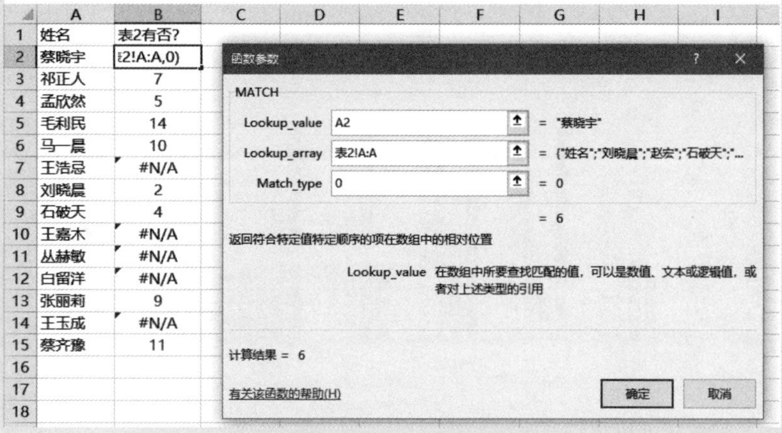

图4-91　表1中单元格B2的MATCH函数参数设置

前面介绍的工资表大项查询的问题，就是联合使用MATCH函数和VLOOKUP函数做高效动态查找公式的经典案例。

4.8.7 MATCH 函数：与 VLOOKUP 函数联合使用制作动态图

由于MATCH函数是用来确定指定项目位置的，将其结果作为VLOOKUP函数的第3个参数，就可以制作一种简单的动态图表。

案例 4-33

例如，对于图4-92所示的各个地区各个产品的数据，要分析各个产品在各个地区的销售分布，如果选择所有的数据绘制柱形图，就显得非常乱了，如图4-93所示。这才是4个产品，如果有数十个产品呢？如果还是将所有产品绘制在一张图上，估计图表就像一个调色板了。

地区	产品A	产品B	产品C	产品D
华北	253	318	427	485
华东	815	212	665	684
华中	865	371	736	895
华南	263	861	530	501
西南	819	606	456	269
西北	382	834	691	394
东北	420	848	829	224

图4-92　各个地区各个产品的销售数据

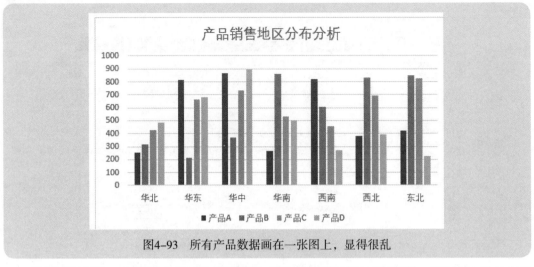

图4-93 所有产品数据画在一张图上,显得很乱

我们可以制作一个选择产品的控制器(例如使用数据验证的下拉菜单),来快速选择要查看的产品,然后绘制该产品的各个地区销售分布,效果如图4-94所示。

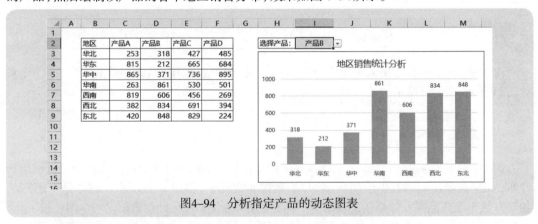

图4-94 分析指定产品的动态图表

这个动态图表做起来并不难,是通过一个辅助区域来完成的。

单元格I2是通过数据验证制作的下拉菜单,可以快速选择要分析的产品。

辅助区域是单元格区域H4:I11,图表是用这个区域数据绘制的,如图4-95所示。

其中单元格I5的查找公式如下:

=VLOOKUP(H5,$B$3:$F$9,MATCH($I$2,$B$2:$F$2,0),0)

在这个公式中,MATCH函数的作用至关重要,正是因为它,才能够自动定位出指定产品的位置,查询出该产品的数据,从而使图表自动变化。

图4-95 H列和I列的辅助区域，通过VLOOKUP函数和MATCH函数联合查找数据

4.8.8 INDEX 函数：按图索骥

当在一个数据区域中，给定了行号和列标，也就是准备把该数据区域中指定列和指定行的交叉单元格数据取出来，就可以使用INDEX函数。

就像抓特务，先用雷达侦测特务电台在哪里(这个任务可以由MATCH函数来完成)，然后派特警去抓这个特务，而这个特警就是INDEX函数。

INDEX函数有两种使用方法：查询区域是一个；查询区域是多个。在实际工作中，常用的是从一个区域中查找数据，此时，函数的用法如下：

=INDEX(取数的区域 , 指定行号 , 指定列标)

例如，公式"=INDEX(C2:H9,5,3)"就是从单元格区域C2:H9的第5行、第3列交叉的单元格取数，也就是单元格E6的数据，如图4-96所示。

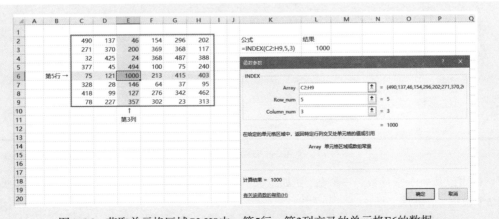

图4-96 获取单元格区域C2:H9中，第5行、第3列交叉的单元格E6的数据

公式 "=INDEX(A:A,6)" 就是从A列里取出第6行的数据,也就是单元格A6的数据,这里省略了列标,因为数据区域就一列,如图4-97所示。

图4-97　从A列的第6行的单元格A6取数

公式 "=INDEX(2:2,,6)" 就是从第2行里取出第6列的数据,也就是单元格F2的数据,这里省略了行号,因为数据区域就一行,如图4-98所示。

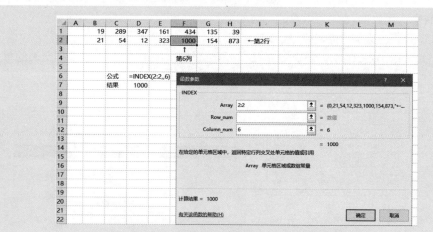

图4-98　从第2行的第6列的单元格F2取数

也可以从一个常量数组中取数,比如下面的公式就是从数组 {"B","D","A","M","P"} 中取出第2个数据,结果是字母D:

    =INDEX({"B","D","A","M","P"},2)

4.8.9 INDEX 函数：与 MATCH 函数联合使用，查找数据更加灵活

要想使用INDEX函数查找数据，先决条件是必须要先知道取数的位置(行号和列标)，而这个位置可以使用MATCH函数来决定。

案例 4-34

图4-99所示是从K3中导入的产品成本数据，现在要制作一个动态的成本分析报告，可以查看任意产品的成本构成，如图4-100所示。

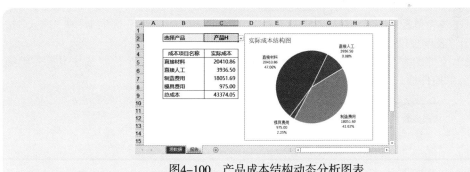

图4-99　系统导入的产品成本数据

图4-100　产品成本结构动态分析图表

仔细查看源数据的特征，可以发现，这个问题是无法使用VLOOKUP函数解决的，因为每个产品的5个成本数据(直接材料、直接人工、制造费用、模具费用、总费用)中，只有直接材料左边的E列有产品名称，其他4个费用左边的E列都是空的。

由于每个产品都有5个成本数据,并且排列是一致的,因此不妨使用MATCH函数定位指定产品的行号,该行号对应的成本项目就是直接材料,往下移1行就是直接人工,往下移2行就是制造费用,往下移3行就是模具费用,往下移4行就是总成本。

这样,先用MATCH在E列定位指定产品的位置,再用INDEX在J列分别取出5个成本数据,就得到了指定产品的各个成本项目数据。

各个单元格的查询公式如下:

- 单元格C5:

=INDEX(源数据 !J:J,MATCH($C$2, 源数据 !$E:$E,0))

- 单元格C6:

=INDEX(源数据 !J:J,MATCH($C$2, 源数据 !$E:$E,0)+1)

- 单元格C7:

=INDEX(源数据 !J:J,MATCH($C$2, 源数据 !$E:$E,0)+2)

- 单元格C8:

=INDEX(源数据 !J:J,MATCH($C$2, 源数据 !$E:$E,0)+3)

- 单元格C9:

=INDEX(源数据 !J:J,MATCH($C$2, 源数据 !$E:$E,0)+4)

4.8.10 INDEX 函数:与控件联合使用制作动态图表

在大多数情况下,我们需要使用表单控件来制作动态图表。表单控件又称为窗体控件,包括单选按钮、复选框、组合框、列表框、数值调节按钮、滚动条等。

1. 表单控件在哪里

要使用这些表单控件,需要单击"开发工具"功能组中单击"控件"选项卡,在"插入"按钮,就会展开"表单控件"列表,如图4–101所示。

插入表单控件的方法是:单击某个表单控件,然后在工作表的某个位置按住鼠标左键拖动,就将该表单控件插入到了表中,如图4–102所示。

图4–101　表单控件

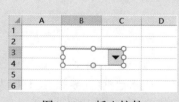

图4–102　插入控件

插入表单控件后，至少要做以下两个工作。

一是将默认的控件标题修改为指定的文字(有些控件是要修改标题的，如单选按钮、复选框、标签、分组框，有些控件则不需要修改标题，如组合框、滚动条、数值调节按钮)。

二是要设置控件的控制属性，以便能够使用控件。

修改表单控件标题文字的方法是，右击控件，执行快捷菜单中的"编辑文字"命令，将光标移到控件标题文字中，再进行修改即可(此时控件出现8个小圆圈，处于编辑状态)。

2. 如何显示"开发工具"选项卡

在默认情况下，Excel功能区中是不显示"开发工具"选项卡的，因此需要把"开发工具"选项卡显示在功能区中，方法如下。

在功能区任意按钮位置单击鼠标右键，执行快捷菜单中的"自定义功能区"命令(如图4-103所示)，打开"Excel选项"对话框，选中"开发工具"复选框，如图4-104所示。

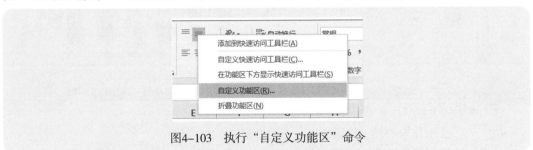

图4-103　执行"自定义功能区"命令

图4-104　选中"开发工具"复选框

3. 利用表单控件制作动态图表

案例4-35

图4-105所示是一个利用组合框来控制图表显示的动态图表,只要从组合框中显示不同的产品,图表就显示该产品的数据。

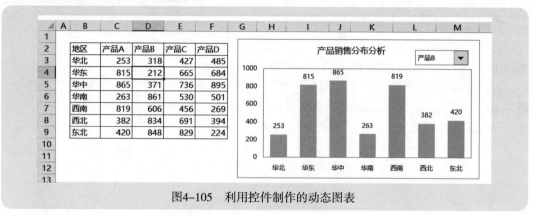

图4-105　利用控件制作的动态图表

这个图表的主要制作步骤如下。

步骤①　在工作表的任一位置插入一个组合框。

步骤②　将产品名称复制转置到某列中,这里是单元格区域J3:J6,因为要使用组合框来选择产品,而组合框的项目必须是工作表上的列数据。

步骤③　右击组合框,执行快捷菜单中的"设置控件格式"命令(如图4-106所示),打开"设置控件格式"对话框,切换到"控制"选项卡,在"数据源区域"文本框中输入单元格区域$J$3:$J$6,在"单元格链接"文本框中输入单元格$J$2,如图4-107所示。设置完毕后,单击"确定"按钮。

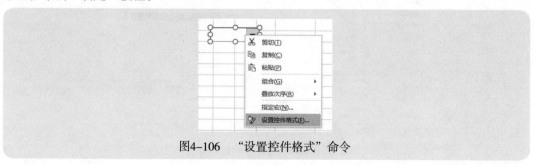

图4-106　"设置控件格式"命令

图4-107 设置控件的控制属性

单击某个单元格，使组合框上的8个小圆圈消失，退出编辑状态，然后就可以从组合框中选择产品了。

当选择某个产品后，单元格J2就出现了一个数字，该数字就是选择产品的位置号，如图4-108所示。此时，组合框就相当于MATCH函数，组合框的结果就是指定产品的位置。

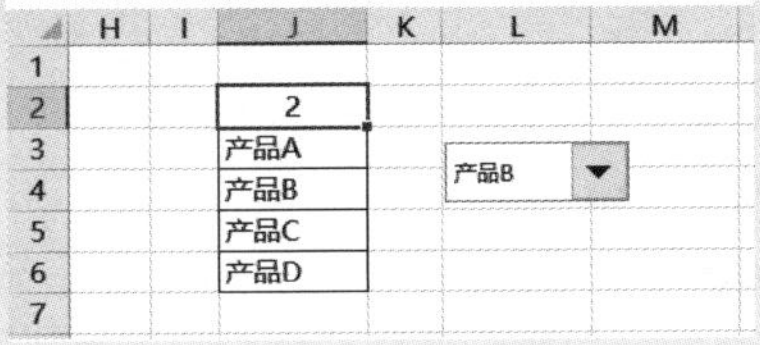

图4-108 从组合框选择某个产品，单元格J2出现该产品的位置号

步骤 4 设计辅助区域L2:M9，准备利用单元格J2的序号来查找选定产品的数据，如图4-109所示。单元格M3的公式为：

=INDEX(B3:F3,,$J$2)

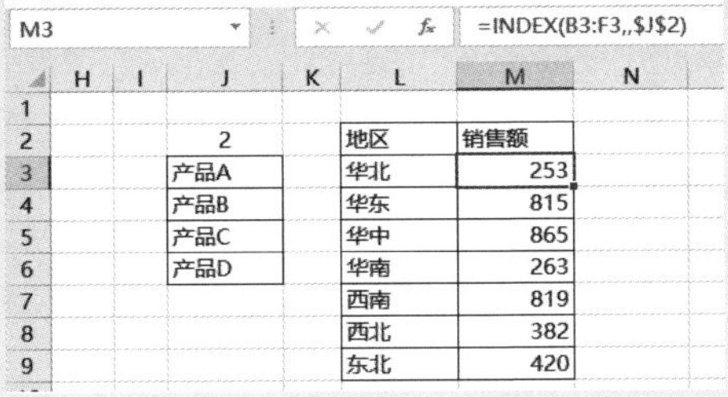

图4-109 设计辅助区域，查找指定产品的数据

此时的参数设置如图4-110所示。

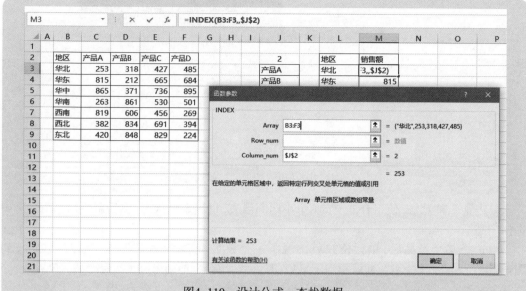

图4-110 设计公式，查找数据

步骤⑤ 用单元格区域L2:M9绘制图表，并简单美化。

步骤⑥ 将图表移动到适当的位置。

步骤⑦ 将控件移动到图表上的适当位置。方法是右击控件，使其出现8个小圆圈，变为编辑状态，再用鼠标按住它进行拖动。

这样，动态图表就制作完毕了。

利用组合框制作动态图表的核心是使用INDEX函数，因为组合框的返回值就是所选产品的位置号数字，而INDEX就是根据指定位置抓取数据的，两者紧密配合。

> 思路拓展：
>
> 这个案例，我们也可以使用VLOOKUP函数设计查找公式(如图4-111所示)，不过这个公式要比INDEX函数公式繁琐些：
>
> =VLOOKUP(L3,$B$2:$F$9,$J$2+1,0)
>
> 请思考，为什么要在J2单元格数字上加1？

函数参数 ? ×

VLOOKUP

Lookup_value	L3	↑	= "华北"
Table_array	$B$2:$F$9	↑	= {"地区","产品A","产品B","产品C","产品
Col_index_num	$J$2+1	↑	= 3
Range_lookup	0	↑	= FALSE

= 318

搜索表区域首列满足条件的元素，确定待检索单元格在区域中的行序号，再进一步返回选定单元格的值。默认情况下，表是以升序排序的

Range_lookup 逻辑值: 若要在第一列中查找大致匹配, 请使用 TRUE 或省略; 若要查找精确匹配, 请使用 FALSE

计算结果 = 318

有关该函数的帮助(H)　　　　　　　　　　　　　　　　确定　　取消

图4-111　利用VLOOKUP函数查找数据

4.9 检查公式

当公式制作完毕后，如果想要检查公式的计算过程，或者查看公式某部分的计算结果，可以采用下面的两种方法。

（1）用 F9 键查看公式的计算结果。

（2）用公式求值来检查公式。

4.9.1 用 F9 键查看公式的计算结果

如果要查看公式中的某部分表达式计算结果(如图4-112所示)，以便于检查公式各个部分计算结果的正确性，则可以利用编辑栏的计算器功能和F9键，具体方法如下。

(1)先在公式编辑栏或者单元格内选择公式中的某部分表达式，如图4-113所示。

(2)然后按F9键查看其计算结果，如图4-114所示。

(3)检查完毕计算结果后不要按Enter键，否则就会将表达式替换为计算结果数值，而是按Esc键放弃计算，恢复公式。

图4-112~图4-114就是图示步骤。

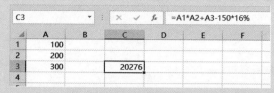

图4-112　单元格显示的是公式的最终结果

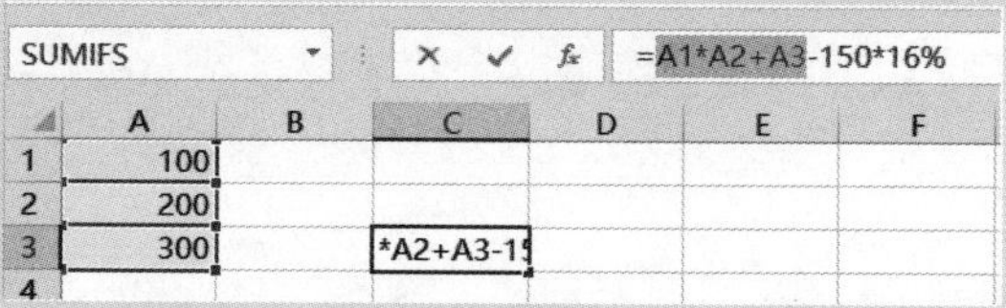

图4-113　在公式编辑栏选择要查看计算结果的某部分表达式

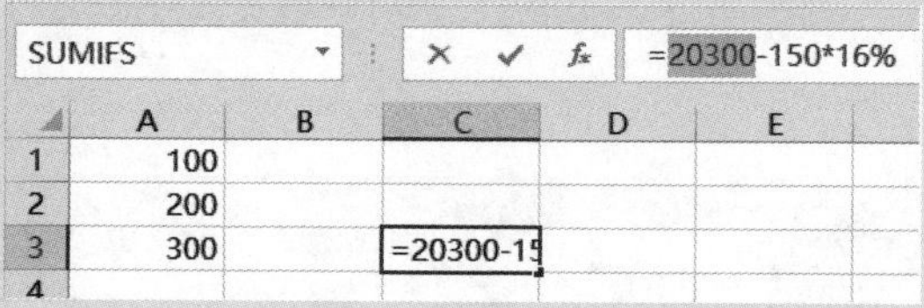

图4-114　按F9键，显示该表达式的计算结果

4.9.2 用公式求值来检查公式

当制作了一个比较复杂的公式，希望按照公式的计算次序，来检查公式每一部分的计算结果，则可以使用"公式求值"工具，具体步骤如下。

步骤① 单击"公式"→"公式审核"→"公式求值"按钮，如图4-115所示。

图4-115　"公式求值"命令按钮

步骤② 打开"公式求值"对话框，单击"求值"按钮，就会看到每步的计算结果，

如图4-116所示。

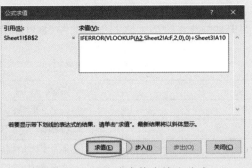

图4-116 用公式求值来检查公式

4.10 公式返回的错误信息

我们可能会遇到这样的情况：明明公式的语法正确，却得不到正确的计算结果。一般情况下，Excel 会依情况显示不同的错误值来提醒用户进行修改。

4.10.1 错误提示

Excel提供了单元格公式错误信息的标志。当单元格的公式出现错误时，就会在该单元格的左上角出现一个小三角符号，如图4-117所示。当单击该单元格时，在该单元格旁边就会出现错误提示符号，单击此符号，就会弹出该错误的一些提示，如图4-118所示。

图4-117 错误信息提示　　　　　图4-118 错误提示选项

4.10.2 错误信息

Excel的错误信息返回值如表4-2所示。我们可以根据Excel的错误信息返回值,来判断错误的原因。

表4-2　Excel的常见错误信息

错 误 值	错 误 原 因
#DIV/0!	公式的除数为零
#N/A	查找函数找不到数据
#NAME?	不能识别的名字
#NUM!	在函数中使用了不能接受的参数
#REF!	公式中引用了无效的单元格
#VAULE!	参数类型有错误

4.11 复制和移动公式的操作技能技巧

复制公式是 Excel 的频繁操作之一,很简单,但也有很多问题需要注意。下面介绍复制和移动公式的几个常用技能技巧。

4.11.1 复制公式的基本方法

复制公式的基本方法是在一个单元格输入公式后,将光标对准该单元格右下角的黑色小方块,按住左键不放,然后向下、向右、向上或者向左拖曳鼠标,从而完成其他单元格相应计算公式的输入工作。

但要注意,如果要复制公式,一定要注意单元格引用的合理设置,谁绝对引用、谁相对引用,万万不可大意。

经常见到这样的情况,第1个单元格公式设置好了,也出结果了,结果一复制公式,第2个单元格就出现了错误,这就是没有设置好绝对引用和相对引用的结果。

4.11.2 复制公式的快捷方法

除了上面介绍的通过拖动单元格右下角的黑色小方块来复制公式外,还可以采用一些小技巧来实现公式的快速复制。例如双击法、快速复制法等。

1. 双击法

当在某单元格输入公式后，如果要将该单元格的公式向下填充复制，一般的方法是向下拖拉鼠标。但有一个更快的方法：双击单元格右下角的黑色小方块，就可以迅速得到复制的公式。

不过，这种方法只能快速向下复制公式，无法向上、向左或向右快速复制公式。而且这种方法也不适用于中间有空行的场合：如果中间有空行，复制公式就会停止在空行处。

2. 快速复制法

如果要复制公式的单元格区域很大，例如有很多行和很多列，采用上述拖曳鼠标的方法就比较笨拙了。可以在单元格区域的第1个单元格输入公式，然后再选取包括第1个单元格在内的要输入公式的全部单元格区域，按F2键，然后再按Ctrl+Enter组合键，可迅速得到所有的计算公式。

4.11.3 移动公式的基本方法

移动公式就是将某个单元格的计算公式移动到其他单元格中，基本方法是选择要移动公式的单元格区域，按Ctrl+X组合键，再选取目标单元格区域的第一个单元格，按Ctrl+V组合键。

需要注意的是，这种方法只能移动连续单元格区域，不能操作不连续单元格区域。

4.11.4 移动公式的快捷方法

如果觉得按Ctrl+X组合键和Ctrl+V组合键太麻烦，可以采用下面的快速方法：选择要移动公式的单元格区域，将鼠标指针选定在区域的边框上，按住左键，拖动鼠标到目的单元格区域的左上角单元格。

不过，这种方法只能移动连续单元格区域，不能操作不连续单元格区域。

4.11.5 移动复制公式本身或公式的一部分

在一般情况下，复制公式时会引起公式中对单元格引用的相对变化，除非采用的是绝对引用。

但是，有时候却希望将单元格的公式本身复制到其他的单元格区域，不改变公式中单元格的引用。此时，就需要采用特殊的方法了，即将公式作为文本进行复制，基本方法和步骤如下。

步骤❶ 选择要复制公式本身的单元格。

步骤 ② 在编辑栏中选择整个公式文本，按Ctrl+C组合键，将选取的公式文本复制到剪切板。

步骤 ③ 双击目标单元格，再按Ctrl+V组合键。

另外一个复制公式本身的方法是先将单元格公式前面的等号删除，然后再将该单元格复制到其他单元格，最后再将这个单元格的公式字符串前面加上等号。

利用上述介绍的方法，还可以复制公式文本的一部分，只要在单元格内或者公式编辑栏中选取公式的一部分，然后再进行复制粘贴就可以了。

4.11.6 将公式转换为值

当利用公式将数据进行计算和处理后，如果公式结果不再变化，可以将公式转换为值，这样可以防止一不小心把公式的引用数据删除而造成公式的错误，也可以提升工作簿的计算速度。

将整个公式的值转换为不变的数据，可以采用选择性粘贴的方法，相信这个方法大家都会使用。

4.12 公式的其他操作技巧

4.12.1 将公式分行输入，以便使公式更加容易理解和查看

当输入的公式非常复杂又很长时，希望能够将公式分成几部分并分行显示，以便于查看公式。Excel允许将公式分行输入，这种处理并不影响公式的计算结果。

要将公式分行输入，应在需要分行处按Alt+Enter组合键进行强制分行，当所有部分输入完毕后再按Enter键。图4-119所示就是将公式分行输入后的情形。

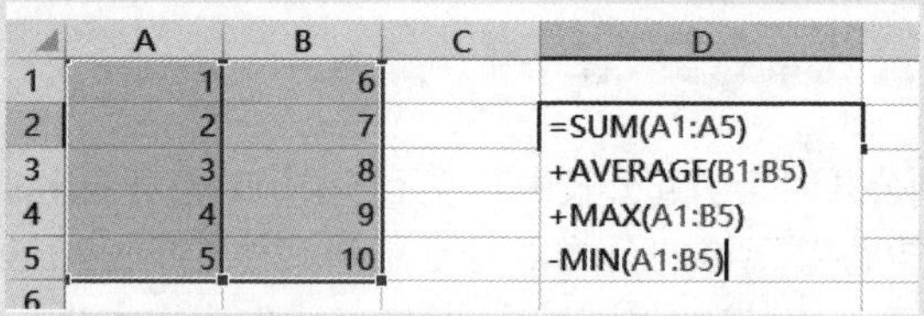

▲	A	B	C	D
1	1	6		
2	2	7		=SUM(A1:A5)
3	3	8		+AVERAGE(B1:B5)
4	4	9		+MAX(A1:B5)
5	5	10		-MIN(A1:B5)
6				

图4-119 将公式各个部分分行输入

4.12.2 在公式表达式中插入空格

Excel也允许在运算符和表达式之间添加空格，但是不能在函数名的字母之间及函数名与函数的括号之间插入空格。插入空格后的公式查看起来更加清楚，便于对公式进行分析和编辑。图4-120所示就是在公式的表达式和运算符之间插入空格后的情形。

图4-120　在公式的表达式和运算符之间插入空格

4.12.3 快速改变函数公式中的单元格引用

如果想把函数公式中引用的某个单元格或者某个单元格区域换成其他的单元格或者单元格区域，可以使用鼠标拖拉的方法快速转换。方法是：在单元格或公式编辑栏里单击公式，就显示出公式引用的单元格或单元格区域，然后光标对准某个引用单元格或单元格区域的边框，当光标出现上下左右4个小箭头时，按住左键不放，将该单元格或单元格区域的引用拖放到另外的单元格或单元格区域中。

如果对准单元格的4个角，按住鼠标左键拖动，可以将引用的单元格区域扩大或缩小。

4.12.4 公式字符长度的限制

对于Excel来说，输入到单元格的公式字符长度不能超过8192个。如果超过这个限制，就需要将公式分解成几个公式，或者利用VBA编制自定义函数。

4.12.5 公式和函数中的字母不区分大小写

在公式中，大写字母和小写字母都是一样的。

当输入函数时，既可以输入小写字母，比如sum，也可以输入大写字母，比如SUM。当在公式中输入字母常量时，大小写都是可以的，例如下面的两个公式是一样的：

=VLOOKUP("MA",A:C,3,0)

=VLOOKUP("ma",A:C,3,0)

如果要严格区分字母的大小写，那么就需要使用函数来匹配了。

但是，某些函数对大小写是敏感的，例如FIND函数，因此要特别注意。例如，公式

"=FIND("a","Cash Flow")" 的结果是2,因为小写字母a在第2个。但是,公式 "=FIND("A","Cash Flow")" 的结果是错误值#VALUE!,因为找不到大写字母 "A"。

4.12.6 公式和函数中的标点符号都必须是半角字符

不论是在公式中直接输入,还是在函数里作为参数,当用到单引号、双引号、逗号、冒号等标点符号时,都必须是英文半角字符,不能是汉字状态下的全角字符。这点在输入公式时要特别注意,尽管有时候输入了全角字符,Excel能够自动转换为半角字符,但大多数情况是会出现错误的。

4.13 隐藏、显示和保护公式

在输入完毕所有的公式并检查无误后,一个重要的工作就是要将这些公式保护起来,以免不小心损坏。此外,也可能要查看各个单元格的公式,或者希望将计算公式隐藏起来,以免被别人看到。本节就介绍隐藏、显示和保护公式的基本方法和技巧。

4.13.1 显示公式计算结果和显示公式表达式

按Ctrl+`组合键可以在显示计算结果和显示公式之间进行切换。按一次Ctrl+`组合键,会显示公式,再次按该组合键,则会显示计算结果。

如果要在公式的旁边一列显示左边单元格的公式字符串,在Excel 2016版中,可以使用FORMULATEXT函数,其功能就是把单元格公式字符串显示出来(不计算),如图4-121所示。

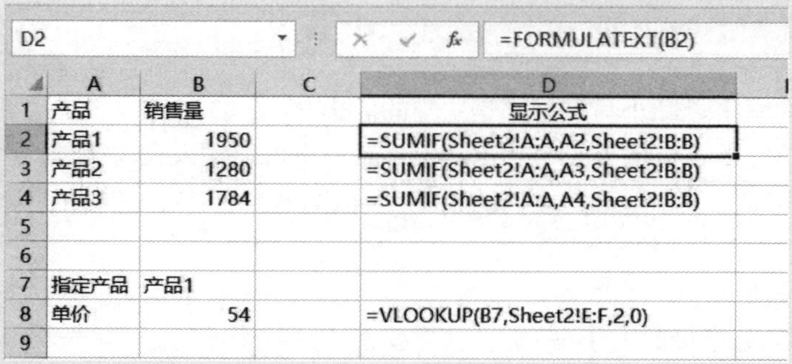

图4-121 利用FORMULATEXT显示公式字符串

4.13.2 真正地隐藏公式

所谓真正隐藏公式，就是在单元格里看不到公式，在公式编辑栏里也看不到公式。要达到这样的目的，需要先在公式所在"设置单元格格式"对话框的"保护"选项中选中"隐藏"复选框(如图4-122所示)，然后再对工作表实施保护。至于如何保护公式，下面将详细介绍其操作步骤。

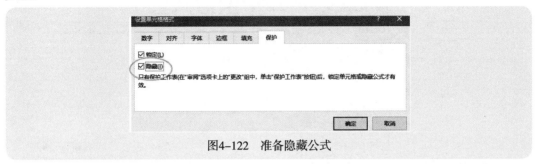

图4-122　准备隐藏公式

4.13.3 保护公式

当辛辛苦苦地将工作表的一些单元格输入好了计算公式后，要注意将公式保护起来(但其他没有公式的单元格不进行保护)；如果需要保密的话，还可以将公式隐藏起来，使任何人看不见单元格的公式。

保护并隐藏公式的具体步骤如下。

步骤 1 选择数据区域。打开"设置单元格格式"对话框，在"保护"选项卡中取消选择"锁定"复选框，如图4-123所示。

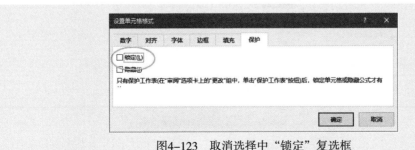

图4-123　取消选择中"锁定"复选框

这一步的操作是为了解除数据区域全部单元格的锁定；否则，当保护工作表后就会保护工作表的全部单元格。

步骤 2 利用"定位条件"对话框选择要保护的有计算公式的单元格区域,即在此对话框中选中"公式"单选按钮,如图4-124所示。

步骤 3 再次打开"设置单元格格式"对话框,在"保护"选项卡中,选中"锁定"复选框。如果要隐藏计算公式,则需要选中"隐藏"复选框,如图4-125所示。

图4-124 选择"公式"

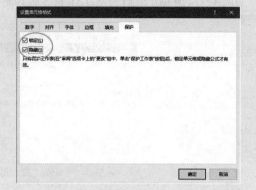

图4-125 再次选择"锁定"(以及/或选择"隐藏")

步骤 4 在"审阅"选项卡中,单击"保护工作表"按钮,打开"保护工作表"对话框,设置保护密码,并进行有关设置,如图4-126所示。

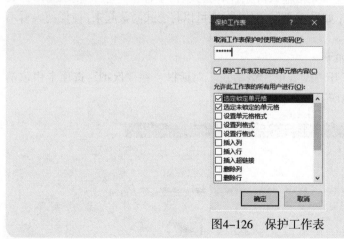

图4-126 保护工作表

这样,就将含有计算公式的所有单元格进行了保护,并且也隐藏了计算公式,任何用户无法操作这些单元格,也看不见这些单元格的计算公式,但其他的单元格还是可以进行正常操作的。

Chapter

05

快速分析

数据透视表入门与基本运用

数据透视表是Excel的一个集成化的高效数据分析工具，用来对表单数据进行快速分类汇总计算，以及对海量的数据进行多维度分析，可以迅速得到需要的分析报表。

数据透视表的使用，不像函数那样烧脑，只需熟练操作就可以了。正因为此，很多人对数据透视表非常喜爱。随着Excel版本的不断升级，数据透视表的功能越来越完善，操作起来也越来越方便。

本章将对数据透视表的基本制作方法和主要数据分析技能做个基本的介绍。

5.1 制作数据透视表的准备工作

不是随便一个表格就可以制作数据透视表的，因为数据透视表的核心是数据库，也就是说，基础数据必须标准化、规范化，这在本书的第 1 章、第 2 章和第 3 章都已经详细介绍过了。因此，在制作数据透视表之前，首先检查基础数据是否满足这样的要求。

5.1.1 表格结构是否规范

首先看表格结构。是否有合并单元格？是否有空行？是否有多行标题、多列标题？是否有小计行和总计行？是否有几种类型数据保存在一个单元格的情形？等等，如果有，先整理再说。

5.1.2 表格数据是否规范

再看表格里的数据。是否有非法日期？是否有文本型数字表示的数量和金额？是否有特殊字符？是否有不必要的空格？是否有不规范的表达方式？单元格里是否有换行符？等等，如果有，请先整理再说。

关于数据的整理，第3章已经做了详细的介绍，请回看该章的内容。

当基础数据整理好后，就可以创建数据透视表，对数据进行快速汇总和分析了。

5.2 制作数据透视表的基本方法

创建数据透视表的方法要依据数据源的不同，而采用不同的方法和技能。一般情况下，是对一个表格数据进行透视分析，本节主要介绍这种情况。

5.2.1 基于固定不变的数据区域制作数据透视表

如果要制作的数据表是一个行列固定不变的数据区域，那么制作透视表是非常简单的，只需单击"插入"→"数据透视表"按钮即可，如图5-1所示。

图5-1 "数据透视表"按钮

下面以一个实际数据分析的例子，来说明数据透视表的制作步骤和技巧。

案例5-1

图5-2所示是一个各家店铺5月份4大品牌手机销售数据，现在要求统计每家店铺、每个品牌手机的销量合计和金额合计。

	A	B	C	D	E	F	G	H
1	日期	店铺	品牌	价位	制式	销售量	单价	金额
2	2018-5-1	西单店	APPLE	2000以上	联通	100	6666	666,600.00
3	2018-5-1	东城店	SAMSUNG	500-1000	移动	343	800	274,400.00
4	2018-5-1	中关村店	APPLE	1000-2000	联通	30	1875	56,250.00
5	2018-5-1	东城店	MI	500-1000	移动	343	800	274,400.00
6	2018-5-1	通州店	MI	1000-2000	联通	800	1888	1,510,400.00
7	2018-5-1	望京店	MI	2000以上	移动	54	1875	101,250.00
8	2018-5-1	中关村店	HUAWEI	500以下	移动	321	488	156,648.00
9	2018-5-1	东城店	HUAWEI	1000-2000	移动	40	800	32,000.00
10	2018-5-1	宣武店	APPLE	2000以上	联通	800	1888	1,510,400.00
11	2018-5-1	宣武店	APPLE	1000-2000	电信	800	1888	1,510,400.00
12	2018-5-1	宣武店	APPLE	2000以上	联通	800	1888	1,510,400.00
13	2018-5-1	海淀店	SAMSUNG	1000-2000	联通	543	1888	1,025,184.00
14	2018-5-2	通州店	MI	1000-2000	联通	800	1888	1,510,400.00
15	2018-5-2	海淀店	SAMSUNG	1000-2000	移动	800	1888	1,510,400.00
16	2018-5-2	东城店	MI	500-1000	移动	40	800	32,000.00
17	2018-5-2	中关村店	APPLE	1000-2000	联通	30	1875	56,250.00

店铺月报

图5-2 店铺销售月报数据

创建数据透视表的基本步骤如下。

步骤① 单击数据区域的任一单元格。

注意：不要选择整列！尽管这种做法不影响基本汇总计算，但是会带来很多麻烦。比如，汇总字段会不是求和而是计数,不得不手工再设置为求和;字段会出现"空白"项目,很难看;当数据量大时,这种透视计算是非常慢的。

养成好习惯!单击数据区域的任一单元格就行了。Excel比你想象的要智能得多,它会自动选择数据区域。

步骤② 单击"插入"→"数据透视表"按钮,打开"创建数据透视表"对话框,如图5-3所示。从中可以看到,Excel自动选择了整个数据区域。

注意:如果数据表中有空行,那么就会选到空行位置,不再往下选择数据区域了。这就是要删除空行的原因。

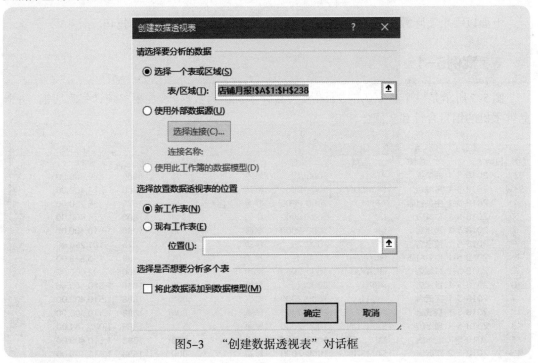

图5-3 "创建数据透视表"对话框

步骤③ 选中"新工作表"单选按钮。

注意:数据透视表是汇总分析报告,而制作数据透视表的表格是基础数据表,一般情况下,这两个表不要放在一张表上,因此要选择"新工作表"。

步骤④ 单击"确定"按钮,就自动插入了一个新工作表,并创建数据透视表,如图5-4所示。

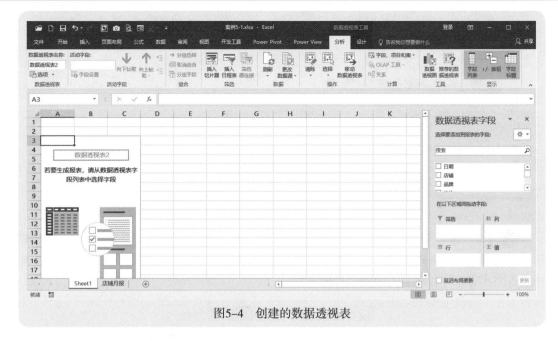

图5-4 创建的数据透视表

5.2.2 基于动态变化的数据区域制作数据透视表

如果要制作数据透视表的原始数据区域是变化的，也就是说，以后可能会增加或减少数据，那么就需要从根本上解决数据增加或减少后，数据透视表数据源的自动调整问题。解决这个问题的方法有很多种，例如使用智能表格、使用现有连接工具、使用普通的Query工具、使用动态名称，使用Power Query工具，其中最高效的方法是使用OFFSET函数定义动态名称。然后以这个动态名称制作数据透视表。主要方法和步骤如下。

步骤① 首先定义一个动态名称Data，其引用公式如下（这里假设数据区域是从A1单元格开始保存的）：

=OFFSET($A$1,,,COUNTA($A:$A),COUNTA($1:$1))

定义名称的方法是：单击"公式"→"定义名称"按钮(如图5-5所示)，打开"新建名称"对话框，在"名称"文本框中输入Data，在"引用位置"文本框中输入，如图5-6所示公式，然后单击"确定"按钮即可。

注意，这个名称公式仅仅适用于数据从工作表的A1单元格开始保存，表格数据区域之外没有垃圾数据。也就是说，这个工作表是一个干干净净的基础表单。

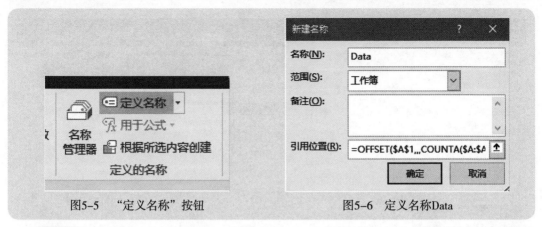

图5-5　"定义名称"按钮	图5-6　定义名称Data

步骤 2 选中任一空白单元格,单击"插入"→"数据透视表"按钮,打开"创建数据透视表"对话框,选中"选择一个表或区域"单选按钮,在其下方的"表/区域"文本框中输入刚才定义的名称Data,如图5-7所示。

图5-7　使用动态名称创建数据透视表

步骤 3 单击"确定"按钮,就完成了以动态名称制作的数据透视表。

案例5-2

如图5-8所示模拟数据,目前只有6行5列。考虑到数据的增减问题,定义一个动态名称Data(公式如上),并以此动态名称制作数据透视表,进行布局,得到按日汇总报表,如

图5-9所示。

图5-8 原始数据区域，只有6行5列数据

图5-9 以原始的6行5列数据制作的透视表

过了几天，数据发生了变化，增加了4行，同时又增加了"毛利"一列，如图5-10所示。

	A	B	C	D	E	F
1	日期	客户	产品	销量	销售额	毛利
2	2018-5-1	客户A	产品1	100	12,568.23	5,515.76
3	2018-5-1	客户B	产品2	59	3,868.58	1,171.36
4	2018-5-2	客户B	产品1	229	28,781.25	13,349.82
5	2018-5-8	客户C	产品1	866	108,840.87	44,431.89
6	2018-5-10	客户A	产品2	384	25,178.55	11,704.48
7	2018-5-11	客户D	产品3	294	586,883.00	227,575.42
8	2018-5-11	客户C	产品2	298	19,539.61	8,098.49
9	2018-5-12	客户C	产品3	266	586,883.00	187,550.44
10	2018-5-13	客户A	产品1	120	15,081.88	7,016.59
11						

图5-10 数据的行和列都增加了数据

那么，在数据透视表中单击鼠标右键，在弹出的快捷菜单中选择"刷新"命令，如图5-11所示。

图5-11 选择"刷新"命令

数据透视表就更新为如图5-12所示的情形。

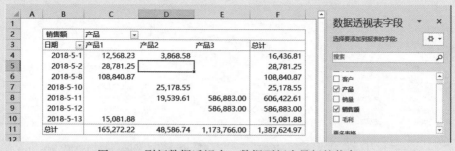

图5-12　刷新数据透视表，数据更新为最新的状态

注意，在右侧的"数据透视表字段"窗格里，出现了一个新的字段"毛利"，将该字段拖放到数据透视表中，就得到了如图5-13所示的报表。

日期	产品1 销售额	产品1 毛利	产品2 销售额	产品2 毛利	产品3 销售额	产品3 毛利	销售额汇总	毛利汇总
2018-5-1	12,568.23	5,736.47	3,868.58	1,940.35			16,436.81	7,676.82
2018-5-2	28,781.25	12,757.08					28,781.25	12,757.08
2018-5-8	108,840.87	36,526.93					108,840.87	36,526.93
2018-5-10			25,178.55	10,737.98			25,178.55	10,737.98
2018-5-11			19,539.61	7,469.96	586,883.00	241,545.34	606,422.61	249,015.29
2018-5-12					586,883.00	279,750.37	586,883.00	279,750.37
2018-5-13	15,081.88	6,121.76					15,081.88	6,121.76
总计	165,272.22	61,142.24	48,586.74	20,148.30	1,173,766.00	521,295.71	1,387,624.97	602,586.24

图5-13　汇总销售额和毛利

5.3　数据透视表的结构与术语

数据透视表背后是数据库的概念，数据库中又有字段和项目两个概念，那么，数据透视表与普通的报表有什么不同和联系？什么是字段？什么是项目？

5.3.1　"数据透视表字段"窗格

当创建数据透视表后，会在工作表的右侧出现一个"数据透视表字段"窗格，如图5-14所示。在默认情况下，这个窗格分为5部分，分别是字段列表、筛选、行、列、值。也可以重新布局这个窗格，方法是：单击 下拉按钮，在弹出的下拉列表中选择某种窗格布局方式，如图5-15所示。新的窗格布局如图5-16所示。

图5-14 "数据透视表字段"窗格　图5-15 重新布局窗格结构　图5-16 新的窗格布局

- "数据透视表字段"窗格各部分的功能说明如下。
- 字段列表：列示数据源中所有的字段名称，也就是数据区域的列标题。如果用户定义了计算字段，也出现在此列表中。
- 筛选：俗称页字段，用于对整个透视表进行筛选。
- 列：又称列字段，用于在列方向布局字段的项目，也就是制作报表的列标题。
- 行：又称行字段，用于在行方向布局字段的项目，也就是制作报表的行标题。
- 值：又称值字段，用于汇总计算指定的字段。默认情况下，如果是数值型字段，汇总计算方式是求和；如果是文本型字段，汇总计算方式是计数。

5.3.2 "数据透视表字段"窗格与普通报表的对应关系

"数据透视表字段"窗格各部分与普通报表的对应关系如图5-17所示。

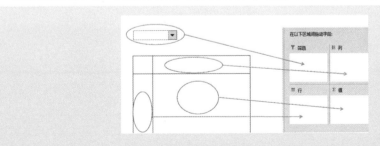

图5-17 数据透视表字段窗格与普通报表的对应关系

5.3.3　字段、项目和记录

字段是指原始数据表中的列数据,每列是一个字段,每个字段保存同一种类型的数据。凡是字段,不论是原始字段还是自定义字段,都会出现在数据透视表的字段列表中。

项目是字段下的成员,它会重复地保存在某列的各个单元格中。例如一个字段叫"性别",它下面就有两个项目:"男"和"女"。

记录就是数据表中的行数据,一行就是一个记录。

5.4　布局数据透视表

创建数据透视表是万里长征的第一步。创建数据透视表的目的,是要制作需要的汇总分析报表,这就需要学会布局数据透视表,所谓谋篇布局是也。

很多人会创建数据透视表,也会拖放字段,但拖来拖去的,最后得到的报表连自己都不知道要表达什么了。

数据透视表的核心是布局,但是如何布局? 什么字段放到什么位置? 如何快速进行布局? 这些问题必须想明白。

5.4.1　布局的基本方法

布局数据透视表的基本方法,是在字段列表中使用鼠标按住某个字段,将其拖放到某个小窗格中如图5-18所示,就是案例5-1创建的数据透视表的基本布局。

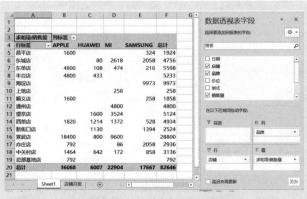

图5-18　拖放字段进行布局

5.4.2 布局的快速方法

也可以在字段列表中直接勾选某个字段，进行快速布局。

● 如果是文本型字段，会自动跑到"行"栏中。

● 如果是数值型字段，会自动跑到"值"栏中。

但无论是什么字段，勾选后都不会跑到"列"栏内。如果想在"列"栏中布局字段，只有一个办法，那就是"拖"。

5.4.3 存在大量字段时如何快速找出某个字段

如果数据表有大量的字段，从数据透视表字段列表中滚动查找某个字段是非常不方便的。此时可以利用数据透视表的"搜索"功能，即在"搜索"栏中输入字段名称或关键词，就会出现该字段，如图5-19所示。接下来，将该字段拖放到指定区域即可。

图5-19　搜索字段名称或关键字，快速选择字段

5.4.4 直接套用常见的数据透视表布局

如果已经创建了数据透视表，觉得布局起来比较麻烦，可以直接套用Excel给出的常见报表结构。单击"分析"→"推荐的数据透视表"，按钮如图5-20所示，打开"推荐的数据透视表"对话框，选择某种满足要求的报表样式即可，如图5-21所示。

图5-20　"推荐的数据透视表"按钮

图5-21　"推荐的数据透视表"报表样式

5.5 数据透视表美化的主要方法

制作的基本数据透视表，无论是外观样式，还是内部结构，都是比较难看的。因此需要进一步设计和美化，包括设计报表样式、设置报表显示方式、设置字段、合并单元格、修改名称、项目排序等。

5.5.1 设计透视表的样式

制作的基本数据透视表，样式是非常难看的，如图5-22所示。这样的报表最好不要拿给领导看，因为领导会说，这个表怎么这么难看，能美化一下吗？你说，领导啊，你不懂，透视表就是这个样子的。这下你就玩完了！

行标签	APPLE 求和项:销售量	求和项:金额	HUAWEI 求和项:销售量	求和项:金额	MI 求和项:销售量	求和项:金额	SAMSUNG 求和项:销售量	求和项:金额	求和项:销售量
昌平店	1600	3020800					324	607500	
东城店			80	64000	2618	2094400	2058	1646400	
东单店	4800	9062400	108	202500	474	888750	216	405000	
丰台店	4800	9062400	433	211304					
海淀店							9973	18829024	
上地店					258	206400			
顺义店	1600	3020800					258	206400	
通州店					4800	9062400			
望京店			1600	3020800	3524	6649100			
西单店	1820	12132120	1214	4068448	1372	1097600	528	3519648	
新街口店			1130	2182432			1394	3942256	
宣武店	18400	34739200	800	1510400	9600	18124800			2
亦庄店	792	5279472			86	68800	2058	1646400	
中关村店	1464	964092	642	313296	172	137600	858	4206000	
总部基地店	792	5279472							
总计	36068	82560756	6007	11573180	22904	38329850	17667	35008628	8

图5-22　基本的数据透视表，样子很难看

美化的第一步，是设置数据透视表的样式，从数据透视表样式集中选择一个样式即可。数据透视表样式集位于"数据透视表工具"下的"设计"选项卡中，如图5-23所示。

图5-23　数据透视表样式集

可以从样式集中选择一个喜欢的样式。不过一般情况下，这些样式都不怎么美观，尤其是要把汇总报告粘贴到PPT上的话，这样的报表样式就更难看了。此时，可以清除样式，或者自己设计个性化的样式，如图5-24所示。

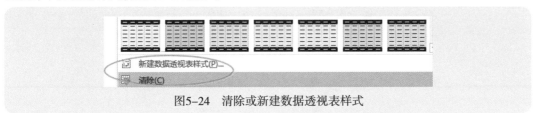

图5-24　清除或新建数据透视表样式

图5-25所示就是清除数据透视表样式后的报表，看起来是不是干净清晰多了？

图5-25 清除数据透视表样式后的报表

5.5.2 设计报表布局

你是否发现了这样一个问题? 上述报表的列标题和行标题是诸如"列标签""行标签"这样的字样, 如果在行区域内放置两个以上字段时, 这几个字段并没有分列保存, 而是被保存到了一列中, 但呈现树状结构的布局, 如图5-26所示。这是怎么回事呢?

图5-26 行区域内有多个字段时, 这些字段数据都被保存到了一列内

其实,这并不奇怪,因为这是默认的数据透视表布局结构:压缩形式。由于是压缩形式显示的报表,所有字段被压缩到了一列或一行内,数据透视表也就无法给定一个明确的行标题或者列标题了,所以就叫"行标签""列标签"吧。

数据透视表的布局有以下三种情况:

- 以压缩形式显示。
- 以大纲形式显示。
- 以表格形式显示。

设置报表布局是通过在"设计"选项卡中单击"报表布局"下拉按钮,在弹出的下拉列表中选择相应的命令完成的,如图5-27所示。

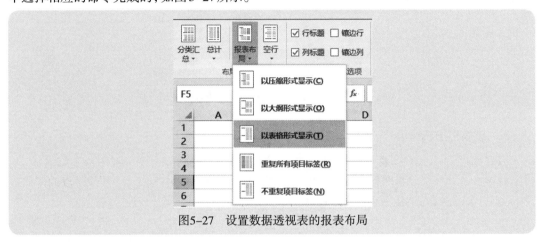

图5-27 设置数据透视表的报表布局

1. 以压缩形式显示

在默认情况下,数据透视表的布局方式是压缩形式,即如果有多个行字段,就会被压缩在一列里显示,此时最明显的标志就是行字段和列字段并不是真正的字段名称,而是默认的"行标签""列标签"。这种压缩布局方式,在列字段较少(比如仅仅两个字段)的情况下是很直观的,因为它是通过一种树状结构来显示各层的关系;如果列字段较多,这种布局就显得非常乱了。

2. 以大纲形式显示

以大纲形式显示的报表,会将多个列字段分成几列显示,同时其字段名称不再是默认的"列标签"和"行标签",而是具体的字段名称,但每个字段的分类汇总(也就是常说的小计)会显示在该字段的顶部,如图5-28所示。

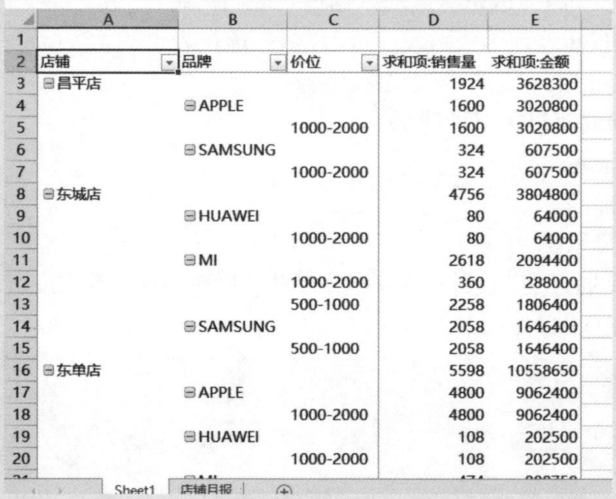

图5-28　以大纲形式显示的报表

3. 以表格形式显示

以表格形式显示的报表,就是经典的数据透视表格式,会将多个列字段分成几列显示,同时字段名称不再是默认的"列标签"和"行标签",而是具体的字段名称,但每个字段的分类汇总(也就是常说的小计)会显示在字段的底部,如图5-29所示。

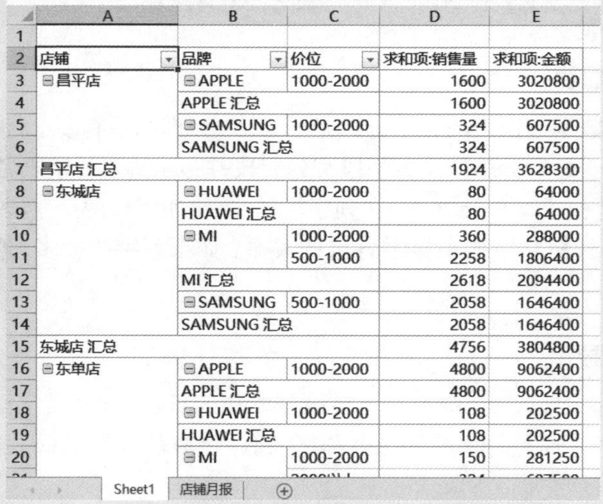

图5-29　以表格形式显示的报表

5.5.3 修改字段名称

当把数据透视表的报表布局设置为"以大纲形式显示"或者"以表格形式显示"后，所有的行字段和列字段名称都恢复了默认的名字，但是值字段的名称会是诸如"计数项:***""求和项:***"这样的名字，非常难看，需要进行修改。

修改字段名称的方法很简单：在单元格中直接修改即可。

但需要注意的是，修改后的新名称不能与原有字段名称重名。如果非要使用原来的字段名称，不妨把"求和项:"或"计数项:"替换为一个空格，这样外表上看起来似乎还是原来的字段名称，其实每个字段名称前已经有了一个空格，这样修改后的名称就与原名称不一样了。

如图5-30所示是修改值字段名称后的效果。

	A	B	C	D	E
1					
2	店铺	品牌	价位	销售量	金额
3	昌平店	APPLE	1000-2000	1600	3020800
4		APPLE 汇总		1600	3020800
5		SAMSUNG	1000-2000	324	607500
6		SAMSUNG 汇总		324	607500
7	昌平店 汇总			1924	3628300
8	东城店	HUAWEI	1000-2000	80	64000
9		HUAWEI 汇总		80	64000
10		MI	1000-2000	360	288000
11			500-1000	2258	1806400
12		MI 汇总		2618	2094400
13		SAMSUNG	500-1000	2058	1646400
14		SAMSUNG 汇总		2058	1646400
15	东城店 汇总			4756	3804800
16	东单店	APPLE	1000-2000	4800	9062400
17		APPLE 汇总		4800	9062400
18		HUAWEI	1000-2000	108	202500
19		HUAWEI 汇总		108	202500
20		MI	1000-2000	150	281250

Sheet1　店铺月报

图5-30　修改字段名称后的透视表

5.5.4 显示 / 隐藏字段的分类汇总

不论是行字段还是列字段，默认情况下，都会有分类汇总，也就是我们常说的小计。在很多情况下，这样的小计行或者小计列会使报表看起来非常乱，如上面的报表。此时，我们可以设置为不显示这样的分类汇总。

如果仅仅是不显示某个字段的分类汇总，例如不显示品牌的分类汇总，就在字段"品牌"下单击鼠标右键，执行快捷菜单中的"分类汇总"品牌""命令，即可取消该字段的分类汇总，如图 5-31 所示。

如果再次想显示出分类汇总,就在该字段下单击鼠标右键,执行快捷菜单中的"分类汇总"品牌""命令,如图 5-32 所示。

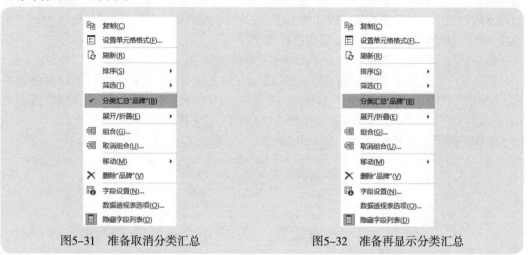

图5-31　准备取消分类汇总　　　　　　　　　　图5-32　准备再显示分类汇总

如果要取消或显示所有字段的分类汇总,就不用这样一个字段一个字段地设置了,除非你不觉得麻烦。此时,可以在"设计"选项卡中单击"分类汇总"下拉按钮,在弹出的下拉列表中选择显示或不显示的命令即可,如图 5-33 所示。

如图 5-34 所示就是取消所有字段的分类汇总后的报表。

图5-33　取消或者显示所有字段的分类汇总　　　　图5-34　取消所有字段的分类汇总

5.5.5 合并标签单元格

例如上面的报表中，你是不是特别想把店铺名称所在的单元格合并起来？没问题，可以满足你。

但是，不能使用普通的方法合并单元格（就是选择单元格区域，单击功能区的"合并后居中"按钮）；再者说了，这么多大小不一的单元格区域都要合并，难道要一个一个地来？

在数据透视表中，可以通过设置数据透视表选项的方法来合并单元格，方法是：在透视表中单击鼠标右键，执行快捷菜单中的"数据透视表选项"命令（如图5-35所示），打开"数据透视表选项"对话框，选中"合并且居中排列带标签的单元格"复选框，如图5-36所示。

图5-35 "数据透视表选项"命令　　　图5-36 "数据透视表选项"对话框

合并标签单元格后的报表如图5-37所示。

图5-37 合并标签单元格后的报表

如图5-38所示，将字段重新调整布局后，合并单元格是不是让报表看得更清楚了？

店铺	APPLE		HUAWEI		MI		SAMSUNG		销售量汇总	金额汇总
	销售量	金额	销售量	金额	销售量	金额	销售量	金额		
昌平店	1600	3020800					324	607500	1924	3628300
东城店			80	64000	2618	2094400	2058	1646400	4756	3804800
东单店	4800	9062400	108	202500	474	888750	216	405000	5598	10558650
丰台店	4800	9062400	433	211304					5233	9273704
海淀店							9973	18829024	9973	18829024
上地店					258	206400			258	206400
顺义店	1600	3020800					258	206400	1858	3227200
通州店					4800	9062400			4800	9062400
望京店			1600	3020800	3524	6649100			5124	9669900
西单店	1820	12132120	1214	4068448	1372	1097600	528	3519648	4934	20817816
新街口店			1130	2182432			1394	3942256	2524	6124688
宣武店	18400	34739200	800	1510400	9600	18124800			28800	54374400
亦庄店	792	5279472			86	68800	2058	1646400	2936	6994672
中关村店	1464	964092	642	313296	172	137600	858	4206000	3136	5620960
总部基地店	792	5279472							792	5279472
总计	36068	82560756	6007	11573180	22904	38329850	17667	35008628	82646	167472414

图5-38　合并标签单元格后重新布局

5.5.6 不显示"折叠/展开"按钮

如果有多个行字段和列字段，外层字段项目的左侧会有默认的"折叠/展开"按钮◻，单击这个按钮，可以很方便地折叠或展开某个项目下的明细。但在大多数情况下，这个按钮的存在，会让报表看着不舒服，不妨将其取消，方法很简单，单击"设计"选项卡下的"+/- 按钮"按钮即可，如图5-39所示。

图5-40所示就是不显示"折叠/展开"按钮后的报表，是不是干净多了？

店铺	品牌	价位	销售量	金额
昌平店	APPLE	1000-2000	1600	3020800
	SAMSUNG	1000-2000	324	607500
	HUAWEI	1000-2000	80	64000
东城店	MI	1000-2000	360	288000
		500-1000	2258	1806400
	SAMSUNG	500-1000	2058	1646400
东单店	APPLE	1000-2000	4800	9062400
	HUAWEI	1000-2000	108	202500
	MI	1000-2000	150	281250
		2000以上	324	607500
	SAMSUNG	1000-2000	216	405000
丰台店	APPLE	1000-2000	4800	9062400
	HUAWEI	500以下	433	211304
海淀店	SAMSUNG	1000-2000	9973	18829024
上地店	MI	500-1000	258	206400
顺义店	APPLE	1000-2000	1600	3020800
	SAMSUNG	500-1000	258	206400
通州店	MI	1000-2000	4800	9062400

图5-39　显示或隐藏字段项目的"折叠/展开"按钮　　图5-40　不显示"折叠/展开"按钮后的报表

5.5.7 对行字段和列字段的项目进行手动排序

在默认情况下,字段的项目都是按照常规次序排序的,这样的次序在大多数情况下并不能满足我们的需求。

案例5-3

图5-41所示是两个分公司各月的管理费用,利用多重合并计算数据区域透视表(后面将进行介绍),对其进行了汇总分析,如图5-42所示。

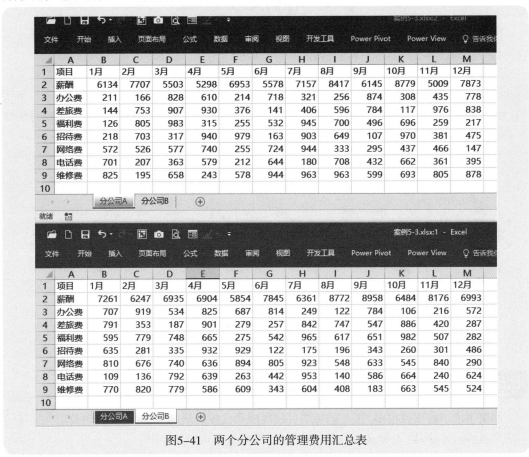

图5-41 两个分公司的管理费用汇总表

⬜	A	B	C	D	E	F	G	H	I	J	K	L	M	N	O
1		分公司	(全部) ▼												
2															
3		金额	月份 ▼												
4		费用 ▼	10月	11月	12月	1月	2月	3月	4月	5月	6月	7月	8月	9月	总计
5		办公费	414	651	1350	918	1085	1362	1435	901	1532	570	378	1658	12254
6		差旅费	1003	1396	1125	935	1106	1094	1831	655	398	1248	1343	1331	13465
7		电话费	1326	601	1019	810	343	1155	1218	475	1086	1133	848	1018	11032
8		福利费	1678	766	499	721	1584	1731	980	530	1074	1910	1317	1147	13937
9		网络费	982	1306	437	1382	1202	1317	1376	1149	1529	1867	881	928	14356
10		维修费	1356	1350	1402	1595	1015	1437	829	1187	1287	1567	1371	782	15178
11		薪酬	15263	13185	14866	13395	13954	12438	12202	12807	13423	13518	17189	15103	167343
12		招待费	1230	682	961	853	984	652	1872	1908	285	1078	845	450	11800
13		总计	23252	19937	21659	20609	21273	21186	21743	19612	20614	22891	24172	22417	259365

图5-42　两个分公司的费用汇总表

但是,在这个透视表中,月份字段下的10月、11月、12月被排到了1月的前面,这样是不合理的。此外,费用项目的次序也是按照拼音排序的。

如果要调整次序的项目不多,可以使用手工方法来调整次序,方法是选择某个项目单元格(或者某几个连续项目单元格区域),把光标对准单元格的边框中间,出现上下左右4个小箭头后,按住左键不放,将该单元格(或单元格区域)拖放到指定的位置。用手工的办法调整月份次序和费用项目次序后的效果如图5-43所示。

⬜	A	B	C	D	E	F	G	H	I	J	K	L	M	N	O
1		分公司	(全部) ▼												
2															
3		金额	月份 ▼												
4		费用 ▼	1月	2月	3月	4月	5月	6月	7月	8月	9月	10月	11月	12月	总计
5		薪酬	13395	13954	12438	12202	12807	13423	13518	17189	15103	15263	13185	14866	167343
6		办公费	918	1085	1362	1435	901	1532	570	378	1658	414	651	1350	12254
7		差旅费	935	1106	1094	1831	655	398	1248	1343	1331	1003	1396	1125	13465
8		福利费	721	1584	1731	980	530	1074	1910	1317	1147	1678	766	499	13937
9		招待费	853	984	652	1872	1908	285	1078	845	450	1230	682	961	11800
10		网络费	1382	1202	1317	1376	1149	1529	1867	881	928	982	1306	437	14356
11		电话费	810	343	1155	1218	475	1086	1133	848	1018	1326	601	1019	11032
12		维修费	1595	1015	1437	829	1187	1287	1567	1371	782	1356	1350	1402	15178
13		总计	20609	21273	21186	21743	19612	20614	22891	24172	22417	23252	19937	21659	259365

图5-43　手工调整项目的位置

5.5.8　对行字段和列字段的项目进行自定义排序

如果字段下的项目很多,手工调整项目的次序是比较麻烦的,此时可以使用自定义排序的方法来进行。方法是:先定义一个自定义序列,然后进行自定义排序。

案例5-4

图5-44所示就是一个例子，利用多重合并计算数据区域透视表把两年的费用汇总分析，在得到的透视表中，费用项目的次序已经不是原来的规定次序了，由于项目比较多，而且企业经常要做这样的统计分析，因此最好的办法是进行自定义排序。

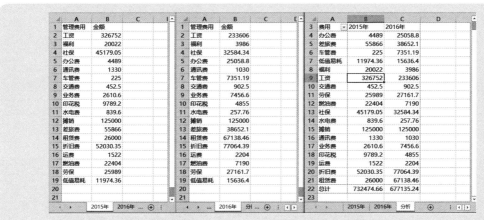

图5-44　透视表中费用项目的次序混乱

步骤1　先定义一个自定义序列，方法如下。

（1）打开"Excel选项"对话框。

（2）切换到"高级"选项卡，找到"编辑自定义列表"按钮，如图5-45所示。

图5-45　"Excel选项"对话框里的"编辑自定义列表"按钮

(3)单击"编辑自定义列表"按钮,打开"选项"对话框,然后把光标移到右下角的"从单元格中导入序列"文本框中,从基础表格中引用项目名称区域,再单击"导入"按钮,将该项目序列导入到Excel的"自定义序列"列表框中,最后单击2次"确定"按钮,关闭"选项"对话框和"Excel选项"对话框,如图5-46所示。

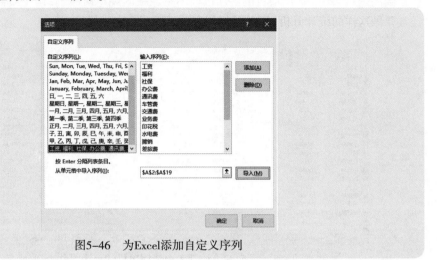

图5-46 为Excel添加自定义序列

步骤2 在字段"费用"一列单击鼠标右键,执行快捷菜单中的"排序"→"其他排序选项"命令,打开"排序(费用)"对话框,选中"升序排序(A到Z)依据"单选按钮,如图5-47所示。

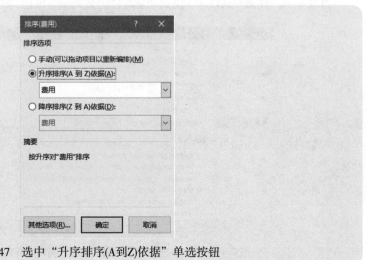

图5-47 选中"升序排序(A到Z)依据"单选按钮

步骤③ 单击该对话框左下角的"其他选项"按钮，打开"其他排序选项（费用）"对话框，取消选中"每次更新报表时自动排序"复选框，并从"主关键字排序次序"下拉列表中选择刚才定义的序列，同时选中"字母排序"单选按钮，如图5-48所示。

步骤④ 依次单击"确定"按钮，关闭"其他排序选项（费用）"对话框和"排序（费用）"对话框，就得到了按照规定次序排序的数据透视表，如图5-49所示。

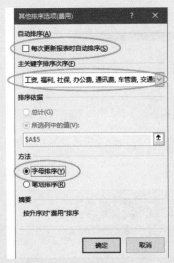

⬚	A	B	C
3	费用 ▼	2015年	2016年
4	工资	326752	233606
5	福利	20022	3986
6	社保	45179.05	32584.34
7	办公费	4489	25058.8
8	通讯费	1330	1030
9	车管费	225	7351.19
10	交通费	452.5	902.5
11	业务费	2610.6	7456.6
12	印花税	9789.2	4855
13	水电费	839.6	257.76
14	摊销	125000	125000
15	差旅费	55866	38652.1
16	租赁费	26000	67138.46
17	折旧费	52030.35	77064.39
18	运费	1522	2204
19	燃油费	22404	7190
20	劳保	25989	27161.7
21	低值易耗	11974.36	15636.4
22	总计	732474.66	677135.24

图5-48 取消自动排序，并选择自定义序列　　图5-49 按照规定的次序排序后的透视表

✋ 说明

　　一旦在Excel里添加了自定义序列，那么这个序列将永远存在，也就是说，任何一个工作表都可以使用这个序列进行自定义排序，也可以使用这个自定义序列快速填充输入数据。

5.5.9 设置值字段的汇总依据

　　在默认情况下，如果是数值型字段，值汇总依据是求和；如果是文本型字段，值汇总依据是计数。

　　但是，如果某列是数值型字段，但该列存在空单元格，那么透视表自动把该字段汇总依据设置为计数。因为当某列存在空单元格时，透视表会认为该列是文本数据字段。此时，就需要重新设置值字段的汇总依据了。

　　方法很简单，在该字段位置单击鼠标右键，在弹出的快捷菜单中选择"值汇总依据"命令，在弹出的子菜单中选择相应的命令，如图5-50所示；或者在快捷菜单中选择"值字段设置"命令,在弹出的"值字段设置"对话框中进行设置,如图5-51所示。

图5-50 "值汇总依据"命令

图5-51 "值字段设置"对话框

5.6 数据透视表分析数据的主要技能

对数据进行汇总计算,仅仅是数据透视表的最基本功能。数据透视表的更大用途是对数据做各种分析,快速得到各种维度和各种角度的分析报告。

数据透视表分析数据的主要技能如下。

- 排序和筛选。
- 设置字段的显示方式。
- 设置字段的值汇总依据。
- 组合字段项目。
- 添加自定义计算字段。
- 添加自定义计算项。
- 利用切片器快速筛选数据。

5.6.1 排序和筛选数据:找出最好或最差的前 N 个项目

领导发话了,把一季度销售额最大的前10大客户找出来。现在的情况是,你拿到的是从软件导出的一季度销售流水。如何在1分钟内完成这个报告?

案例5-5

图5-52所示是从K3导出的一季度销售流水，完成上面领导布置的任务。

	A	B	C	D	E	F	G	H	I
1	客户简称	业务员	月份	存货编码	存货名称	销量	销售额	销售成本	毛利
2	客户01	业务员16	1月	CP001	产品1	34364.11	3391105	419180.3	2971924
3	客户02	业务员13	1月	CP002	产品2	28439.11	134689.4	75934.81	58754.63
4	客户02	业务员06	1月	CP003	产品3	3517.504	78956.36	51064	27892.36
5	客户02	业务员21	1月	CP004	产品4	4245.207	50574.5	25802.04	24772.46
6	客户03	业务员23	1月	CP002	产品2	107405.7	431794.7	237103.1	194691.7
7	客户03	业务员15	1月	CP001	产品1	1675.749	122996	20700.43	102295.6
8	客户04	业务员28	1月	CP002	产品2	42031.78	114487	78619.98	35866.99
9	客户05	业务员10	1月	CP002	产品2	14307.61	54104.93	30947.31	23157.62
10	客户06	业务员02	1月	CP002	产品2	3897.948	10284.91	7223.491	3061.415
11	客户06	业务员06	1月	CP001	产品1	987.1235	69982.55	16287.54	53695.02
12	客户06	业务员22	1月	CP003	产品3	168.2022	5392.07	2285.285	3106.786
13	客户06	业务员05	1月	CP004	产品4	652.7875	10016.08	4388.182	5627.898
14	客户07	业务员02	1月	CP002	产品2	270235.4	1150726	696943.4	453782.9
15	客户07	业务员05	1月	CP001	产品1	13962.71	1009456	202278	807177.7
16	客户07	业务员17	1月	CP003	产品3	1406.92	40431.45	12396.97	28034.47
17	客户07	业务员07	1月	CP004	产品4	3410.999	57944.38	17055	40889.38
18	客户08	业务员21	1月	CP002	产品2	74811.4	271060.5	215481	55579.41
19	客户08	业务员06	1月	CP001	产品1	1769.241	107495.1	17299.24	90195.83
20	客户09	业务员26	1月	CP002	产品2	6068.804	27297.7	18223.36	9074.34

图5-52　一季度销售数据

步骤① 首先制作一个数据透视表，进行布局并美化，得到如图5-53所示结果。

步骤② 在"销售额"列中单击鼠标右键，在弹出的快捷菜单中选择"排序"→"降序"命令，将各个客户的销售额从大到小排序，如图5-54所示。

	A	B	C	D
1		客户简称	销售额	
2		客户01	3391105	
3		客户02	803951	
4		客户03	914395	
5		客户04	188170	
6		客户05	54105	
7		客户06	279280	
8		客户07	4424090	
9		客户08	636216	
10		客户09	179433	
11		客户10	848793	
12		客户11	604478	
13		客户12	2097157	
14		客户13	56822	
15		客户14	251802	
16		客户15	23325	
17		客户16	760020	

图5-53　按客户汇总销售额

图5-54　对销售额降序排序

步骤 ③ 在"客户"列中，单击鼠标右键，在弹出的快捷菜单中选择"筛选"→"前10个"命令，如图5-55所示。

步骤 ④ 打开"前10个筛选"对话框，设置各个选项，如图5-56所示。

图5-55 "前10个"命令 　　　　图5-56 筛选前10个命令和对话框

这样，就得到了如图5-57所示的销售额前10大客户报表。

图5-57 销售额前10大客户

如果再以该数据绘制柱形图，则分析报表就更完美了，如图5-58所示。

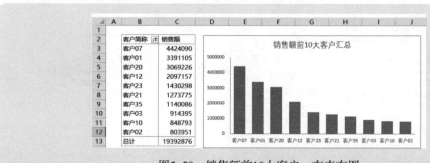

图5-58 销售额前10大客户：有表有图

5.6.2 设置字段显示方式，制作结构分析报表

案例5-6

那么，领导又会问了，客户07销售额排名第一，它的销售额占总销售额的比例是多少？你该不会在透视表外面做一个占比计算公式往下拉吧？

这样的分析报表，可以使用字段显示方式的功能来快速完成。

主要步骤如下。

步骤① 向值区域中拖放两个销售额，并进行降序排序，得到如图5-59所示的基本数据透视表。

图5-59 基本数据透视表，向值区域拖放两个"销售额"

步骤② 在第2个销售额列单击鼠标右键，在弹出的快捷菜单中选择"值显示方式"→"列汇总的百分比"命令，如图5-60所示。

图5-60 设置第2个销售额的显示方式为"列汇总的百分比"

这样，数据透视表就变为了如图5-61所示的情形，最后再修改字段名称即可。

客户简称	求和项:销售额	求和项:销售额2
客户07	4424089.66	16.92%
客户01	3391104.70	12.97%
客户20	3069226.27	11.74%
客户12	2097157.48	8.02%
客户23	1430298.21	5.47%
客户21	1273775.39	4.87%
客户35	1140085.87	4.36%
客户03	914394.79	3.50%
客户10	848793.06	3.25%
客户02	803950.77	3.07%
客户16	760929.80	2.91%
客户29	654604.29	2.50%
客户08	636215.73	2.43%
客户11	604478.08	2.31%

前10大客户　客户销售占比

图5-61　计算出每个客户销售额的占比

现在，你可以告诉领导，销售额排名第一的客户是“客户07”，销售额为442.4万元，占销售总额的16.92%。

但是，不要认为事情到此就结束了。领导还会继续问，销售合计达销售总额60%的是哪些客户？

这是难不倒你的。再往值区域拖放一个销售额，将其显示方式设置为“按某一字段汇总的百分比”，并修改字段名称，就得到如图5-62所示的报表。

现在你可以告诉领导，前6个客户的销售总额已经占了公司销售总额的60%左右。

客户简称	销售额	占比	累计占比
客户07	4424089.66	16.92%	16.92%
客户01	3391104.70	12.97%	29.89%
客户20	3069226.27	11.74%	41.63%
客户12	2097157.48	8.02%	49.65%
客户23	1430298.21	5.47%	55.12%
客户21	1273775.39	4.87%	59.99%
客户35	1140085.87	4.36%	64.35%
客户03	914394.79	3.50%	67.85%
客户10	848793.06	3.25%	71.10%
客户02	803950.77	3.07%	74.17%
客户16	760929.80	2.91%	77.08%
客户29	654604.29	2.50%	79.58%
客户08	636215.73	2.43%	82.02%
客户11	604478.08	2.31%	84.33%

前10大客户　客户销售占比

图5-62　设置第3个销售额的显示方式为“按某一字段汇总的百分比”

领导又会问，这个报表看起来还是不方便，能不能对每个客户进行排名？也就是对每个客户做一个排名序号？

这个就稍微有那么点复杂了，因为要用到自定义计算字段(后面要讲)。

单击"分析"→"字段、项目和集"下拉按钮，在弹出的下拉列表中选择"计算字段"命令，打开"插入计算字段"对话框，在"名称"文本框中输入"排名"，在"公式"文本框中输入"=1"，如图5-63所示。

图5-63 为透视表插入一个计算字段"排名"

单击"确定"按钮，数据透视表就变为如图5-64所示的样子了。

图5-64 插入了计算字段"排名"后的透视表

将字段名称"求和项:排名"修改为"排名",并将其显示方式设置为"按某一字段汇总",这样就大功告成了,如图5-65所示。

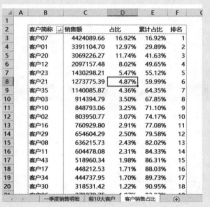

图5-65　为每个客户做了排名序号

5.6.3 设置字段的分类汇总依据:制作不同计算结果的报表

HRD问你,马上分析下这个月的工资表,每个部门的员工人数是多少? 人均工资是多少? 最低工资是多少? 最高工资又是多少? 你会花多长时间来制作这样的报表?

案例5-7

图5-66所示是一份工资表数据,领导的要求已经摆上了台面,就看你怎么快速、准确地完成了。

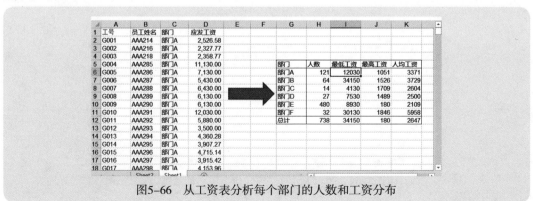

图5-66　从工资表分析每个部门的人数和工资分布

步骤①　以工资表创建一个数据透视表，进行基本的布局，其中，在值区域拖放1个"员工姓名"和3个"应发工资"，并进行美化，如图5-67所示。

	A	B	C	D	E	F
1						
2						
3		部门 ▼	计数项:员工姓名	求和项:应发工资	求和项:应发工资2	求和项:应发工资3
4		部门A	121	407840.41	407840.41	407840.41
5		部门B	64	238627.04	238627.04	238627.04
6		部门C	14	36452.58	36452.58	36452.58
7		部门D	27	67504.12	67504.12	67504.12
8		部门E	480	1012343.02	1012343.02	1012343.02
9		部门F	32	190653.82	190653.82	190653.82
10		总计	738	1953420.99	1953420.99	1953420.99
11						

图5-67　基本的数据透视表

步骤②　在第1个"应发工资"列中单击鼠标右键，在弹出的快捷菜单中选择"值汇总依据"→"最大值"命令（如图5-68所示），那么就把这个销售额的计算依据修改为最大值的计算。

图5-68　设置字段的汇总依据

步骤③　采用相同的设置方法，将第2个和第3个应发工资的汇总依据分别设置为"最小值"和"平均值"。这样，就得到了如图5-69所示的报表。

	A	B	C	D	E	F
1						
2						
3		部门 ▼	计数项:员工姓名	最大值项:应发工资	最小值项:应发工资2	平均值项:应发工资3
4		部门A	121	12030	1051.33	3370.581901
5		部门B	64	34150	1526	3728.5475
6		部门C	14	4130	1708.52	2603.755714
7		部门D	27	7530	1488.97	2500.152593
8		部门E	480	8930	180.34	2109.047958
9		部门F	32	30130	1846.13	5957.931875
10		总计	738	34150	180.34	2646.911911
11						

图5-69　初步完成的分析报告

步骤④ 最后修改字段名称，设置数字格式，最终的分析报告就完成了，如图5-70所示。这种操作，前后不到30秒。

图5-70　最终完成的分析报告

5.6.4　组合字段项目：制作更有深度的分析报告

总经理说，小白，从软件中把去年销售明细导出来，按月汇总每个月的销售额，然后跟今年每个月做个同比分析。你会怎么动手？

HRM说，小黑，分析下每个部门的员工，在每个年龄段的人数是多少，我现在就要看这个数字。你心里会怎么想？

类似这样的问题，使用数据透视表来解决易如反掌，动动鼠标即可完成。下面结合两个实际案例，来说明这样的报表如何制作。

案例5-8

图5-71所示是一份全年销售明细数据，现在要制作季度、月度的汇总表。

图5-71　从日期流水明细表制作季度、月度汇总表

这个报表的制作很简单，首先以原始数据制作一个基本透视表，并做基本的美化，如图5-72所示。

	A	B	C	D	E	F	G	H
1								
2		求和项:销售额	商品					
3		日期	冰箱	彩电	电脑	空调	相机	总计
4		2017-1-12	209242	179869	35732		64907	489750
5		2017-1-13		127265	100195	170631	130380	528471
6		2017-1-17	39030			199412		238442
7		2017-1-18	159095	113042		103673		375810
8		2017-1-21	75127	169198	39352	121897	146681	552255
9		2017-1-22	157844	161368		212899		532111
10		2017-2-12	120214	138243	20507	225725	178468	683157
11		2017-2-18	273588	75569		133568		482725
12		2017-2-19	37245	31099		265567		333911
13		2017-2-22	301260	289114	132063	56455	133096	911988
14		2017-2-23	287925			93286		381211
15		2017-2-24				252230		252230
16		2017-2-26		137284	134859		51146	323289
17		2017-3-1	224761	216358	96679	206092	121921	865811
18		2017-3-2		213023	74683		208402	496108
19		2017-3-3	412761	263790		355230		1031781
20		2017-3-4	92940	171891	221210	77624	139329	702994

Sheet2 Sheet1

图5-72 按日期和商品分类汇总

在日期列里单击鼠标右键，执行快捷菜单中的"组合"命令（如图5-73所示），打开"组合"对话框，从"步长"列表框中选择"月"和"季度"，其他保持默认，如图5-74所示。

图5-73 "组合"命令

图5-74 选择"月"和"季度"

单击"确定"按钮，就得到了需要的报表，如图5-75所示。

	A	B	C	D	E	F	G	H	I
2	求和项:销售额		商品						
3	季度		日期	冰箱	彩电	电脑	空调	相机	总计
4	⊟第一季		1月	640338	750742	175279	808512	341968	2716839
5			2月	1020232	671309	287429	1026831	362710	3368511
6			3月	730462	865062	392572	638946	469652	3096694
7	第一季 汇总			2391032	2287113	855280	2474289	1174330	9182044
8	⊟第二季		4月	538649	518658	61520	920687	410461	2449975
9			5月	1857955	2011020	713984	1863088	1127520	7573567
10			6月	1187157	1104343	352677	866572	490478	4001227
11	第二季 汇总			3583761	3634021	1128181	3650347	2028459	14024769
12	⊟第三季		7月	577200	611800	602000	1024800	612540	3428340
13			8月	760592	547247	183789	597894	237915	2327437
14			9月	1924000	1423700	1711400	2380000	1295190	8734290
15	第三季 汇总			3261792	2582747	2497189	4002694	2145645	14490067
16	⊟第四季		10月	1630200	1083300	232200	1671600	557190	5174490
17			11月	980200	823400	412800	1296400	369000	3881800
18			12月	1796600	1170700	232200	1554000	446490	5199990
19	第四季 汇总			4407000	3077400	877200	4522000	1372680	14256280
20	总计			13643585	11581281	5357850	14649330	6721114	51953160

图5-75　完成的季度和月度汇总表

案例5-9

图5-76所示是员工基本信息数据,现在要求统计每个部门、每个年龄区间的人数分布,结果如图5-77所示。

	A	B	C	D	E	F	G	H	I	J	K
1	工号	姓名	性别	部门	职务	学历	婚姻状况	出生日期	年龄	进公司时间	本公司工龄
2	0001	AAA1	男	总经理办公室	总经理	博士	已婚	1963-12-12	54	1987-4-8	31
3	0002	AAA2	男	总经理办公室	副总经理	硕士	已婚	1965-6-18	52	1990-1-8	28
4	0003	AAA3	女	总经理办公室	副总经理	本科	已婚	1979-10-22	38	2002-5-1	16
5	0004	AAA4	男	总经理办公室	职员	本科	已婚	1986-11-1	31	2006-9-24	11
6	0005	AAA5	女	总经理办公室	职员	本科	已婚	1982-8-26	35	2007-8-8	10
7	0006	AAA6	女	人力资源部	经理	本科	已婚	1983-5-15	34	2005-11-28	12
8	0007	AAA7	男	人力资源部	经理	本科	已婚	1982-9-16	35	2005-3-9	13
9	0008	AAA8	男	人力资源部	副经理	本科	未婚	1972-3-19	46	1995-4-19	23
10	0009	AAA9	男	人力资源部	职员	硕士	已婚	1978-5-4	39	2003-1-26	15
11	0010	AAA10	男	人力资源部	职员	大专	已婚	1981-6-24	36	2006-11-11	11
12	0011	AAA11	女	人力资源部	职员	本科	已婚	1972-12-15	45	1997-10-15	20
13	0012	AAA12	女	人力资源部	职员	本科	未婚	1971-8-22	46	1994-5-22	23
14	0013	AAA13	男	财务部	副经理	本科	已婚	1978-8-12	39	2002-10-12	15
15	0014	AAA14	女	财务部	经理	硕士	已婚	1959-7-15	58	1984-12-21	33

基本信息　年龄分布

图5-76　员工基本信息

人数	年龄								
部门	<26	26-30	31-35	36-40	41-45	46-50	51-55	>56	总计
总经理办公室				2	1			2	5
人力资源部			3	2	1	2			8
财务部	1	1		1	1	3		1	8
国际贸易部			2	4				1	7
销售部				10	1			1	12
信息部	1			3	1				5
后勤部		1		1	2			1	5
技术部		1	3	3		1		1	9
生产部	1			1	4	1		1	8
分控			3	1	2	2	2	1	11
外借	1	2	1				2		6
总计	4	5	14	27	12	9	6	7	84

图5-77　员工年龄分布分析报表

这个报表的制作也是非常简单的。首先制作一个数据透视表，进行如图5-78所示的布局。

计数项:姓名	列标签																																
行标签	24	25	29	31	32	34	35	36	37	38	39	40	41	42	43	44	45	46	48	49	50	51	52	54	55	58	59	60	61	62	66	总计
财务部	1		1							1					1		1		1		1		1									8
分控				1	1	1					1		1		1		1		1	1		1			1							11
国际贸易部					1	1		1	3																			1				7
后勤部			1					1		1			1												1				1		5
技术部			1		2		1	1	2			1																		9
人力资源部				1	1	1	1							1	2																8
生产部		1						1				2		2		1					1								1			8
外借		1	2							1												1									2	6
销售部					2	2	2	2			1								1										12
信息部	1							1	1	1																	5
总经理办公室				1				1											1	1							5
总计	2	2	5	1	5	3	4	5	4	9	4	2	1	3	1	2	1	1	1	3	1	1	3	1	2	1	1	1	1	1	1	84

图5-78　基本的数据透视表

再将数据透视表进行基本的美化，然后在年龄的任一单元格单击鼠标右键，执行"组合"命令，打开"组合"对话框，设置"起始于""终止于"和"步长"3个参数(如图5-79所示)，即可完成所需要的分析报告。

图5-79　组合年龄

5.6.5 添加自定义计算字段：为报告增加分析指标

在本书的第1章和第2章中提到过，基础表单保存的是最原始的颗粒化数据，尽可能不要有不必要的计算列，因为这样的计算列在分析报告中是可以计算出来的。

同样地，在数据透视表中，也可以为透视表添加原始数据中没有的字段，这样的字段是已有字段进行计算得到的新字段，故称之为"计算字段"。

案例5-10

图5-80所示是本月的店铺月报数据，现在要制作各个地区的本月指标、实际销售金额、销售成本的汇总，以及同时计算每个地区的毛利、目标毛利率、完成率等指标。结果如图5-81所示。

	A	B	C	D	E	F	G	H
1	地区	省份	城市	性质	店名	本月指标	实际销售金额	销售成本
2	东北	辽宁	大连	自营	A0001	150000	57062	20972.25
3	东北	辽宁	大连	自营	A0002	280000	130192.5	46208.17
4	东北	辽宁	大连	自营	A0003	190000	86772	31355.81
5	东北	辽宁	沈阳	自营	A0004	90000	103890	39519.21
6	东北	辽宁	沈阳	自营	A0005	270000	107766	38357.7
7	东北	辽宁	沈阳	自营	A0006	180000	57502	20867.31
8	东北	辽宁	沈阳	自营	A0007	280000	116300	40945.1
9	东北	辽宁	沈阳	自营	A0008	340000	63287	22490.31
10	东北	辽宁	沈阳	自营	A0009	150000	112345	39869.15
11	东北	辽宁	沈阳	自营	A0010	220000	80036	28736.46
12	东北	辽宁	沈阳	自营	A0011	120000	73686.5	23879.99
13	华北	北京	北京	加盟	A0012	260000	57255.6	19604.2
14	东北	天津	天津	加盟	A0013	320000	51085.5	17406.07
15	华北	北京	北京	自营	A0014	200000	59378	21060.84
16	华北	北京	北京	自营	A0015	100000	48519	18181.81
17	华北	北京	北京	自营	A0016	330000	249321.5	88623.41
18	华北	北京	北京	自营	A0017	250000	99811	36295.97
19	华北	北京	北京	自营	A0018	170000	87414	33288.2
20	华北	北京	北京	自营	A0019	160000	104198	37273.6

店铺月报

图5-80　店铺月报数据

性质	地区	本月指标	实际销售金额	销售成本	毛利	毛利率	完成率
自营	东北	2270000	988839	353201	635638	64.28%	43.56%
	华北	4070000	1493425	542105	951320	63.70%	36.69%
	华东	17200000	7807588	2907351	4900237	62.76%	45.39%
	华南	1910000	655276	254637	400639	61.14%	34.31%
	华中	2440000	721625	263955	457670	63.42%	29.57%
	西北	2580000	885277	297419	587857	66.40%	34.31%
	西南	3180000	1535527	449625	1085902	70.72%	48.29%
自营 汇总		33650000	14087557	5068293	9019264	64.02%	41.86%
加盟	东北	320000	51086	17406	33679	65.93%	15.96%
	华北	3060000	942395	338751	603644	64.05%	30.80%
	华东	7010000	1570576	564101	1006474	64.08%	22.40%
	华南	1680000	606836	231801	375034	61.80%	36.12%
	华中	740000	195726	70315	125410	64.07%	26.45%
	西北	1910000	374846	134355	240490	64.16%	19.63%
	西南	250000	169104	52231	116873	69.11%	67.64%
加盟 汇总		14970000	3910567	1408961	2501606	63.97%	26.12%
总计		48620000	17998124	6477254	11520870	64.01%	37.02%

图5-81　要求的地区分析报告

步骤 ① 首先制作基本的数据透视表，并进行基本的美化，如图5-82所示。

性质	地区	求和项:本月指标	求和项:实际销售金额	求和项:销售成本
自营	东北	2270000	988839	353201.46
	华北	4070000	1493425	542104.51
	华东	17200000	7807588.04	2907350.87
	华南	1910000	655276	254637.39
	华中	2440000	721625.2	263954.75
	西北	2580000	885276.5	297419.08
	西南	3180000	1535527.03	449624.62
自营 汇总		33650000	14087556.77	5068292.68
加盟	东北	320000	51085.5	17406.07
	华北	3060000	942395.1	338750.62
	华东	7010000	1570575.7	564101.38
	华南	1680000	606835.5	231801.03
	华中	740000	195725.5	70315.45
	西北	1910000	374845.5	134355.43
	西南	250000	169104	52230.94
加盟 汇总		14970000	3910566.8	1408960.92
总计		48620000	17998123.57	6477253.6

图5-82　基本的数据透视表

步骤② 单击"分析"→"字段、项目和集"下拉按钮，在弹出的下拉列表中选择"计算字段"命令，如图5-83所示。

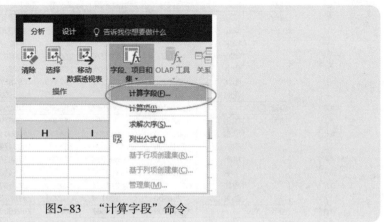

图5-83　"计算字段"命令

步骤③ 打开"插入计算字段"对话框，首先输入计算字段的名称，然后再输入公式。

例如，要计算毛利，就在"名称"文本框中输入"毛利"，在"公式"文本框中输入公式"=实际销售金额–销售成本"，然后单击"添加"按钮，如图5-84所示。

提示：不需要手工输入字段名称，只要从底部的"字段"列表中选择并双击某个字段名称，就把该字段插入到公式中。

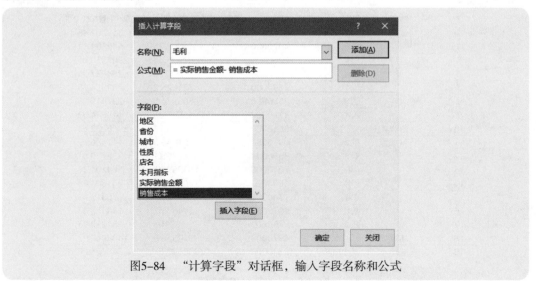

图5-84　"计算字段"对话框，输入字段名称和公式

其他计算字段的插入方法与此相同。

● 计算字段"目标完成率"的公式为：

= 实际销售金额 / 本月指标

● 计算字段"毛利率"的公式为：

= (实际销售金额 - 销售成本)/ 实际销售金额

步骤④ 所有计算字段都添加完毕后，单击"确定"按钮，关闭"插入计算字段"对话框，就得到了如图5-85所示的数据透视表。

	A	B	C	D	E	F	G	H	I
1									
2		性质	地区	求和项:本月指标	求和项:实际销售金额	求和项:销售成本	求和项:毛利	求和项:毛利率	求和项:目标完成率
3		⊟自营	东北	2270000	988839	353201.46	635637.54	0.642811964	0.435611894
4			华北	4070000	1493425	542104.51	951320.49	0.637005869	0.366934889
5			华东	17200000	7807588.04	2907350.87	4900237.17	0.627624965	0.453929537
6			华南	1910000	655276	254637.39	400638.61	0.61140437	0.34307644
7			华中	2440000	721625.2	263954.75	457670.45	0.634221823	0.295748033
8			西北	2580000	885276.5	297419.08	587857.42	0.664038207	0.343130426
9			西南	3180000	1535527.03	449624.62	1085902.41	0.707185474	0.482870135
10		自营 汇总		33650000	14087556.77	5068292.68	9019264.09	0.640229121	0.418649533
11		⊟加盟	东北	320000	51085.5	17406.07	33679.43	0.659275724	0.159642188
12			华北	3060000	942395.1	338750.62	603644.48	0.640542889	0.307972255
13			华东	7010000	1570575.7	564101.38	1006474.32	0.640831461	0.224047889
14			华南	1680000	606835.5	231801.03	375034.47	0.618016695	0.361211607
15			华中	740000	195725.5	70315.45	125410.05	0.640744563	0.264493919
16			西北	1910000	374845.5	134355.43	240490.07	0.641571181	0.196254188
17			西南	250000	169104	52230.94	116873.06	0.691131257	0.676416
18		加盟 汇总		14970000	3910566.8	1408960.92	2501605.88	0.639704168	0.261226907
19		总计		48620000	17998123.57	6477253.6	11520869.97	0.640115061	0.370179423

图5-85 添加计算字段后的数据透视表

步骤⑤ 最后修改字段名称，设置金额数字格式和毛利率及完成率的数字格式，就得到了需要的汇总分析报告。

5.6.6 添加自定义计算项，为报告增加差异对比指标

所谓计算项，就是在某个字段下，对该字段下的某些个项目进行计算，得到一个新的项目，但这个新项目还是属于该字段的。

要特别注意的是，计算字段是字段之间进行计算，而计算项是某个字段下各个项目之间的计算。通俗地说，计算字段就像世界大战一样，是各个国家之间的战争，计算项就像自己国家各派之间的内战。

案例5-11

在前面介绍的案例5-4中已经把两年的费用汇总到了一个表中，现在要求做同比分析，也就是计算两年的同比增减和同比增长率，报告如图5-86所示。

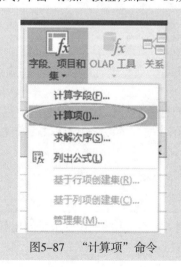

图5-86　两年费用同比分析报表

由于"同比增减"和"同比增长率"是字段"页1"下的两个项目"2015年"和"2016年"之间的计算结果,因此是计算项。

插入计算项一定要先定位到要插入计算项的字段上。

例如,本案例中,可以单击字段"页1",也可以单击"2015年"和"2016年"任一单元格(因为它们都属于字段"页1"),然后单击"分析"→"字段、项目和集"下拉按钮在弹出的下拉列表中选择"计算项"命令(如图5-87所示),打开"在'页1'中插入计算字段"对话框,然后输入计算项名称和公式,单击"添加"按钮,如图5-88所示。

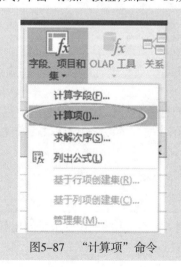

图5-87　"计算项"命令

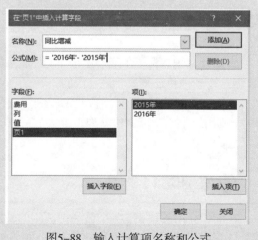

图5-88　输入计算项名称和公式

但是，对于计算项而言，最后一行总计中的同比增长率结果是错误的，它并不是两年总费用的增长率，而是各个费用两年增长率的合计数。如图5-89所示的右下角单元格数据，总费用同比增减是 -55339.42，但增长率却是3819.28%！这点要特别注意！

	A	B	C	D	E
1	求和项:值	列	页1		
2		□ 全额			
3	费用	2015年	2016年	同比增减	同比增长率
13	水电费	839.60	257.76	-581.84	-69.30%
14	摊销	125,000.00	125,000.00	-	0.00%
15	差旅费	55,866.00	38,652.10	-17,213.90	-30.81%
16	租赁费	26,000.00	67,138.46	41,138.46	158.22%
17	折旧费	52,030.35	77,064.39	25,034.04	48.11%
18	运费	1,522.00	2,204.00	682.00	44.81%
19	劳保	25,989.00	27,161.70	1,172.70	4.51%
20	低值易耗	11,974.36	15,636.40	3,662.04	30.58%
21	燃油费	22,404.00	7,190.00	-15,214.00	-67.91%
22	总计	732,474.66	677,135.24	-55,339.42	3819.28%
23					

图5-89　总费用的同比增长率是错误的

5.6.7　用切片器快速筛选数据

如果对某个分类字段进行有目的地选择性筛选，比如就只看华北的数据、只看华东的数据、只看产品1的数据、只看自营店的数据，或者只看华东和华中的产品2的数据等，那么就需要单击字段右侧的下拉箭头，展开筛选列表，然后勾选该项目，取消其他项目。这种操作非常不方便，也不利于快速分析指定的数据。

例如，在前面的案例5-5中，你跟领导说，"客户07"销售额排名第一；领导会接着问，客户07都买了咱们什么产品？在这些产品中，哪个产品比重最大？你说，我去筛选下，然后没几秒，领导又问，我再看看第3名客户的产品结构，你说，好吧，我再去筛选筛选……就这样，你是不是觉得筛选起来很麻烦？

Excel在2010版后，新增了一个很好用的工具——切片器，可以让我们更加方便地筛选数据。"插入切片器"按钮在两个地方可以找到，如图5-90和图5-91所示。

图5-90　数据透视表"分析"选项卡下的"插入切片器"按钮

图5-91　"插入"选项卡中的"插入切片器"按钮

例如,对于案例5-5,要建立一个选择客户的切片器,基本方法如下。

步骤① 单击透视表的任一单元格。

步骤② 在"插入"选项卡中单击"切片器"按钮,或者在"分析"选项卡中单击"插入切片器"命令按钮。

步骤③ 打开"插入切片器"对话框,选择要插入切片器的字段,如图5-92所示。

步骤④ 单击"确定"按钮,就插入了选定字段的切片器,如图5-93所示。

图5-92　选择要插入切片器的字段

图5-93　插入的切片器

单击切片器的某个项目,就选择了该项目,透视表也就变为了该项目的数据。如果要选择多个项目,可以先单击切片器右上角的 按钮,再单击多个项目。如果要恢复全部数据,不再进行筛选,可以单击切片器右上角的"清除筛选器"按钮 ,如图5-94所示。

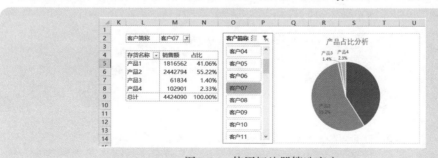

图5-94　使用切片器筛选客户

如果不再需要切片器了，可以将其删除，方法是：对准切片器单击右键，执行快捷菜单里的"剪切"命令。

5.7 数据透视表的其他应用

前面介绍了数据透视表的基本应用。作为一个数据汇总和分析的集成化工具，数据透视表还有很多其他的灵活应用，例如可以快速汇总大量工作表并进行分析、可以核对数据、可以快速制作明细表等。下面介绍几个日常数据处理中经常遇到的实际问题，以及使用数据透视表来解决这些问题的技能和技巧。

5.7.1 快速汇总分析大量的二维工作表

天下大事，分久必合。我们经常会处理这样的问题：收集到了很多二维表格，需要将它们合并汇总，并进行分析。此时，就可以使用数据透视表来解决。

有人问了，什么是二维表？所谓二维表，就是将同一类别下的各个项目分别保存在了各列中，而不是作为一个列字段来处理。如图5-95所示的月份，就是把12个月的数据分成了12列来保存。

▲	A	B	C	D	E	F	G	H	I	J	K	L	M	N
1	费用	1月	2月	3月	4月	5月	6月	7月	8月	9月	10月	11月	12月	合计
2	办公费	693	627	207	672	416	547	493	460	654	591	682	344	6386
3	差旅费	774	355	385	624	440	222	478	240	670	663	730	294	5875
4	招待费	226	415	540	570	549	470	363	718	514	338	369	797	5869
5	薪资	7215	3668	2095	5165	3835	6017	8350	5509	4509	7475	4442	8748	67028
6	福利	537	444	687	230	508	214	371	323	792	742	686	332	5866
7	折旧费	744	302	781	761	667	489	300	214	642	543	703	797	6943
8	维修费	400	632	472	759	563	736	513	393	642	454	460	236	6260
9	车辆费	518	574	649	364	764	476	641	282	729	200	298	327	5822
10	网络费	281	231	745	351	471	441	445	462	706	718	348	478	5677
11	合计	11388	7248	6561	9496	8213	9612	11954	8601	9858	11724	8718	12353	115726

图5-95　二维表格

这种表格本质上并不是基础数据表单，而是一个按类别汇总的计算表。但是，很多人认为这样的结构看起来很清楚，在保存数据时就采用了这样的结构。

如果要把大量这样的二维表汇总起来，并制作分析报告，可以使用"多重合并计算数据区域透视表"功能来完成。

按Alt+D+P组合键(注意P要连续按2下)，打开如图5-96所示"数据透视表和数据透视图向导"对话框，选中"多重合并计算数据区域"单选按钮，然后按照向导一步一步的操作即可。

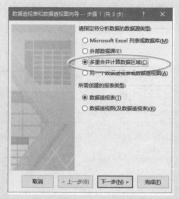

图5-96　数据透视表和数据透视图向导,选中"多重合并计算数据区域"

案例5-12

图5-97所示是12个月的费用表,每个表格里是每个部门每项费用的数据,现在要求将这12个月的费用表汇总起来,并进行分析。

	A	B	C	D	E	F	G	H	I	J	K
1	成本中心	职工薪酬	折旧费	差旅费	招待费	办公费	车辆费	修理费	租赁费	税金	
2	管理科	540	1032	521	1173	962	849	1436	1116	1017	
3	人事科	224	513	1029	298	739	1175	1000	277	1223	
4	设备科	774	382	1309	683	1262	1355	1334	1431	532	
5	技术科	283	1017	626	635	843	1080	311	555	1303	
6	生产科	1121	1247	1132	1351	446	1448	1194	860	838	
7	销售科	986	1078	273	1370	488	1104	1350	658	545	
8	设计科	924	303	873	1359	802	220	561	829	968	
9	后勤科	264	957	1052	1328	1482	985	753	603	835	
10	信息中心	469	693	1111	631	1479	1456	879	605	624	
11											

`1月 | 2月 | 3月 | 4月 | 5月 | 6月 | 7月 | 8月 | 9月 | 10月 | 11月 | 12月`

图5-97　12个月的部门费用表:每个月表格是典型的二维表

在每个工作表中,部门和费用是每个月度工作表下的两个维度,也就是两个字段,用于区分每个数据是哪个部门哪个费用的。但是,当把12个月的数据汇总到一起时,就必须再区分每个数据是哪个月份的了,也就是说,必须再创建一个字段来表示月份,这个月份字段就是页字段,由于仅仅用一个字段来表示月份就可以了,因此是单页字段。

下面是此类多个二维表汇总的主要步骤。

步骤① 单击任何一个工作表数据区域的任一单元格,打开"数据透视表和数据透视图向导--步骤1(共3步)"对话框,选中"多重合并计算数据区域"单选按钮。

步骤② 单击"下一步"按钮，打开"数据透视表和数据透视图向导--步骤2a（共3步）"对话框，选中"创建单页字段"单选按钮，如图5-98所示。

步骤③ 单击"下一步"按钮，打开"数据透视表和数据透视图向导-第2b步（共3步）"对话框，将各个工作表的数据区域添加到对话框中，如图5-99所示。

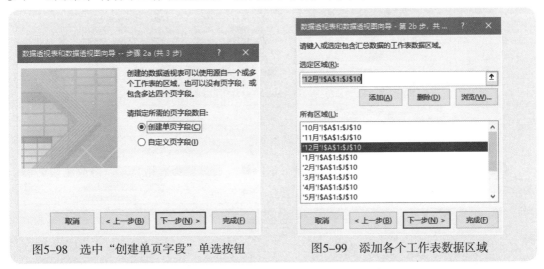

图5-98 选中"创建单页字段"单选按钮　　图5-99 添加各个工作表数据区域

要特别注意图5-99中"所有区域"列表框中各个工作表的先后顺序，一定要牢记这个顺序，因为这个顺序决定了如何在后面修改页字段下各个项目的名称。

步骤④ 单击"下一步"按钮，打开"数据透视表和数据透视图向导--步骤3（共3步）"对话框，选中"新工作表"单选按钮，如图5-100所示。

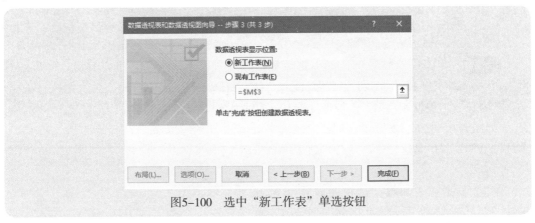

图5-100 选中"新工作表"单选按钮

步骤⑤ 单击"完成"按钮，就得到了基本的数据透视表，如图5-101所示。

求和项:值	列标签								
行标签	办公费	差旅费	车辆费	税金	修理费	招待费	折旧费	职工薪酬	租赁费	总计
管理科	10233	9621	10287	9006	10724	8725	11091	9583	11313	90583
后勤科	10426	14407	8534	12894	11106	9750	10685	9385	9766	96953
技术科	10912	11257	10001	11169	13685	8375	9332	8780	10956	94467
人事科	9267	9318	9507	13537	8114	8880	9057	9573	7919	85172
设备科	10782	9832	12116	8217	11939	11174	9153	11908	11720	96841
设计科	10624	9979	9836	11754	9720	11264	7222	9167	10767	90333
生产科	11076	10643	11543	10540	9212	12472	8928	10840	9420	94674
销售科	10943	9554	10431	10967	13090	12324	9698	9254	10513	96774
信息中心	11011	9919	11267	11436	10190	8348	10660	10597	10872	94300
总计	95274	94530	93522	99520	97780	91312	85826	89087	93246	840097

图5-101　基本的数据透视表

> **步骤 ⑥** 对数据透视表进行美化,例如清除样式、设置为表格显示、修改字段名称、调整项目次序等,得到如图5-102所示的报表。

金额	费用								
成本中心	职工薪酬	折旧费	差旅费	招待费	办公费	车辆费	修理费	租赁费	税金	总计
管理科	9583	11091	9621	8725	10233	10287	10724	11313	9006	90583
人事科	9573	9057	9318	8880	9267	9507	8114	7919	13537	85172
设备科	11908	9153	9832	11174	10782	12116	11939	11720	8217	96841
技术科	8780	9332	11257	8375	10912	10001	13685	10956	11169	94467
生产科	10840	8928	10643	12472	11076	11543	9212	9420	10540	94674
销售科	9254	9698	9554	12324	10943	10431	13090	10513	10967	96774
设计科	9167	7222	9979	11264	10624	9836	9720	10767	11754	90333
后勤科	9385	10685	14407	9750	10426	8534	11106	9766	12894	96953
信息中心	10597	10660	9919	8348	11011	11267	10190	10872	11436	94300
总计	89087	85826	94530	91312	95274	93522	97780	93246	99520	840097

图5-102　美化后的数据透视表

> **步骤 ⑦** 单击字段"月份"的下拉按钮,展开字段项目列表,可以看出,字段"月份"下有12个项目,分别是"项1""项10""项11""项12""项2""项3"……"项9",如图5-103所示。实际上它们就分别表示12个月份工作表,但是这12个项目分别代表哪个月份工作表呢?

在"数据透视表和数据透视图向导——第2b步(共3步)"对话框的"所有区域"列表中,可以看到各个工作表数据区域的先后顺序是"10

图5-103　页字段"月份"下的12个项目

月""11月""12月""1月""2月""3月"……"9月"，而透视表会按照这个次序把12个项目分别命名为"项1""项2""项3""项4"……"项12"，因此默认的项目名称和实际月份名称的对应关系如下。

- 项1 → 10月
- 项2 → 11月
- 项3 → 12月
- 项4 → 1月
- 项5 → 2月
- 项6 → 3月
- 项7 → 4月
- 项8 → 5月
- 项9 → 6月
- 项10 → 7月
- 项11 → 8月
- 项12 → 9月

也就是说，修改页字段各个项目名称依据"数据透视表和数据透视图向导——第2b步,(共3步)"对话框的"所有区域"列表中各个区域的先后顺序,而不是工作表在工作簿的前后顺序"1月""2月""3月"……

为什么会这样排序呢？原因就是Windows的默认排序规则。

重命名页字段"月份"下各个项目名称的一个简单方法是,将页字段"月份"拖至行标签区域,将字段"成本中心"拖至筛选区域,使数据透视表变为如图5-104所示的情形,然后在各个单元格里分别修改"项1""项2""项3"……的名称,并调整各个月份的次序,图5-105所示。

金额	费用								
月份	职工薪酬	折旧费	差旅费	招待费	办公费	车辆费	修理费	租赁费	税金	总计
项1	5965	9439	9225	7928	7154	6314	7239	6953	9153	69370
项10	8562	7477	6628	6729	9689	7241	7759	6399	9881	70365
项11	8407	7724	7899	7925	6857	8708	7253	8499	7721	70993
项12	7039	5075	7172	5440	6976	8387	9283	8758	9821	67951
项2	5547	5382	6993	7853	7486	7643	7860	5493	7414	61671
项3	7661	7505	8715	7288	8140	7058	7337	7533	6963	68200
项4	5585	7222	7926	8828	8503	9672	8818	6934	7885	71373
项5	6969	5694	6711	7852	7112	8431	7727	8196	7395	66087
项6	7927	7502	9509	9414	7882	6347	8742	9478	9132	75933
项7	8532	6199	8311	7889	6495	7534	8650	8871	8551	71032
项8	10103	7750	7704	7538	8661	7658	7552	8262	7660	72888
项9	6790	8857	7737	6628	10319	8529	9560	7870	7944	74234
总计	89087	85826	94530	91312	95274	93522	97780	93246	99520	840097

成本中心 (全部)

图5-104　重新布局数据透视表，以便于修改页字段"月份"下项目的名称

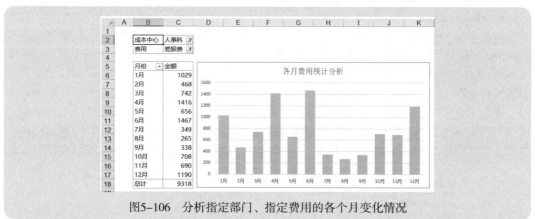

	月份	职工薪酬	折旧费	差旅费	招待费	办公费	车辆费	修理费	租赁费	税金	总计
	1月	5585	7222	7926	8828	8503	9672	8818	6934	7885	71373
	2月	6969	5694	6711	7852	7112	8431	7727	8196	7395	66087
	3月	7927	7502	9509	9414	7882	6347	8742	9478	9132	75933
	4月	8532	6199	8311	7889	6495	7534	8650	8871	8551	71032
	5月	10103	7750	7704	7538	8661	7658	7552	8262	7660	72888
	6月	6790	8857	7737	6628	10319	8529	9560	7870	7944	74234
	7月	8562	7477	6628	6729	9689	7241	7759	6399	9881	70365
	8月	8407	7724	7899	7925	6857	8708	7253	8499	7721	70993
	9月	7039	5075	7172	5440	6976	8387	9283	8758	9821	67951
	10月	5965	9439	9225	7928	7154	6314	7239	6953	9153	69370
	11月	5547	5382	6993	7853	7486	7643	7860	5493	7414	61671
	12月	7661	7505	8715	7288	8140	7058	7337	7533	6963	68200
	总计	89087	85826	94530	91312	95274	93522	97780	93246	99520	840097

图5-105　把字段"月份"下的项目修改为具体的月份名称

步骤⑧ 再重新布局数据透视表,即可对各个部门各个月份的费用进行各种分析。如图5-106和图5-107所示的两个报表,这里我们还插入了图表,以便更清楚地分析数据。

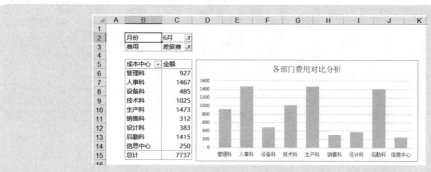

图5-106　分析指定部门、指定费用的各个月变化情况

图5-107　指定月份、指定费用,各个部门的对比分析

由本例可以看出，利用多重合并计算数据区域制作的数据透视表，对每个工作表数据区域的行数和列数没有更多的要求，对每个工作表的行项目和列项目的次序也没有要求，也就是说，各个工作表数据区域的行数和列数可以不一样，项目也可以有或者没有(比如3月份发生了验证费支出，该列数据存在，但4月份没有验证费，该表中没有这列数据)。因此，这种方法是一种通用的、适用性更加广泛的汇总多个二维工作表数据的方法。

5.7.2　快速汇总分析大量的一维工作表（全年12月工资汇总）

多重合并计算数据区域透视表，仅仅适用于二维表格的场合。那么，如果是多个一维表格数据要汇总分析，又该怎么做呢？这种多个一维工作表汇总是最常见的实际问题。

本书的核心就是一直在强调标准化规范化，也就是说，基础表单必须标准规范，否则再好的工具也用不上。对于标准规范的一维表格(列数一样、列顺序也一样)，最简单的方法是使用现有连接+SQL语句的方法进行快速汇总分析。

这种方法的核心是编写SQL语句，从各个工作表中查询数据，并按照向导进行操作，非常方便。

案例5-13

图5-108所示是当前工作簿12个月的工资表，现在要求将这12个工作表的数据进行汇总并分析。

	A	B	C	D	E	F	G	H	I	J	K	L	M
1	姓名	部门	基本工资	出勤工资	岗位津贴	福利津贴	应发工资	个人所得税	社保金	公积金	四金合计	实发工资	
2	刘晓晨	总经办	9000.00	8590.91	201.60	120.00	17912.51	3473.13	253.44	646.80	900.24	13539.14	
3	祁正人	总经办	5040.00	4810.91	201.60	0.00	10052.51	1508.13	478.80	319.20	798.00	7746.38	
4	张丽莉	总经办	7800.00	7445.46	201.60	0.00	15447.06	2856.77	844.20	562.80	1407.00	11183.29	
5	马一晨	总经办	5880.00	5612.72	201.60	0.00	11694.32	1918.58	642.60	428.40	1071.00	8704.74	
6	王浩忌	人力资源部	3360.00	3207.28	192.00	0.00	6759.28	796.86	354.72	236.40	591.12	5371.30	
7	王玉成	人力资源部	3360.00	3207.28	201.60	0.00	6768.88	798.78	354.72	236.40	591.12	5378.98	
8	蔡齐豫	人力资源部	5040.00	4810.91	192.00	0.00	10042.91	1505.73	554.40	369.60	924.00	7613.18	
9	秦玉邦	人力资源部	3120.00	2978.18	192.00	0.00	6290.18	703.04	354.72	236.40	591.12	4996.02	
10	马梓	人力资源部	3360.00	3207.28	201.60	0.00	6768.88	798.78	337.80	236.40	574.20	5395.90	
11	张慈淼	人力资源部	3360.00	3207.28	201.60	0.00	6768.88	798.78	354.72	236.40	591.12	5378.98	

01月 02月 03月 04月 05月 06月 07月 08月 09月 10月 11月 12月

图5-108　结构一样的12个月工资表

具体步骤如下。

步骤 ① 在"数据"选项卡的"获取外部数据"组中单击"现有连接"按钮，如图5-109所示。

步骤 ② 打开"现有连接"对话框,如图5-110所示。

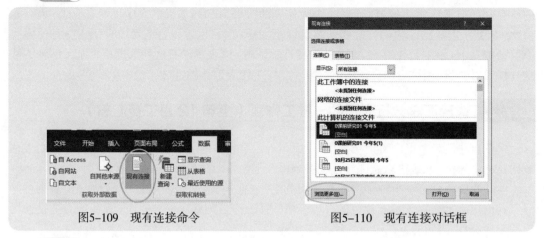

图5-109 现有连接命令　　　　　　　　　图5-110 现有连接对话框

步骤 ③ 单击对话框左下角的"浏览更多"按钮,打开"选取数据源"对话框,选择要制作透视表的文件,如图5-111所示。

图5-111 选择要制作透视表的文件

步骤 ④ 单击"打开"按钮,打开"选择表格"对话框,如图5-112所示。

步骤 ⑤ 保持默认,单击"确定"按钮,打开"导入数据"对话框,选中"数据透视表"和"新工作表"单选按钮,如图5-113所示。

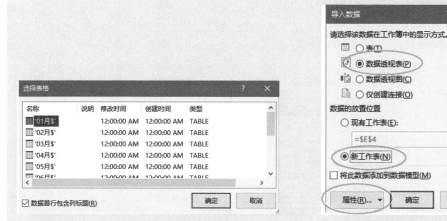

图5-112 "选择表格"对话框，保持默认　图5-113 选中"数据透视表"和"新工作表"单选按钮

步骤⑥ 单击对话框左下角的"属性"按钮，打开"连接属性"对话框，切换到"定义"选项卡，然后在底部的"命令文本"文本框中输入下面的SQL语句，如图5-114所示。

select '1月' as 月份,* from [01月$]
union all
select '2月' as 月份,* from [02月$]
union all
select '3月' as 月份,* from [03月$]
union all
select '4月' as 月份,* from [04月$]
union all
select '5月' as 月份,* from [05月$]
union all
select '6月' as 月份,* from [06月$]
union all
select '7月' as 月份,* from [07月$]
union all
select '8月' as 月份,* from [08月$]
union all
select '8月' as 月份,* from [09月$]
union all

```
select '10月' as 月份,* from [10月$]
union all
select '11月' as 月份,* from [11月$]
union all
select '12月' as 月份,* from [12月$]
```

图5-114　在"定义"选项卡的"命令文本"文本框中输入SQL语句

步骤 ⑦　单击"确定"按钮,返回到"导入数据"对话框,再单击"确定"按钮,就得到了一个数据透视表,如图5-115所示。

图5-115　以12个月工资表制作的数据透视表

步骤 8 进行布局，就得到了需要的报告。图5-116所示就是各个部门各个月的社保汇总表。

部门	月份 1月 人数	1月 社保金	2月 人数	2月 社保金	3月 人数	3月 社保金	4月 人数	4月 社保金	5月 人数	5月 社保金	6月 人数	6月 社保金	7月 人数	7月 社保金
财务部	21	7033.44	21	7033.44	20	6678.72	21	7466.52	20	6704.52	19	6405.36	19	6704.5
人力资源部	13	4156.44	12	4152.6	12	3797.88	11	3584.16	11	3584.16	12	3883.32	10	3203.1
销售部	13	4916.76	12	4273.68	12	4273.68	12	4226.4	14	4629.6	14	5010.6	14	5391.
质量部	4	1641.84	5	1641.84	5	1641.84	6	2617.2	6	2617.2	6	2617.2	6	2617.
总经办	4	2219.04	4	2269.44	4	2269.44	3	1672.56	3	1672.56	3	1672.56	3	1672.5
总计	55	19967.52	54	19371	53	18661.56	53	19566.84	54	19208.04	54	19589.04	52	19589.0

图5-116　各个部门各个月的人数和社保金总额

5.7.3　快速制作明细表

"老师，我在做成本分析，从 EPR 导出的是所有产品的成本表，如何快速把每个产品的成本明细制作一个工作表？我都是一个一个产品地筛选和复制粘贴。"

"老师，经理要求从工资表里按部门拆分成各个部门工资表，怎么做？"

"老师，如何快速从员工基本信息工作表中，分别制作各个部门员工明细表？"

这样的问题，很多人确实是采用"筛选→复制→插入新工作表→粘贴"这样的手工劳动，尽管这样的工作不常做，但每次也是挺累人的。

数据透视表，不仅仅可以汇总计算，还可以快速拆分制作明细表。正所谓"天下大事，分久必合，合久必分"，领导让合并我就合并，领导让分开我就分开，不难不难，只是动动鼠标而已。

利用数据透视表制作明细表有两种方法：每次只做一个和一次做多个。

1. 每次做一个明细表

当制作完毕数据透视表后，可以通过双击某个汇总数据单元格，就把该汇总数据所代表的所有项目明细数据还原出来，另存到一个新工作表。

案例5-14

例如，已经制作出各个部门各个学历的人数分布，如图 5-117 所示。

现在要把财务部的7个本科筛选出来，单独保存到一个新工作表，双击财务部本科的数据单元格(此案例中就是单元格 E6)，即可得到如图 5-118 所示的明细表。

人数	学历						
部门	博士	硕士	本科	大专	中专	高中	总计
总经理办公室	1	1	3				5
人力资源部		1	6	1			8
财务部		1	7				8
国际贸易部		4	3				7
销售部	1	4	6		1		12
信息部		3	2				5
后勤部			3	1		1	5
技术部		4	5				9
生产部		2	6				8
分控		1	7	2		1	11
外借			2	1		3	6
总计	2	21	50	5	1	5	84

图5–117 各个部门各个学历的人数统计

工号	姓名	性别	部门	职务	学历	婚姻状况	出生日期	年龄	进公司时间	本公司工龄
0084	AAA84	女	财务部	职员	本科	未婚	1988-9-10	29	2013-10-19	4
0083	AAA83	女	财务部	职员	本科	已婚	1993-12-4	24	2013-10-18	4
0018	AAA18	女	财务部	副经理	本科	已婚	1971-5-24	46	1995-7-21	22
0017	AAA17	女	财务部	职员	本科	未婚	1974-12-11	43	1999-12-27	18
0016	AAA16	女	财务部	职员	本科	未婚	1967-8-9	50	1990-4-28	28
0015	AAA15	男	财务部	职员	本科	未婚	1968-6-6	49	1991-10-18	26
0013	AAA13	男	财务部	副经理	本科	已婚	1978-8-12	39	2002-10-12	15

图5–118 财务部本科学历的7个人明细表

2. 批量制作明细表

如果要批量制作所有项目的明细表，就需要采用下面的方法进行了。其实也是很简单的，仅仅需要鼠标操作即可。

以前面的案例5–12数据为例，已经利用现有连接+SQL语句的方法将12个月的工资表合并起来制作了透视表。现在要按部门制作明细表，也就是每个部门一个工作表，保存的是该部门12个月所有员工的工资明细。

步骤 1 首先重新布局透视表，将所有字段拖放到“行”窗格内，得到如图5–119所示的透视表。

步骤 2 单击“设计”→“报表布局”下拉按钮，在弹出的下拉列表中选择“以表格形式显示”命令，将透视表设置为普通表格结构。

步骤 3 单击“设计”→“分类汇总”下拉按钮，在弹出的下拉列表中选择“不显示分类汇总”命令，取消所有字段的分类汇总。

步骤 4 单击“设计”→“总计”下拉按钮，在弹出的下拉列表中选择“对行和列禁用”命令，取消透视表的所有总计。

步骤⑤ 单击"分析"选项卡下的"+/−按钮"按钮，不显示字段的"折叠/展开"按钮。

步骤⑥ 单击"设计"→"报表布局"下拉按钮，在弹出的下拉列表中选择"重复所有项目标签"，填充行字段的空单元格。

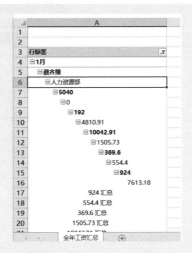

图5-119 重新布局透视表

这样，就得到了如图5-120所示的透视表。

	A	B	C	D	E	F	G	H	I	J	K	L	M
3	月份	姓名	部门	基本工资	福利津贴	岗位津贴	出勤工资	应发工资	个人所得税	公积金	社保金	四金合计	实发工资
4	1月	蔡齐豫	人力资源部	5040	0	192	4810.91	10042.91	1505.73	369.6	554.4	924	7613.18
5	1月	陈琦安	销售部	3600	120	201.6	3436.37	7357.97	916.59	236.4	354.72	591.12	5850.26
6	1月	陈羽晰	销售部	5040	0	201.6	4810.91	10052.51	1508.13	369.6	554.4	924	7620.38
7	1月	程杰	质量部	3360	0	201.6	3207.28	6768.88	798.78	236.4	354.72	591.12	5378.98
8	1月	范佑云	质量部	5040	0	201.6	4810.91	10052.51	1508.13	369.6	554.4	924	7620.38
9	1月	方丽丽	质量部	3600	0	0	3436.37	7237.97	892.59	252	378	630	5715.38
10	1月	郭尔然	销售部	3360	0	201.6	3207.28	6768.88	798.78	236.4	354.72	591.12	5378.98
11	1月	韩晓波	财务部	3360	0	201.6	3207.28	6768.88	798.78	236.4	354.72	591.12	5378.98
12	1月	郝毅德	销售部	3360	0	201.6	3207.28	6768.88	798.78	236.4	354.72	591.12	5378.98
13	1月	何彬	财务部	3360	0	201.6	3207.28	6768.88	798.78	236.4	354.72	591.12	5378.98
14	1月	何欣	人力资源部	3120	0	172.8	2978.18	6270.98	699.2	236.4	354.72	591.12	4980.66
15	1月	贺晨丽	财务部	3360	0	192	2978.18	6530.18	751.04	236.4	354.72	591.12	5188.02
16	1月	胡发	销售部	3360	0	192	3207.28	6759.28	796.86	0	253.44	253.44	5708.98
17	1月	纪天雨	销售部	3360	0	201.6	3207.28	6768.88	798.78	252	378	630	5340.1
18	1月	姜然	销售部	3360	0	192	3207.28	6759.28	796.86	0	253.44	253.44	5708.98

图5-120 重新布局透视表

步骤⑦ 因为是每个部门做一个表格，因此再把字段"部门"拖放到"筛选"窗格。

步骤⑧ 单击"分析"→"选项"下拉按钮，在弹出的下拉列表中选择"显示报表筛选页"命令，如图5-121所示。

步骤⑨ 打开"显示报表筛选页"对话框，选择"部门"，如图 5-122 所示。

步骤⑩ 单击"确定"按钮,就发生了神奇的事情:快速创建了N个工作表,每个工作表名字就是部门的名字,该工作表中保存该部门下的所有数据,如图5-123所示。

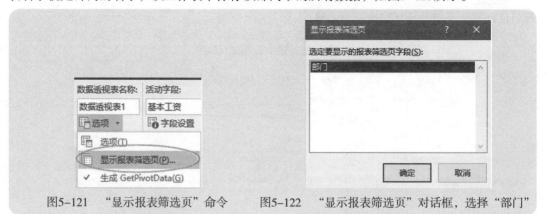

图5-121 "显示报表筛选页"命令　　图5-122 "显示报表筛选页"对话框,选择"部门"

图5-123 每个部门一个工作表

其实,这个操作的本质,就是将数据透视表复制了N个表,在每个表中筛选每个部门,因此得到的每个明细表实际上还是数据透视表。

步骤⑪ 选择这些工作表,再选择整个工作表区域,然后选择粘贴成数值。

5.7.4 快速核对数据

"老师,怎样快速核对社保啊?人数太多,眼睛核对不方便,使用VLOOKUP函数更是麻烦。这个工作快把我累趴了。"

"老师,有没有快捷的方法进行银行对账啊?我一直都是手工一笔一笔地核对,累死我了。"

很多数据的核对,是在两个或者多个表格之间进行的,也就是把几个表格中对不上的数据查找出来,此时可以使用函数、数据透视表等,并联合使用条件格式。其中使用数据透视表是最简单的方法。

下面以一个简单的例子来说明如何利用数据透视表快速核对数据。

案例5-15

图5-124所示是两个工作表数据,现在要核对每个项目的金额在两个表格中是否一样。

图5-124　两个表格数据

这是一个单条件核对数据的问题,最实用最简便的方法是利用多重合并计算数据区域透视表,不仅速度快,核对准确,得到的核对结构就在一张表上,非常清晰。

步骤① 首先对两个表格制作多重合并数据透视表,如图5-125和图5-126所示。

图5-125　添加2个工作表的数据区域

图5-126　创建的基本透视表

步骤② 设置数据透视表的格式,例如删除样式、取消行总计、取消分自选类汇总、设置表格样式等。

步骤③ 为字段"列"添加一个计算项,"名称"为"差异","公式"为"=计费金额 –金额",如图 5-127 所示。

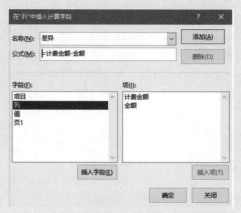

图5-127　插入计算项,计算两个表格的差异值

步骤④ 单击"确定"按钮,即可得到如图5-128所示的核对结果。

步骤⑤ 如果数据量很大,差异计算出的0就会很多,此时可以设置Excel选项,不显示工作表中数字0,效果如图5-129所示。

◢	A	B	C	D
1	页1	(全部)		
2				
3	金额	列		
4	项目	计费金额	金额	差异
5	项目01	10080	10170	-90
6	项目02	10440	10440	0
7	项目03	7650	7650	0
8	项目04	13590	13590	0
9	项目05	12780	12780	0
10	项目06	11970		11970
11	项目07	14130	14130	0
12	项目08	5130	5130	0
13	项目09	13590	13590	0
14	项目10	8010	8010	0
15	项目11	13320	13320	0
16	项目12	13590	13590	0
17	项目13	13770	13770	0
18	项目14	14040	14040	0
19	项目15	14130	14130	0
20	项目16		11880	-11880
21	总计	176220	176220	0

图5-128　核对结果

◢	A	B	C	D
1	页1	(全部)		
2				
3	金额	列		
4	项目	计费金额	金额	差异
5	项目01	10080	10170	-90
6	项目02	10440	10440	
7	项目03	7650	7650	
8	项目04	13590	13590	
9	项目05	12780	12780	
10	项目06	11970		11970
11	项目07	14130	14130	
12	项目08	5130	5130	
13	项目09	13590	13590	
14	项目10	8010	8010	
15	项目11	13320	13320	
16	项目12	13590	13590	
17	项目13	13770	13770	
18	项目14	14040	14040	
19	项目15	14130	14130	
20	项目16		11880	-11880
21	总计	176220	176220	

图5-129　不显示数字0

06

手到擒来

大量工作表的快速查询与汇总

领导说："小白，你做一份各个分公司的合同工名单出来。我现在不清楚我们公司到底有多少合同工。"

CFO说："小胡，你把各个部门的预算表汇总下，我需要一张总公司的预算汇总表，同时还要能查看各个部门的预算情况。"

数据的查询与汇总，是日常数据处理中频繁遇到的问题。也许你会说，数据查询很简单啊，用VLOOKUP函数就可以搞定。但是，领导要的不是一个数据，也不是从一个工作表查询，而是要从一个或者多个原始表单中进行查询，得到一个新的数据表，这样的查询表，你能不能在5分钟弄出来？

　　你也许会这样说，我平常做汇总表格都是复制粘贴，也不会别的方法，看书也看不明白，就这么个笨办法，已经用了快十年了。

　　　　迷离的网格，

　　　　两眼茫茫。

　　不知数据何处藏，

　　一年到头四季忙。

　　　　加班加点，

　　　　苦苦挣扎，

　　到头没收多少粮。

6.1　快速查询数据

　　一说到查询数据，很多人立即想到了使用 VLOOKUP 函数。现在的情况并不是查询满足条件的某个数据，而是查询所有满足条件的数据；条件不见得是一个，也可以是给定了多个条件。这样的问题，可以使用 Microsoft Query 工具，也可以使用 Power Query 工具，前者在所有版本里都能使用，后者在 Excel 2016 中才有。

　　这些工具的使用，不需要多深的学问，也不需要绞尽脑汁，只需要按照可视化向导一步一步地操作，很快就能完成领导布置的任务。而且，得到的查询表没有任何公式，但与原始表单是链接的，当原始表单数据变化后，只要在查询表中刷新数据，即可瞬间得到最新的查询结果。

6.1.1　从一个工作表中查询满足条件的数据

◎ 案例6-1

　　图6-1所示是一个员工花名册，要求从这个表格中查询所有离职人员的基本信息，制作离职人员信息表。

	A	B	C	D	E	F	G	H	I	J	K	L
1	姓名	性别	部门	职务	学历	婚姻状况	出生日期	年龄	进公司时间	本公司工龄	离职时间	离职原因
2	AAA1	男	总经理办公室	总经理	博士	已婚	1968-10-9	49	1987-4-8	31		
3	AAA2	男	总经理办公室	副总经理	硕士	已婚	1969-6-18	48	1990-1-8	28		
4	AAA3	女	总经理办公室	副总经理	本科	已婚	1979-10-22	38	2002-5-1	16		
5	AAA4	男	总经理办公室	职员	本科	已婚	1986-11-1	31	2006-9-24	11	2015-6-5	因个人原因辞职
6	AAA5	女	总经理办公室	职员	本科	已婚	1982-8-26	35	2007-8-8	10		
7	AAA6	女	人力资源部	职员	本科	已婚	1983-5-15	34	2005-11-28	12		
8	AAA7	男	人力资源部	经理	本科	已婚	1982-9-16	35	2005-3-9	13		
9	AAA8	男	人力资源部	副经理	本科	未婚	1972-3-19	46	1995-4-19	23		
10	AAA9	男	人力资源部	职员	硕士	已婚	1978-5-4	40	2003-1-26	15		
11	AAA10	男	人力资源部	职员	大专	已婚	1981-6-24	36	2006-11-11	11		
12	AAA11	女	人力资源部	职员	本科	已婚	1972-12-15	45	1997-10-15	20		
13	AAA12	女	人力资源部	职员	本科	未婚	1971-8-26	46	1994-5-22	23		
14	AAA13	男	财务部	副经理	本科	已婚	1978-8-12	39	2002-10-12	15		

图6-1　员工基本信息表

　　这个问题使用 Microsoft Query 基本方法是最简单的，而且在各个版本中都能使用，下面就来介绍这个方法。

步骤 ① 单击"数据"→"自其他来源"下拉按钮，在弹出的下拉列表中选择"来自Microsoft Query"命令,如图6-2所示。

步骤② 打开"选择数据源"对话框,在"数据库"选项卡的列表框中选择Excel Files*,如图6-3所示。

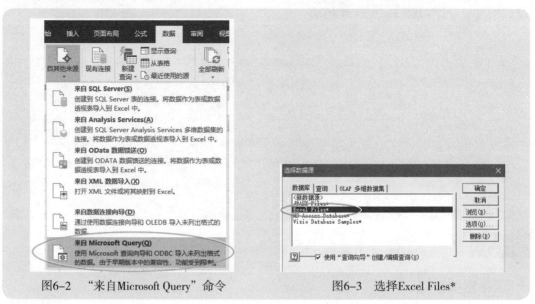

图6-2 "来自Microsoft Query"命令   图6-3 选择Excel Files*

步骤③ 单击"确定"按钮,打开"选择工作簿"对话框,然后从保存该工作簿的文件夹里选择该文件,如图6-4所示。

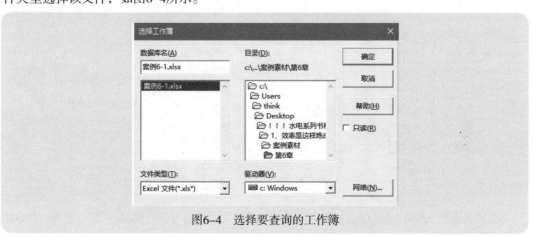

图6-4 选择要查询的工作簿

步骤④ 单击"确定"按钮,打开"查询向导–选择列"对话框,如图6-5所示。

图6-5　"查询向导–选择列"对话框

如果是第一次使用Microsoft Query，可能会出现警告"数据源中没有包含可见的表格"，如图6-6所示。

图6-6　"数据源中没有包含可见的表格"警告对话框

此时，需要单击"确定"按钮，打开"查询向导–选择列"对话框，如图6-7所示。在这个对话框中没有任何可以使用的表格。没关系，继续往下操作。

图6-7　"查询向导–选择列"对话框：没有任何可以使用的表格

单击"选项"按钮，打开"表选项"对话框，选中"系统表"复选框，如图6-8所示。

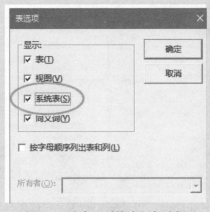

图6-8 选中"系统表"复选框

单击"确定"按钮，返回到"查询向导－选择列"对话框，就可以看到左侧"可用的表和列"列表框中出现可以使用的表格了。

步骤 5 在左侧"可用的表和列"列表框中单击工作表"基本信息$"左边的"展开"按钮 +，展开该工作表下的各列标题，然后把需要的列移动到右侧的"查询结果中的列"列表框中，如图6-9所示。

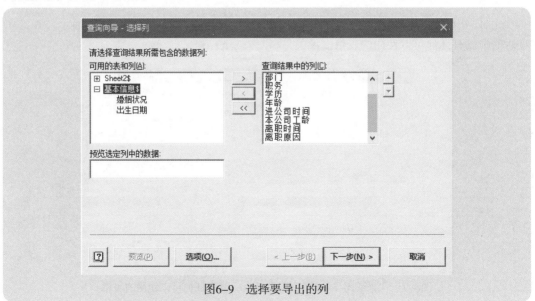

图6-9 选择要导出的列

步骤⑥ 单击"下一步"按钮,打开"查询向导–筛选数据"对话框,在左侧的"待筛选的列"列表框中选择"离职时间"或者"离职原因",然后在右侧筛选条件中选择"不为空",如图6–10所示。

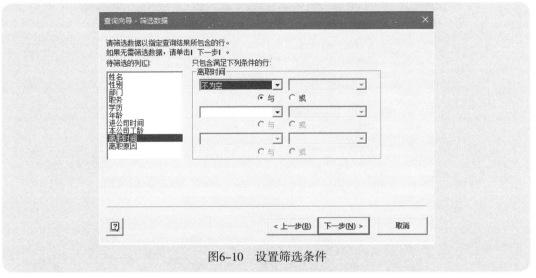

图6–10 设置筛选条件

步骤⑦ 单击"下一步"按钮,打开"查询向导–排序顺序"对话框,选择要排序的关键字进行排序,比如按照离职时间的早晚进行排序,如图6–11所示。

图6–11 对离职时间进行排序

步骤⑧ 单击"下一步"按钮,打开"查询向导–完成"对话框,保持默认,如图6–12所示。

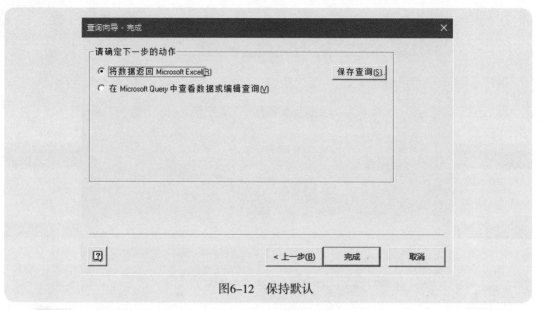

图6–12 保持默认

步骤⑨ 单击"完成"按钮,打开"导入数据"对话框,选中"表"和"新工作表"单选按钮,如图6–13所示。

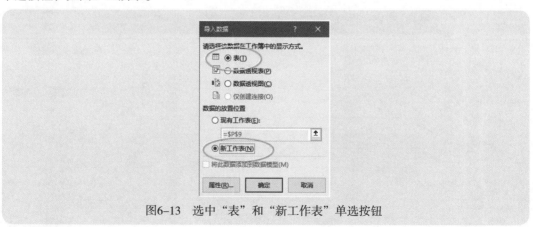

图6–13 选中"表"和"新工作表"单选按钮

步骤⑩ 单击"确定"按钮,即可得到要求的所有离职人员明细表,如图6–14所示。

	A	B	C	D	E	F	G	H	I	J
1	姓名	性别	部门	职务	学历	年龄	进公司时间	本公司工龄	离职时间	离职原因
2	AAA18	女	财务部	副经理	本科	46	1995-7-21 0:00	22	2009-6-10 0:00	因个人原因辞职
3	AAA14	女	财务部	经理	硕士	57	1984-12-21 0:00	33	2009-6-10 0:00	因个人原因辞职
4	AAA68	男	分控	副经理	本科	42	2009-1-1 0:00	9	2009-10-10 0:00	考核不合要求辞退
5	AAA25	女	技术部	职员	本科	39	2001-12-11 0:00	16	2009-10-15 0:00	因个人原因辞职
6	AAA39	男	生产部	职员	硕士	39	2003-6-29 0:00	14	2009-10-18 0:00	违反公司规定辞退
7	AAA47	女	销售部	职员	硕士	38	2003-10-20 0:00	14	2009-10-23 0:00	因个人原因辞职
8	AAA77	女	外借	职员	本科	55	1996-9-1 0:00	21	2013-2-22 0:00	合同到期但个人不愿续签
9	AAA43	男	销售部	项目经理	硕士	39	2003-4-28 0:00	15	2013-8-1 0:00	考核不合要求辞退
10	AAA34	女	国际贸易部	职员	硕士	39	2003-11-4 0:00	14	2013-9-16 0:00	违反公司规定辞退
11	AAA80	女	生产部	职员	本科	33	2009-10-15 0:00	8	2014-2-28 0:00	因个人原因辞职
12	AAA4	男	总经理办公室	职员	本科	31	2006-9-24 0:00	11	2015-6-5 0:00	因个人原因辞职
13	AAA59	女	后勤部	副经理	本科	45	1994-5-16 0:00	23	2018-3-1 0:00	考核不合要求辞退

图6-14 查询得到的离职人员明细表

步骤⑪ 这个查询表的样式比较难看，例如颜色不雅，日期数据后面有0:00的时间后缀。

首先，选择G列和I列，将单元格格式设置为短日期。其次，在"设计"选项卡下的表格样式集中选择一种喜欢的样式，如图6-15所示。

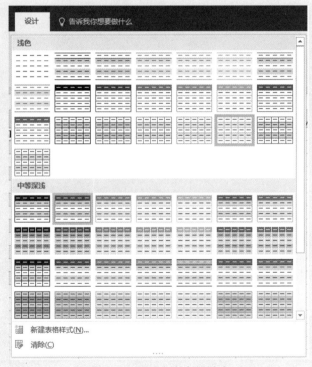

图6-15 设置查询表的样式

这样，就得到了如图6-16所示的查询表。

姓名	性别	部门	职务	学历	年龄	进公司时间	本公司工龄	离职时间	离职原因
AAA18	女	财务部	副经理	本科	46	1995-7-21	22	2009-6-10	因个人原因辞职
AAA14	女	财务部	经理	硕士	57	1984-12-21	33	2009-6-10	因个人原因辞职
AAA68	男	分控	副经理	本科	42	2009-1-1	9	2009-10-10	考核不合要求辞退
AAA25	女	技术部	职员	本科	39	2001-12-11	16	2009-10-15	因个人原因辞职
AAA39	男	生产部	职员	硕士	39	2003-6-29	14	2009-10-18	违反公司规定辞退
AAA47	女	销售部	职员	硕士	38	2003-10-20	14	2009-10-23	因个人原因辞职
AAA77	女	外借	职员	本科	55	1996-9-1	21	2013-2-22	合同到期但个人不愿续签
AAA43	女	销售部	项目经理	硕士	39	2003-4-28	15	2013-8-1	考核不合要求辞退
AAA34	女	国际贸易部	职员	硕士	39	2003-11-4	14	2013-9-16	违反公司规定辞退
AAA80	女	生产部	职员	本科	33	2009-10-15	8	2014-2-28	因个人原因辞职
AAA4	男	总经理办公室	职员	本科	31	2006-9-24	11	2015-6-5	因个人原因辞职
AAA59	女	后勤部	副经理	本科	45	1994-5-16	23	2018-3-1	考核不合要求辞退

图6-16　设置表格样式后的查询表

领导可能会问了,总共有多少人离职了? 离职的平均年龄是多少岁? 平均在公司待了多少年? 遇到这样的问题,你会如何计算和回答?

其实,只需要在查询表的底部添加一个汇总行就可以了,因为这个表格是智能表格,有很强大的功能。

在"设计"选项卡的"表格样式选项"组中选中"汇总行"复选框(如图6-17所示),就在表格的底部添加了一个汇总行,如图6-18所示。

图6-17　选中"汇总行"复选框

姓名	性别	部门	职务	学历	年龄	进公司时间	本公司工龄	离职时间	离职原因
AAA18	女	财务部	副经理	本科	46	1995-7-21	22	2009-6-10	因个人原因辞职
AAA14	女	财务部	经理	硕士	57	1984-12-21	33	2009-6-10	因个人原因辞职
AAA68	男	分控	副经理	本科	42	2009-1-1	9	2009-10-10	考核不合要求辞退
AAA25	女	技术部	职员	本科	39	2001-12-11	16	2009-10-15	因个人原因辞职
AAA39	男	生产部	职员	硕士	39	2003-6-29	14	2009-10-18	违反公司规定辞退
AAA47	女	销售部	职员	硕士	38	2003-10-20	14	2009-10-23	因个人原因辞职
AAA77	女	外借	职员	本科	55	1996-9-1	21	2013-2-22	合同到期但个人不愿续签
AAA43	女	销售部	项目经理	硕士	39	2003-4-28	15	2013-8-1	考核不合要求辞退
AAA34	女	国际贸易部	职员	硕士	39	2003-11-4	14	2013-9-16	违反公司规定辞退
AAA80	女	生产部	职员	本科	33	2009-10-15	8	2014-2-28	因个人原因辞职
AAA4	男	总经理办公室	职员	本科	31	2006-9-24	11	2015-6-5	因个人原因辞职
AAA59	女	后勤部	副经理	本科	45	1994-5-16	23	2018-3-1	考核不合要求辞退
汇总									12

图6-18　表格底部添加了一个汇总行

在这个汇总行的最右边单元格，会自动出现一个数字，这个案例中是12，表示有12行数据，也就是12个离职员工。

可以在任一字段的底部添加汇总计算公式，方法是单击某个汇总单元格，就会出现一个下拉箭头，单击它，展开计算列表，然后选择某种计算即可，如图6-19所示。

	姓名	性别	部门	职务	学历	年龄	进公司时间	
4	AAA68	男	分控	副经理	本科	42	2009-1-1	
5	AAA25	女	技术部	职员	本科	39	2001-12-11	
6	AAA39	男	生产部	职员	硕士	39	2003-6-29	
7	AAA47	女	销售部	职员	硕士	38	2003-10-20	
8	AAA77	女	外借	职员	本科	55	1996-9-1	
9	AAA43	男	销售部	项目经理	硕士	39	2003-4-28	
10	AAA34	女	国际贸易部	职员	硕士	39	2003-11-4	
11	AAA80	女	生产部	职员	本科	39	2009-10-15	
12	AAA4	男	总经理办公室	职员	本科	31	2006-9-24	
13	AAA59	女	后勤部	副经理	本科	45	1994-5-16	
14	汇总							

无
平均值
计数
数值计数
最大值
最小值
求和
标准偏差
方差
其他函数...

图6-19　为某个字段添加计算公式

图6-20所示是计算了平均年龄和平均工龄后的表格，并把人数显示在部门的底部。

	A	B	C	D	E	F	G	H	I	J
1	姓名	性别	部门	职务	学历	年龄	进公司时间	本公司工龄	离职时间	离职原因
2	AAA18	女	财务部	副经理	本科	46	1995-7-21	22	2009-6-10	因个人原因辞职
3	AAA14	女	财务部	经理	硕士	57	1984-12-21	33	2009-6-10	因个人原因辞职
4	AAA68	男	分控	副经理	本科	42	2009-1-1	9	2009-10-10	考核不合要求辞职
5	AAA25	女	技术部	职员	本科	39	2001-12-11	16	2009-10-15	因个人原因辞职
6	AAA39	男	生产部	职员	硕士	39	2003-6-29	14	2009-10-18	违反公司规定辞退
7	AAA47	女	销售部	职员	硕士	38	2003-10-20	14	2009-10-23	因个人原因辞职
8	AAA77	女	外借	职员	本科	55	1996-9-1	21	2013-2-22	合同到期个人不愿续签
9	AAA43	男	销售部	项目经理	硕士	39	2003-4-28	15	2013-8-1	因个人原因辞职
10	AAA34	女	国际贸易部	职员	硕士	39	2003-11-4	14	2013-9-16	违反公司规定辞退
11	AAA80	女	生产部	职员	本科	33	2009-10-15	8	2014-2-28	因个人原因辞职
12	AAA4	男	总经理办公室	职员	本科	31	2006-9-24	11	2015-6-5	因个人原因辞职
13	AAA59	女	后勤部	副经理	本科	45	1994-5-16	23	2018-3-1	考核不合要求辞退
14	汇总		12			41.9		16.7		

图6-20　完整的查询表：既有明细数据，又有简单的汇总计算

如果原始数据变化了，比如又有人离职或入职了，那么在查询表中单击鼠标右键，在弹出的快捷菜单中选择"刷新"命令(如图6-21所示)，就自动得到了最新结果。感兴趣的读者可自行练习。

图6-21 "刷新"命令

读后作业:以此案例数据为例,完成下面的作业。

(1)请制作在职人员明细表。

(2)请制作当年入职的员工明细表。

(3)请制作当年离职的员工明细表

6.1.2 从多个工作表中查询满足条件的数据

如果数据源不是一个工作表,而是当前工作簿里的多个工作表,现在要从这些工作表里把满足条件的数据查询出来,并保存到一个新工作表中,这样的问题,又该如何快速准确完成呢? 你不会又是一个一个工作表筛选复制粘贴吧?

这个问题,可以使用Excel 2016版中的最新工具Power Query快速完成。

案例6-2

图6-22所示是当前工作簿中的12个工资表,保存12个月的工资。现在领导要求从这12个月的工资表中,把所有劳务工的实发工资数据查出来,保存到一个新的工作表中。

	A	B	C	基本工资	E	F	G	H	I	J	K	L	M	应发合计	住房公积金	养老保险
1	姓名	性别	合同种类	基本工资	岗位工资	工龄工资	住房补贴	交通补贴	医疗补助	奖金	病假扣款	事假扣款	迟到早退扣款	应发合计	住房公积金	养老保险
2	A001	男	合同工	2975	441	60	334	566	354	332	100	0	0	4962	404.96	303.7
3	A002	男	合同工	2637	429	110	150	685	594	568	0	0	81	5092	413.84	310.3
4	A005	女	合同工	4691	320	210	386	843	277	494	0	0	16	7205	577.68	433.2
5	A006	女	合同工	5282	323	270	298	612	492	255	62	0	0	7470	602.56	451.9
6	A008	男	合同工	4233	549	230	337	695	248	414	53	0	0	6653	536.48	402.3
7	A010	男	合同工	4765	374	170	165	549	331	463	0	0	29	6788	545.36	409.0
8	A016	女	合同工	4519	534	260	326	836	277	367	48	53	29	6989	569.52	427.7
9	A003	女	劳务工	5688	279	290	250	713	493	242	0	0	0	7955	636.4	477
10	A004	男	劳务工	2981	296	200	254	524	595	383	0	39	15	5179	418.64	313.9
11	A007	男	劳务工	5642	242	170	257	772	453	382	76	0	0	7842	633.44	475.0
12	A009	男	劳务工	2863	260	220	115	769	201	415	39	12	0	4792	387.44	290.5
13	A011	女	劳务工	4622	444	50	396	854	431	560	0	0	46	7255	584.08	438.0
14	A012	女	劳务工	4926	301	290	186	897	212	563	0	79	0	7296	590	442

1月 2月 3月 4月 5月 6月 7月 8月 9月 10月 11月 12月

图6-22 当前工作簿里的12个工资表

步骤 ① 单击"数据"→"新建查询"下拉按钮，在弹出的下拉列表中选择"从文件"→"从工作簿"命令，如图6–23所示。

图6–23 "从工作簿"命令

步骤 ② 打开"导入数据"对话框，从目标文件夹里选择要查询汇总的工作簿，如图6–24所示。

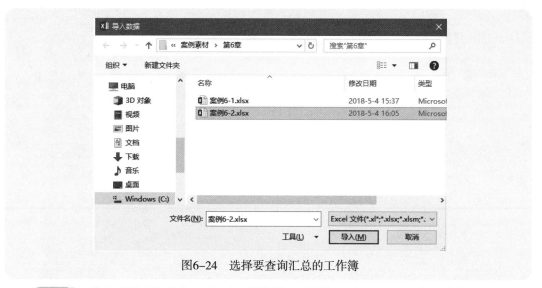

图6–24 选择要查询汇总的工作簿

步骤 ③ 单击"导入"按钮，打开"导航器"对话框。由于要汇总该工作簿中的全部12

个工作表,所以选择"案例6-2.xlsx[12]",如图6-25所示。注意,不能只选择某个工作表。

图6-25 选择"案例6-2.xlsx[12]"

步骤④ 单击右下角的"编辑"按钮,进入"查询编辑器"界面,如图6-26所示。

图6-26 查询编辑器

步骤⑤　选择右侧的3列，将其删除，如图6-27和图6-28所示。

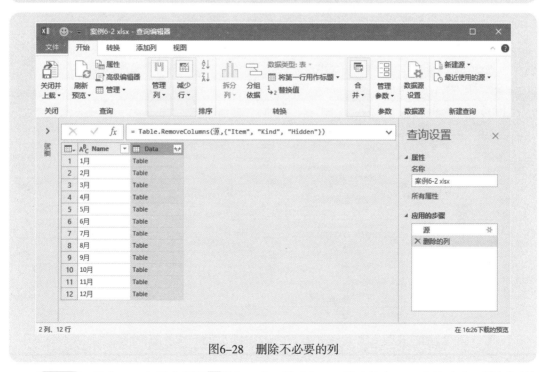

图6-27　准备删除右边的3列

图6-28　删除不必要的列

步骤⑥　单击Data字段右侧的按钮，打开如图6-29所示的窗口，取消选中"使用原始列名作为前缀"复选框，然后单击"加载更多"。

步骤⑦　单击"确定"按钮，就得到了全部12个工作表的数据，如图6-30所示。

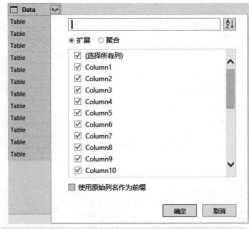

图6-29　加载所有列数据

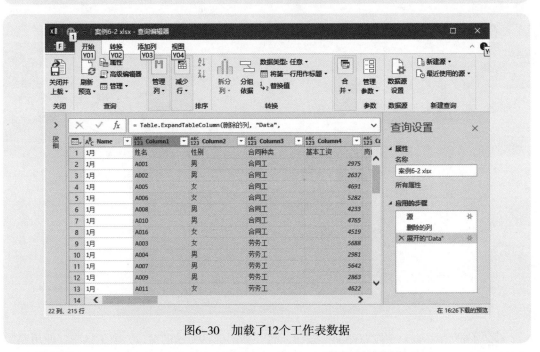

图6-30　加载了12个工作表数据

步骤⑧　在"开始"选项卡的"转换"组中单击 将第一行用作标题·按钮，显示真正的标题，然后将第1列默认的标题"01月"修改为"月份"，就得到如图6-31所示的结果。

图6-31 将第1行用作标题

步骤⑨ 但是，每个表格其实都有标题存在，因此需要将这些标题行剔除掉。方法是单击除第1列（该列实际上是工作表名）外的任一列，比如"性别"列，将数据记录中的"性别"取消勾选，如图6-32所示。

图6-32 从字段"性别"中取消勾选"性别"

步骤⑩ 工资项目仅仅保留最后一列的"实发合计"，其他各列均删除，得到如图6-33所示的结果。

图6-33　仅保留"实发合计"项目数据

步骤⑪ 从字段"合同种类"中筛选"劳务工",如图6-34所示。

图6-34　筛选"劳务工"

这样,就得到了12个工作表中所有劳务工的数据,如图6-35所示。

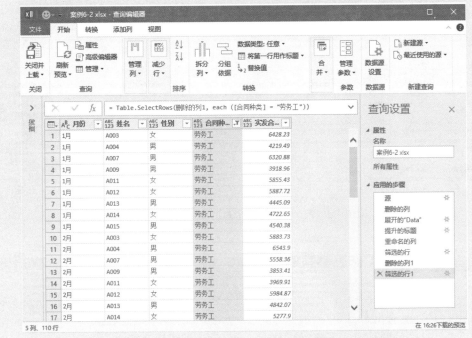

图6-35 查询出的12个月工资表中所有劳务工的应发合计数据

步骤⑫ 单击"开始"→"关闭并上载"按钮，如图6-36所示。

这样，就得到了全部劳务工12个月实发合计的汇总表，如图6-37所示。

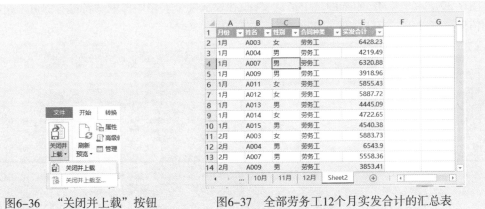

图6-36 "关闭并上载"按钮　　　图6-37 全部劳务工12个月实发合计的汇总表

步骤⑬ 以这个查询表制作数据透视表进行布局，设置格式，可得到每个劳务工每个月的"实发合计"数据,如图6-38所示。

实发合计	月份												
姓名	10月	11月	12月	1月	2月	3月	4月	5月	6月	7月	8月	9月	总计
A003				6428.23	5883.73	6089.79	6193.27	5016.33	4540.01	5672.88	7361.33	4082.19	51267.76
A004	4705.22	4269.29	4814.91	4219.49	6543.9	4749.44	4274.58	4669.07	4130.95	5314.82	58974.3
A007	5484.76	5749.29	6486.91	6320.88	5558.36	6317.8	6562.2	4075.35	5291.38	6317.15	6594.17	7046.28	71804.53
A009				3918.96	3853.41	6105.65	5958.12	5793.21	5081.32	7294.87	6294.83	6119.62	50419.99
A011	5945.07	5988.24	5684.23	5855.43	3969.91	4993.59	6349.19	5865.34	4774.46	4282.71	7432.02	6430.31	67691.12
A012	6092.2	6471.43	4467.9	5887.72	5984.87	6394.37	6350.54	5217.67	4309.37	5892.17	5024.07	6889.62	68981.93
A013	6471.03	4272.49	3919.43	4445.09	4842.07	6465.04	5195.1	5013.75	6258.63	5376.11	6455.86	6635.43	65350.03
A014	5047.16	4138.38	6173.31	4722.65	5277.9	6114.94	4612.76	6307.5	4342.29	5395.41	5144.97	5327.67	62604.94
A015	5651.94	7118.11	5285.59	4540.38	5656.96	5769.75	7022.91	5772.4	5627.39	4845.08	6084.7	5712.48	69087.69
A019	6357.87	4936.73	4412.79									6548.79	22256.18
A020	4486.86	5831.83	5741.06									4691.18	20750.93
总计	50242.11	48775.79	46986.13	46338.83	47571.11	53000.37	52518.67	47316.28	45392.77	51725.45	54522.9	64798.99	609189.4

图6-38　每个劳务工每个月的实发合计汇总表

6.1.3　查询几个工作表都有的数据

领导说,你从年初和年末的员工信息表中把年初、年末都有的员工(也就是排除新入职和离职的员工)的信息查出来,以年末数据为准,得到老员工最新的信息数据。

怎么办?这个问题其实并不难,使用Microsoft Query即可快速完成。

案例6-3

图6-39所示是年初、年末的员工信息表,现在要从两个表格中抓取两者都有的员工,但员工的信息数据以年末为准。

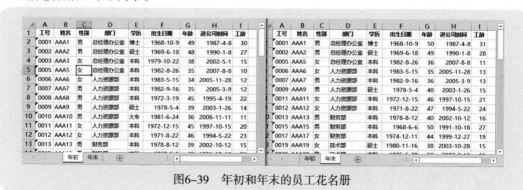

图6-39　年初和年末的员工花名册

这个问题使用Microsoft Query来解决是最简单、也是操作最方便的,下面是这个问题及使用Microsoft Query做连接查询的主要步骤。

步骤①　单击"数据"→"自其他来源"下拉按钮，在弹出的下拉列表中选择"来自Microsoft Query"命令，选择工作簿，然后进入"查询向导–选择列"对话框，在左侧"可用的表和列"列表框中可以看到两个待查询的表格，如图6-40所示。

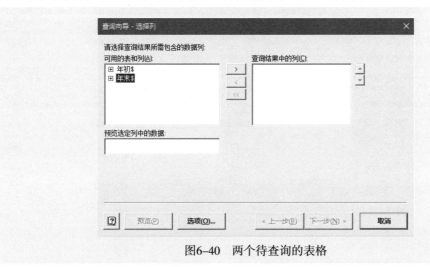

图6-40　两个待查询的表格

步骤②　将"年初"工作表的"工号"移到右侧，再将"年末"所有数据移到右侧，如图6-41所示。

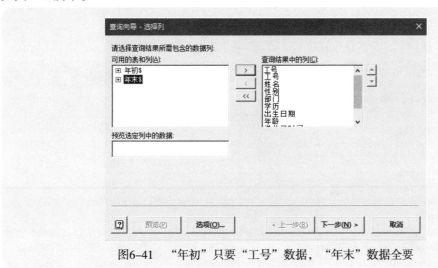

图6-41　"年初"只要"工号"数据，"年末"数据全要

步骤③　单击"下一步"按钮，弹出一个警告对话框，如图6-42所示。

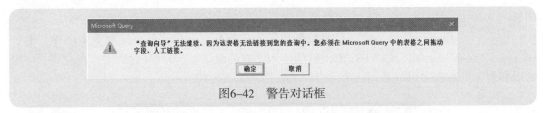

图6-42 警告对话框

步骤④ 单击"确定"按钮,进入Microsoft Query界面,然后把"年初"表格里的"工号"拖放到"年末"表格里的"工号"上,建立链接,如图6-43所示。

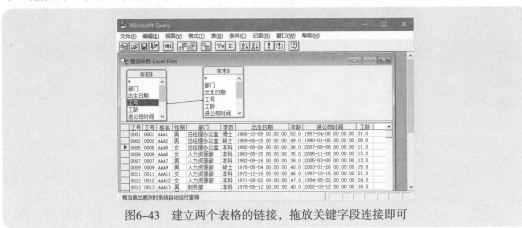

图6-43 建立两个表格的链接,拖放关键字段连接即可

步骤⑤ 删除一列多余的"工号",然后选择"文件"→"将数据返回Microsoft Excel"命令,如图6-44所示。

步骤⑥ 打开"导入数据"对话框,选中"表"和"新工作表"单选按钮,如图6-45所示。

图6-44 准备将数据导入到Excel 图6-45 选中"表"和"新工作表"单选按钮

步骤 ⑦ 单击"确定"按钮，就得到了年初、年末两个表格都存在的员工数据，如图6-46所示。

	A	B	C	D	E	F	G	H	I	J
1	工号	工号2	姓名	性别	部门	学历	出生日期	年龄	进公司时间	工龄
2	0001	0001	AAA1	男	总经理办公室	博士	1968-10-9 0:00	50	1987-4-8 0:00	31
3	0002	0002	AAA2	男	总经理办公室	硕士	1969-6-18 0:00	49	1990-1-8 0:00	28
4	0005	0005	AAA5	女	总经理办公室	本科	1982-8-26 0:00	36	2007-8-8 0:00	11
5	0006	0006	AAA6	女	人力资源部	本科	1983-5-15 0:00	35	2005-11-28 0:00	13
6	0007	0007	AAA7	男	人力资源部	本科	1982-9-16 0:00	36	2005-3-9 0:00	13
7	0009	0009	AAA9	男	人力资源部	硕士	1978-5-4 0:00	40	2003-1-26 0:00	15
8	0011	0011	AAA11	女	人力资源部	本科	1972-12-15 0:00	46	1997-10-15 0:00	21
9	0012	0012	AAA12	女	人力资源部	本科	1971-8-22 0:00	47	1994-5-22 0:00	24
10	0013	0013	AAA13	男	财务部	本科	1978-8-12 0:00	40	2002-10-12 0:00	16
11	0015	0015	AAA15	男	财务部	本科	1968-6-6 0:00	50	1991-10-18 0:00	27
12	0017	0017	AAA17	女	财务部	本科	1974-12-11 0:00	44	1999-12-27 0:00	19
13	0019	0019	AAA19	女	技术部	硕士	1980-11-16 0:00	38	2003-10-28 0:00	15

两个表都存在的数据　年初　年末

图6-46　年初、年末两个表都存在的员工，基本信息是年末数据

6.2　快速汇总大量的工作表

大量工作表的汇总，看起来很复杂，也很累人，但是，如果你把基础表单做好了，汇总起来并不费事。因为 Excel 提供了大量非常实用的表格汇总工具，例如合并计算工具、数据透视表工具、现有连接 +SQL 工具、Microsoft Query 工具、Power Query 工具，甚至 VBA 工具等。这些工具适用于不同的情况，但是都有一个最基本的要求：表格必须标准规范！

6.2.1　多个结构完全相同的工作表快速汇总

如果要汇总的多个工作表结构完全相同，汇总的目的就是把这些工作表数据加总，那么可以直接使用SUM函数，也可以使用合并计算，前者仅仅是得到一个合计数，后者可以制作两层分级显示效果的汇总表，不仅可以得到合计数，还可以看每个表格的明细数据。

1.　使用 SUM 函数

我们每个人都会使用SUM函数，但SUM函数有一个特殊用法，不是每个人都了解的：就是快速汇总结构完全相同的大量工作表，而不管这些工作表有多少个。

⊘**案例6-4**

图6-47所示是保存在同一个工作簿中的12个工作表,涵盖全年12个月的预算数据,每个工作表的结构完全相同,也就是行一样多,列也一样多,行顺序和列顺序也一模一样。

A	B	C	D	E	F	G	H
科室	可控费用		不可控费用				
	预算	实际	预算	实际			
总务科	790,852.00	651,721.00	1,479,239.00	1,918,213.00			
采购科	706,021.00	1,776,110.00	525,564.00	1,549,109.00			
人事科	1,803,582.00	1,540,738.00	1,347,005.00	1,431,313.00			
生管科	1,318,769.00	1,473,344.00	1,575,128.00	510,395.00			
冲压科	1,663,718.00	1,102,016.00	1,231,771.00	1,486,473.00			
焊接科	1,618,499.00	415,195.00	432,493.00	373,093.00			
组装科	362,147.00	713,038.00	1,915,379.00	1,418,755.00			
品质科	1,238,816.00	595,696.00	1,349,482.00	1,236,991.00			
设管科	802,437.00	678,255.00	1,461,578.00	864,869.00			
技术科	817,562.00	1,557,466.00	1,433,576.00	442,212.00			
营业科	1,256,414.00	1,259,811.00	1,656,712.00	1,605,013.00			
财务科	1,952,031.00	951,830.00	802,607.00	1,424,158.00			
合计	14,330,848.00	12,715,220.00	15,210,534.00	14,260,594.00			

汇总表 | 1月 | 2月 | 3月 | 4月 | 5月 | 6月 | 7月 | 8月 | 9月 | 10月 | 11月 | 12月

图6-47 12个月的预算数据

现在要制作一个汇总表,把这12个工作表的数据汇总在一起,结果如图6-48所示。

A	B	C	D	E
科室	可控费用		不可控费用	
	预算	实际	预算	实际
总务科	15,629,118.00	13,403,535.00	12,155,315.00	13,258,441.00
采购科	15,759,131.00	16,485,037.00	12,699,015.00	14,108,215.00
人事科	15,881,113.00	13,340,918.00	12,743,116.00	12,344,260.00
生管科	13,798,138.00	14,085,184.00	14,694,123.00	13,059,492.00
冲压科	14,666,811.00	16,738,493.00	15,250,877.00	14,668,570.00
焊接科	18,222,839.00	12,695,326.00	14,149,069.00	10,602,779.00
组装科	13,077,505.00	12,319,090.00	14,519,982.00	15,107,042.00
品质科	15,643,542.00	13,077,754.00	15,349,121.00	16,238,324.00
设管科	17,122,577.00	13,192,928.00	12,293,865.00	15,704,406.00
技术科	10,641,972.00	14,396,514.00	14,196,089.00	10,853,598.00
营业科	14,075,528.00	15,705,309.00	15,361,156.00	14,891,348.00
财务科	14,546,531.00	13,568,645.00	13,534,992.00	16,768,406.00
合计	179,064,805.00	169,008,733.00	166,946,720.00	167,604,881.00

汇总表 | 1月 | 2月 | 3月 | 4月 | 5月 | 6月 | 7月 | 8月 | 9月 | 10

图6-48 汇总计算结果

步骤 ① 首先把那些要汇总的工作表全部移动在一起，顺序无关紧要，但要特别注意这些要汇总的工作表之间不能有其他工作表。

步骤 ② 插入一个工作表，设计汇总表的结构。由于要加总的每个工作表结构完全相同，最简便的办法就是把某个工作表复制一份，然后删除表格中的数据，如图6-49所示。

科室	可控费用		不可控费用	
	预算	实际	预算	实际
总务科				
采购科				
人事科				
生管科				
冲压科				
焊接科				
组装科				
品质科				
设管科				
技术科				
营业科				
财务科				
合计				

图6-49　设计汇总表的结构

步骤 ③ 在当前的汇总表中，单击单元格B3，插入SUM函数，单击要汇总的第一个工作表标签，按住Shift键不放，再单击要汇总的最后一个工作表标签，最后再单击单元格B3，即可把汇总公式"=SUM('1月:12月'!B3)"输入到单元格B3中，按Enter键完成公式的输入，如图6-50所示。

B3		× ✓ fx	=SUM('1月:12月'!B3)	
A	B	C	D	E

图6-50　输入求和公式

步骤 ④ 将单元格B3的公式进行复制，即可得到汇总报表。

2. 使用合并计算工具

使用SUM函数汇总计算得到的结果，仅仅是所有表格的合计数，如果还要看每个表格的明细数据呢？总不能在这些明细表之间来回切换吧？几个表不算费事，但是如果有几十个表呢？

此时，可以使用合并计算工具来实现这样的效果：不仅合并计算了这些表数据，还可以做成二级显示效果，在合计数与明细数据之间任意切换。

案例6-5

以案例6-4的数据为例，使用合并计算工具得到的汇总表效果如图6-51和图6-52所示。

	科室	可控费用		不可控费用	
		预算	实际	预算	实际
15	总务科	15,629,118.00	13,403,535.00	12,155,315.00	13,258,441.00
28	采购科	15,759,131.00	16,485,037.00	12,699,015.00	14,108,215.00
41	人事科	15,881,113.00	13,340,918.00	12,743,116.00	12,344,260.00
54	生管科	13,798,138.00	14,085,184.00	14,694,123.00	13,059,492.00
67	冲压科	14,666,811.00	16,738,493.00	15,250,877.00	14,668,570.00
80	焊接科	18,222,839.00	12,695,326.00	14,149,069.00	10,602,779.00
93	组装科	13,077,505.00	12,319,090.00	14,519,982.00	15,107,042.00
106	品质科	15,643,542.00	13,077,754.00	15,349,121.00	16,238,324.00
119	设管科	17,122,577.00	13,192,928.00	12,293,865.00	15,704,406.00
132	技术科	10,641,972.00	14,396,514.00	14,196,089.00	10,853,598.00
145	营业科	14,075,528.00	15,705,309.00	15,361,156.00	14,891,348.00
158	财务科	14,546,531.00	13,568,645.00	13,534,992.00	16,768,406.00
171	合计	179,064,805.00	169,008,733.00	166,946,720.00	167,604,881.00
172					

图6-51　利用合并计算得到的汇总表具有二级分级显示效果

	科室	可控费用		不可控费用	
		预算	实际	预算	实际
3	10月	1,936,252.00	1,187,271.00	424,701.00	1,096,179.00
4	11月	1,682,799.00	747,798.00	637,439.00	1,864,552.00
5	12月	708,420.00	1,337,135.00	767,780.00	1,572,398.00
6	1月	790,852.00	651,721.00	1,479,239.00	1,918,213.00
7	2月	707,730.00	1,269,273.00	1,343,479.00	1,023,860.00
8	3月	1,483,388.00	1,802,546.00	1,577,086.00	678,943.00
9	4月	1,985,692.00	1,612,619.00	1,354,251.00	749,567.00
10	5月	1,545,805.00	308,245.00	309,665.00	356,347.00
11	6月	1,775,298.00	1,904,533.00	1,956,206.00	784,119.00
12	7月	479,026.00	1,683,358.00	1,297,968.00	1,524,616.00
13	8月	1,878,939.00	579,863.00	346,389.00	428,396.00
14	9月	654,917.00	319,173.00	661,112.00	1,261,251.00
15	总务科	15,629,118.00	13,403,535.00	12,155,315.00	13,258,441.00
28	采购科	15,759,131.00	16,485,037.00	12,699,015.00	14,108,215.00
41	人事科	15,881,113.00	13,340,918.00	12,743,116.00	12,344,260.00
54	生管科	13,798,138.00	14,085,184.00	14,694,123.00	13,059,492.00
67	冲压科	14,666,811.00	16,738,493.00	15,250,877.00	14,668,570.00

汇总表　1月　2月　3月　4月　5月　6月　7月　8月　9月　10月

图6-52　单击左边的"展开"按钮 +，可以展开某个部门12个月的明细数据

下面是这个合并表的主要制作过程。

步骤① 插入一个工作表，设计汇总表的结构。

步骤② 选择要保存汇总数字的区域，单击"数据"选项卡下的"合并计算"按钮，如图6-53所示。

图6-53　"合并计算"按钮

步骤③ 打开"合并计算"对话框，如图6-54所示。

图6-54　准备开始合并计算

步骤④ 切换到某个表格，选择要汇总的区域，然后单击"添加"按钮，如图6-55所示。

科室	可控费用		不可控费用	
	预算	实际	预算	实际
总务科	790,852.00	651,721.00	1,479,239.00	1,918,213.00
采购科	706,021.00	1,776,110.00	525,564.00	1,549,109.00
人事科	1,803,582.00	1,540,738.00	1,347,005.00	1,431,313.00
生管科	1,318,769.00	1,473,344.00	1,575,128.00	510,395.00
冲压科	1,663,718.00	1,102,016.00	1,231,771.00	1,486,473.00
焊接科	1,618,499.00	415,195.00	432,493.00	373,093.00
组装科	362,147.00	713,038.00	1,915,379.00	1,418,755.00
品质科	1,238,816.00	595,696.00	1,349,482.00	1,236,991.00
设管科	802,437.00	678,255.00	1,461,578.00	864,869.00
技术科	817,562.00	1,557,466.00	1,433,576.00	442,212.00
营业科	1,256,414.00	1,259,811.00	1,656,712.00	1,605,013.00
财务科	1,952,031.00	951,830.00	802,607.00	1,424,158.00
合计	14,330,848.00	12,715,220.00	15,210,534.00	14,260,594.00

图6-55　选择要汇总的数字区域，单击"添加"按钮

步骤5 以此方法将12个月的数据都添加完毕，并选中"创建指向源数据的链接"复选框，如图6-56所示。

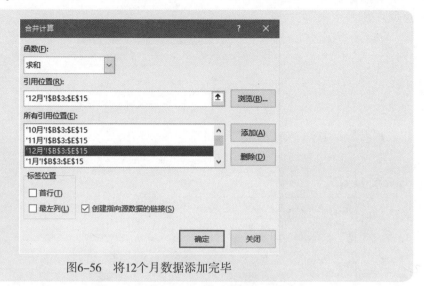

图6-56 将12个月数据添加完毕

步骤6 单击"确定"按钮，就得到了初步的合并表，如图6-57所示。

		A	B	C	D	E
	1	科室	可控费用		不可控费用	
	2		预算	实际	预算	实际
+	15	总务科	15,629,118.00	13,403,535.00	12,155,315.00	13,258,441.00
+	28	采购科	15,759,131.00	16,485,037.00	12,699,015.00	14,108,215.00
+	41	人事科	15,881,113.00	13,340,918.00	12,743,116.00	12,344,260.00
+	54	生管科	13,798,138.00	14,085,184.00	14,694,123.00	13,059,492.00
+	67	冲压科	14,666,811.00	16,738,493.00	15,250,877.00	14,668,570.00
+	80	焊接科	18,222,839.00	12,695,326.00	14,149,069.00	10,602,779.00
+	93	组装科	13,077,505.00	12,319,090.00	14,519,982.00	15,107,042.00
+	106	品质科	15,643,542.00	13,077,754.00	15,349,121.00	16,238,324.00
+	119	设管科	17,122,577.00	13,192,928.00	12,293,865.00	15,704,406.00
+	132	技术科	10,641,972.00	14,396,514.00	14,196,089.00	10,853,598.00
+	145	营业科	14,075,528.00	15,705,309.00	15,361,156.00	14,891,348.00
+	158	财务科	14,546,531.00	13,568,645.00	13,534,992.00	16,768,406.00
+	171	合计	179,064,805.00	169,008,733.00	166,946,720.00	167,604,881.00

图6-57 初步的合并表

步骤7 单击左侧列标栏的 2 按钮，展开合并表，可以看到每个部门上面是空格，需要输入具体的月份名称，如图6-58所示。

那么，每个空单元格应该输入哪个月份名称呢？从右侧单元格的引用公式里，可以看出该行单元格是引用哪个月份工作表的数据。

先手工在第一个部门上面的12个空单元格的输入月份名称，然后选择这12个单元格，按快捷键Ctrl+C，再往下选择到最后一行，按F5键定位所有的空单元格后，按快捷键Ctrl+V，即可对每个部门批量填充月份名称。

	A	B	C	D	E
		可控费用		不可控费用	
1	科室	预算	实际	预算	实际
3		1,936,252.00	1,187,271.00	424,701.00	1,096,179.00
4		1,682,799.00	747,798.00	637,439.00	1,864,552.00
5		708,420.00	1,337,135.00	767,780.00	1,572,398.00
6		790,852.00	651,721.00	1,479,239.00	1,918,213.00
7		707,730.00	1,269,273.00	1,343,479.00	1,023,860.00
8		1,483,388.00	1,802,546.00	1,577,086.00	678,943.00
9		1,985,692.00	1,612,619.00	1,354,251.00	749,567.00
10		1,545,805.00	308,245.00	309,665.00	356,347.00
11		1,775,298.00	1,904,533.00	1,956,206.00	784,119.00
12		479,026.00	1,683,358.00	1,297,968.00	1,524,616.00
13		1,878,939.00	579,863.00	346,389.00	428,396.00
14		654,917.00	319,173.00	661,112.00	1,261,251.00
15	总务科	15,629,118.00	13,403,535.00	12,155,315.00	13,258,441.00
16		1,878,399.00	1,474,614.00	982,632.00	1,604,275.00
17		1,740,410.00	1,652,824.00	1,543,519.00	675,333.00
18		1,713,185.00	764,380.00	588,363.00	1,749,846.00
19		706,021.00	1,776,110.00	525,564.00	1,549,109.00
20		1,501,346.00	1,549,095.00	931,429.00	430,053.00
21		660,161.00	1,830,335.00	1,267,100.00	956,396.00
22		1,233,429.00	864,873.00	1,081,885.00	1,531,415.00
23		1,405,321.00	1,730,741.00	1,050,737.00	955,860.00

汇总 1月 2月 3月 4月 5月 6月 7月 8月 9月 10月

图6-58 初步的合并表，A列存在大量空单元格，需要填充月份名称

步骤⑧ 对工作表进行适当的美化。

这样，不仅得到了12个月工作表的汇总数据，同时也把每个月的数据拉到了汇总表，可以非常方便地查看汇总数据和明细数据(通过单击 1 按钮和 2 按钮)。

细心的朋友可能发现，在这个表格中有一个难受的问题：为什么月份名称不是自然月的排列，而是10月、11月、12月排在了1月、2月……9月的前面？这是因为在合并计算对话框中，当选择添加区域后，会自动对工作表名称按照默认的排序规则进行排序。

为了解决这个问题,最好把12个月的工作表名称修改为"01月""02月""03月"……"12月"这样的名称。

其实,合并计算的结果都有这样的问题,为了避免这样不舒服的顺序,工作表的命名也是需要讲究技巧的。

6.2.2 多个结构完全相同一维工作表快速汇总

如果是多个结构完全相同的一维工作表,例如12个月的工资表,可以使用现有连接+SQL语句的方法,也可以使用Power Query的方法,这些方法在前面都已经介绍过了,只不过汇总的是全部数据,并且是得到一个堆积的汇总表。感兴趣的读者可以自己拿出前面的案例进行练习。

6.2.3 多个关联工作表快速汇总

所谓关联工作表,就是每个工作表都有一列或几列关键词是各个表格都有的,这些表格靠这几列关键词进行关联汇总。

案例6-6

图6-59所示是一个员工信息及工资数据分别保存在3个工作表中的工作簿。说明如下:
- 工作表"部门情况"保存员工的工号、姓名及其所属部门。
- 工作表"明细工资"保存员工的工号、姓名及各项工资明细数据。
- 工作表"个税"保存员工的工号、姓名和个人所得税数据。

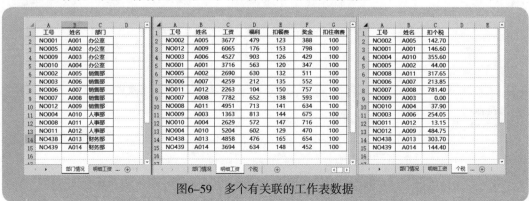

图6-59　多个有关联的工作表数据

这3个工作表都有一个"工号"列数据。现在要求按部门将这3个工作表数据通过工号进行关联，汇总在一张工作表上，以便做进一步的分析。汇总结果如图6-60所示。

	A	B	C	D	E	F	G	H	I
1	工号	姓名	部门	工资	福利	奖金	扣餐费	扣住宿费	扣个税
2	NO001	A001	办公室	3716	563	347	120	100	146.6
3	NO002	A005	销售部	3677	479	388	123	100	142.7
4	NO003	A006	销售部	4527	903	429	126	100	254.05
5	NO004	A010	人事部	5204	602	470	129	100	355.6
6	NO005	A002	办公室	2690	630	511	132	100	44
7	NO006	A007	销售部	4259	212	552	135	100	213.85
8	NO007	A008	销售部	7782	652	593	138	100	781.4
9	NO008	A011	人事部	4951	713	634	141	100	317.65
10	NO009	A003	办公室	1363	813	675	144	100	0
11	NO010	A004	办公室	2629	572	716	147	100	37.9
12	NO011	A012	人事部	2263	104	757	150	100	13.15
13	NO012	A009	销售部	6065	176	798	153	100	484.75
14	NO438	A013	财务部	4858	476	654	165	100	303.7
15	NO439	A014	财务部	3694	634	452	148	100	144.4

图6-60　汇总后的数据

这个问题有很多方法可以解决，如使用VLOOKUP函数等，但最简便且效率更高的方法是利用Microsoft Query工具。下面是主要方法和步骤。

步骤① 单击"数据""自其他来源"下拉按钮，在弹出的下拉列表中选择"来自Microsoft Query"命令。

步骤② 打开"选取数据源"对话框，选择Excel File*。

步骤③ 单击"确定"按钮，打开"选择工作簿"对话框，从保存有当前工作簿文件的文件夹里选择该文件。

步骤④ 单击"确定"按钮，打开"查询向导-选择列"对话框，如图6-61所示。

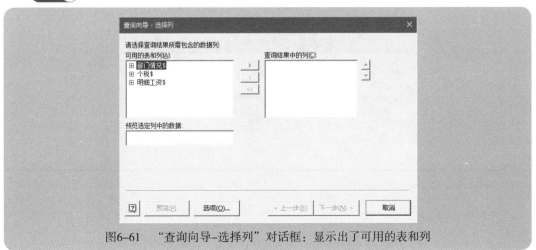

图6-61　"查询向导-选择列"对话框：显示出了可用的表和列

步骤⑤ 从左边的"可用的表和列"列表框中分别选择工作表"部门情况""明细工资"和"个税",单击 > 按钮,将这3个工作表的所有字段添加到右侧的"查询结果中的列"列表框中,如图6-62所示。

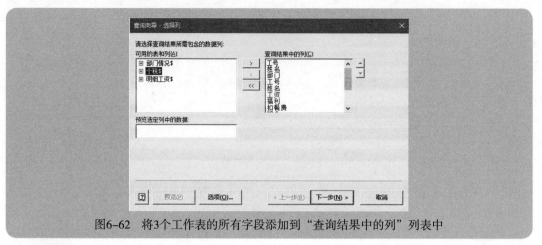

图6-62 将3个工作表的所有字段添加到"查询结果中的列"列表中

步骤⑥ 由于3个工作表都有一列"工号"和"姓名",因此在"查询结果中的列"列表框中就出现了3个"工号"和姓名。选择多余的2个"工号"和"姓名",单击 < 按钮,将其移出"查询结果中的列"列表框。

在此对话框中还可以调整各列的次序,即在右侧的"查询结果中的列"列表框中选择某个字段,单击右侧的"上移"按钮▲或者"下移"按钮▼即可。

最后调整的结果如图6-63所示。

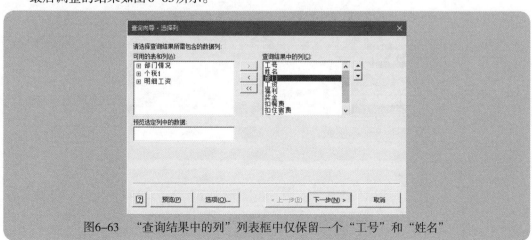

图6-63 "查询结果中的列"列表框中仅保留一个"工号"和"姓名"

步骤⑦ 单击"下一步"按钮，系统会弹出一个警告对话框，告诉用户"查询向导"无法继续，需要在Microsoft Query中拖动字段进行查询，如图6-64所示。

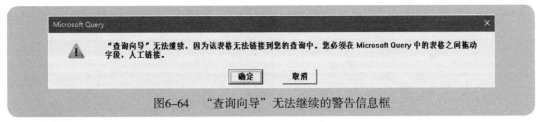

图6-64 "查询向导"无法继续的警告信息框

步骤⑧ 单击"确定"按钮，进入Microsoft Query界面。此时可以看到"查询来源自Excel Files"上下两部分，上面有3个列表框，分别显示了3个工作表的字段，下面是3个工作表全部的数据列表，如图6-65所示。

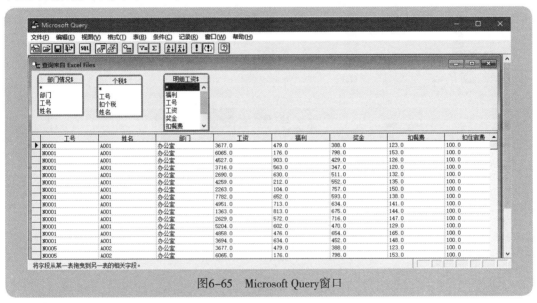

图6-65 Microsoft Query窗口

步骤⑨ 由于3个工作表的记录是以工号相关联的，因此将某个工作表字段列表框中的字段"工号"拖到其他工作表字段列表框中的字段"工号"上，就将3个工作表通过字段"工号"建立了链接。此时，在Microsoft Query查询下方的查询结果列表中就显示出了所有满足条件的记录，如图6-66所示。

步骤⑩ 在下面列表中单击"工号"列的某个数据，在工具栏中单击"升序"或"降序"按钮，将数据表按工号进行排序。

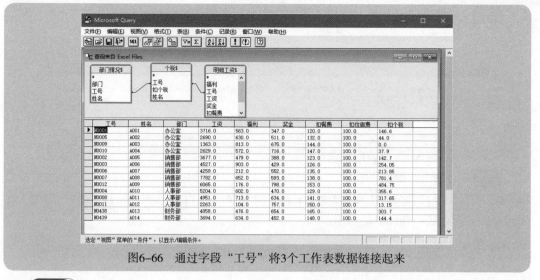

图6-66　通过字段"工号"将3个工作表数据链接起来

步骤⑪　在Microsoft Query界面中选择"文件"→"将数据返回Microsoft Office Excel"命令，如图6-67所示。

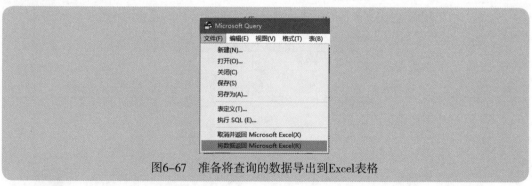

图6-67　准备将查询的数据导出到Excel表格

步骤⑫　打开"导入数据"对话框，选中"表"和"新建工作表"单选按钮，单击"确定"按钮，就得到了前面所示的汇总数据。

07

美化报表

单元格格式设置的三大法宝

"老师,有一次领导非常严厉地对我说,你做的表格能不能看着舒服点,你不觉得这样的表格太难看了吗?"

领导说表格很难看,其实有两层意思。一是表格外表看起来确实难看了,充满了网格,字体设置得不好,行高列宽也不合适,更要命的是,到处是花花绿绿的颜色,犹如舞台上的生末净旦丑一起上场,再加上鼓点丝弦,那叫一个乱!二是即使表格外表看起来很美,但是内容空洞无物,看了半天不知道这张表到底在表达什么意思。你说,这样的表格领导能满意吗?

也许你掌握了很多函数，也许你做出了很多计算，也许这是你加班加点做的分析报告。但是，做好的汇总分析报告总是要出门见人的，是不是要用点心好好地打扮下？即使不为别人，也要为自己吧。俗话说，"女为悦己者容"，那么，Excel表格也是要"为悦己者容"啊。出门前，总得打扮一番，给人一种高雅而又不失清新的感觉。

　　单元格格式是设计表格的一项重要内容，不仅仅要让表格外表看起来美观，更重要的是数据表达清晰，一眼就能抓到重点信息。正所谓"此处不可随便"是也！

7.1 关于单元格与数据：容易混淆的两个概念

首先要明白：单元格是单元格，数据是数据，两者是截然不同的概念。

单元格是容器，数据是容器里装的东西。

单元格可以设置为各种格式(就是"设置单元格格式"命令)，但不论怎么设置，单元格里的数据是永远不变的。

好比一个玻璃瓶子，无论是装水、装酱油还是装蜂蜜，也不管瓶子外面刷绿漆、红漆，或写上字，瓶子里面仍旧是水、酱油，或蜂蜜，并不是说瓶子外面刷了漆，瓶子里面的水就变成其他了。

通过"设置单元格格式"命令对单元格所做的任何格式设置，都是在改变单元格本身的格式，从而把单元格里的数字显示为不同的形式(化妆术)，但保存在单元格中的数据，仍然是原来的数字，并没有改变。换句话来说，我们改动的是单元格本身，并没有改动单元格里面的数据。

例如，把一个日期通过设置单元格格式，显示为不同的形式，如图7-1所示。无论显示成什么格式，单元格里保存的永远是一个数字—42993。

原始日期	显示效果
2017-9-15	42993
2017-9-15	2017.9.15
2017-9-15	20170915
2017-9-15	17-09-15
2017-9-15	2017年9月15日
2017-9-15	二○一七年九月十五日
2017-9-15	2017年9月
2017-9-15	9月
2017-9-15	2017年
2017-9-15	2017年9月15日 星期五
2017-9-15	星期五
2017-9-15	五
2017-9-15	15/Sep 2017
2017-9-15	Sep15

图7-1 设置单元格格式，将日期显示为不同的效果

正是因为单元格格式可以任意设置，使得单元格里的数据可以显示为很多不同的显示效果，因此，我们不要认为自己所看到的数据就一定是真的。另一方面，通过这种格式设置，我

们可以制作各种重点信息突出的自动化数据分析模板。

图7-2所示是通过设置自定义数字格式,将预算差异数和执行率显示为不同的标记符号和颜色。注意,预算差异和执行率是公式计算的结果,并不是一个具体的值,是通过设置自定义数字格式,能够得到任意想要的格式,并不是单元格里的公式发生改变。

项目	预算	实际	差异	执行率
项目1	421.67	531.71	▲ 110.04	▲ 126.10%
项目2	626.43	526.95	▼ 99.48	▼ 84.12%
项目3	1,185.77	1,599.04	▲ 413.27	▲ 134.85%
项目4	447.90	737.14	▲ 289.24	▲ 164.58%
项目5	1,829.13	1,304.41	▼ 524.72	▼ 71.31%
项目6	402.02	480.80	▲ 78.78	▲ 119.60%
项目7	1,599.28	1,020.72	▼ 578.56	▼ 63.82%
合计	5,312.20	5,600.77	▼ 311.43	▲ 105.43%

图7-2　对数字设置自定义格式,显示不同的效果

7.2　表格的美化原则、技巧与基本素养

我看到过很多这样的表格:映入眼帘的是犹如海啸过后的渔村,又像龙卷风划过的田野,还像刚刚发生过激烈战斗的战场:一片片东倒西歪的铁丝网(乱设置网格线),一个个冒着烟的弹坑(乱用合并单元格),不知是海水还是火焰(五颜六色的设置颜色)……看到这样的表格,你会是什么心情?你会从这样的表格得到什么样的结论?

很多人不重视表格的美化,设计的表格宽度不一、行号不一、颜色不一、边框不一、字体不一,让人第一眼就觉得焦躁。这样的表格,缺了韵味,缺了高雅,缺了一种精雕细刻的美。

◉案例7-1

例如,很多人会把一个表格外观设置为如图7-3所示的情形,但是这样的表格,怎么看都觉得不妥。

	A	B	C	D	E	F	G	H	I	J	K	L	M	N
1	科目名称	1月	2月	3月	4月	5月	6月	7月	8月	9月	10月	11月	12月	合计
2	工资	236.45	242.20	257.14	251.57	251.57	245.19	185.50	186.41	185.33	226.76	233.31	216.24	2717.67
3	公积金	14.46	18.44	19.26	18.64	17.96	16.03	15.76	16.00	15.71	17.33	18.02	12.96	200.57
4	生产易耗品	6.25	4.97	10.08	3.84	1.54	6.27	11.38	2.44	100.80	2.67	4.97	5.10	160.32
5	福利费	3.45	0.00	0.00	0.00	0.00	6.25	0.00	0.00	0.00	0.00	0.00	3.20	12.89
6	折旧费	1.36	1.36	1.36	1.36	1.36	1.36	1.36	1.36	1.36	1.86	1.92	1.68	17.73
7	运输费	0.00	62.88	24.77	103.61	152.35	201.41	61.43	291.70	119.51	130.18	131.64	235.74	1515.21
8	差旅费	11.30	17.01	96.26	39.34	13.88	49.55	1.26	137.88	7.01	17.55	35.37	441.78	
9	办公费	5.54	10.76	1.22	7.96	1.58	73.84	0.85	20.06	10.61	21.57	17.83	29.94	201.77
10	网络费	10.37	16.81	44.06	20.42	10.02	28.26	16.33	14.64	13.90	39.92	38.64	42.33	295.70
11	租金	322.98	414.70	430.49	311.49	250.57	374.41	382.47	310.97	244.26	302.12	394.05	294.22	4032.72
12	合计	612.16	789.14	884.65	758.22	700.85	1002.56	676.35	981.45	698.50	759.96	855.75	876.77	9596.37
13														

图7-3　普通的报表样式

将这个报表与图7-4所示的报表进行比较,你觉得哪个更让人心情舒畅,身心放松?

	A	B	C	D	E	F	G	H	I	J	K	L	M	N	O
1		北京智慧鸟信息科技股份公司 2019年费用预算													单位: 万元
2		科目名称	1月	2月	3月	4月	5月	6月	7月	8月	9月	10月	11月	12月	合计
3		工资	236.45	242.20	257.14	251.57	251.57	245.19	185.50	186.41	185.33	226.76	233.31	216.24	2,717.67
4		公积金	14.46	18.44	19.26	18.64	17.96	16.03	15.76	16.00	15.71	17.33	18.02	12.96	200.57
5		生产易耗品	6.25	4.97	10.08	3.84	1.54	6.27	11.38	2.44	100.80	2.67	4.97	5.10	160.32
6		福利费	3.45	-	-	-	-	6.25	-	-	-	-	-	3.20	12.89
7		折旧费	1.36	1.36	1.36	1.36	1.36	1.36	1.36	1.36	1.36	1.86	1.92	1.68	17.73
8		运输费	-	62.88	24.77	103.61	152.35	201.41	61.43	291.70	119.51	130.18	131.64	235.74	1,515.21
9		差旅费	11.30	17.01	96.26	39.34	13.88	49.55	1.26	137.88	7.01	17.55	15.37	35.37	441.78
10		办公费	5.54	10.76	1.22	7.96	1.58	73.84	0.85	20.06	10.61	21.57	17.83	29.94	201.77
11		网络费	10.37	16.81	44.06	20.42	10.02	28.26	16.33	14.64	13.90	39.92	38.64	42.33	295.70
12		租金	322.98	414.70	430.49	311.49	250.57	374.41	382.47	310.97	244.26	302.12	394.05	294.22	4,032.72
13		合计	612.16	789.14	884.65	758.22	700.85	1,002.56	676.35	981.45	698.50	759.96	855.75	876.77	9,596.37

图7-4　稍做美化后的报表

表格的整体布局,包括位置安排、网格线、颜色、字体、数字格式等,都需要好好地规划一下,至少让自己每天打开表格时,心情舒畅些吧。

7.2.1 报表显示位置：左侧和顶部要留空

很多人习惯做的一种布局,就是让报表紧挨着左侧的行号和顶部的列标,给人的感觉非常局促和拥挤;如果要把报表复制到PPT或者Word上,会发现有些边框没有了。

最好的处理方式是在表格的左侧和顶部留空,至少留出一个空列和一个空行,并适当调整这个空列的列宽和空行的行高。

7.2.2 边框设置和不显示网格线

表格的边框设置也是需要美感的,绝大多数人会将表格全部设置边框,结果是密密麻麻的网格,看起来很拥挤,表格数据的阅读性很差,如图7-3所示。

一般来说,外边框和合计数用实线,内部框线用淡颜色的虚线。当对单元格设置边框后,最好把工作表的网格线设置为不显示,让工作表的背景是一张白纸,看起来很干净。显示或不显示网格线的功能位于"视图"选项卡中,如图7-5所示。

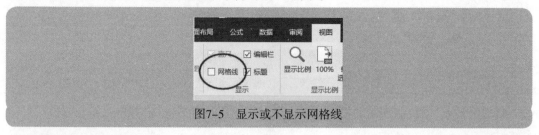

图7-5 显示或不显示网格线

如图7-6、图7-7所示是两个表格的对比效果。

产品	产品1	产品2	产品3	产品4	产品5	合计
华北	676	123	314	604	675	2392
华南	912	646	458	181	541	2738
华中	155	103	308	447	469	1482
华东	635	576	315	935	707	3168
西南	514	834	672	249	218	2487
西北	428	757	744	398	482	2809
东北	107	236	754	113	677	1887
合计	3427	3275	3565	2927	3769	16963

图7-6 顶格存放,密密麻麻的网格线

产品	产品1	产品2	产品3	产品4	产品5	合计
华北	676	123	314	604	675	2392
华南	912	646	458	181	541	2738
华中	155	103	308	447	469	1482
华东	635	576	315	935	707	3168
西南	514	834	672	249	218	2487
西北	428	757	744	398	482	2809
东北	107	236	754	113	677	1887
合计	3427	3275	3565	2927	3769	16963

图7-7 左侧和顶部空出一列和一行,适当增加边框,不显示工作表网格线

7.2.3 行高与列宽

工作表默认的行高是16.5,列宽是8.11,也可能依计算机设置不同而略有不同。但是,这种默认的行高和列宽,往往需要根据实际情况进行调整,至少调整列宽是必需的。对于行号来说,调整为18是比较合适的。

设置行高或列宽的命令在"开始"选项卡的"格式"下拉列表中，如图7-8所示。

图7-8　设置行高和列宽

7.2.4　字体和字号设置

一般中文版的Excel，默认字体都是宋体，不过宋体的数字看起来有点虚。由于每个人的习惯不同，审美不同，采用的字体也不同。就我本人而言，喜欢把字体设置为微软雅黑或者Arial，而不论是默认的宋体或其他，将字号设置为10是比较好的。

7.2.5　数字格式

财务人员，永远不要忘记把金额数字设置为会计格式，把销量设置为普通的带千分位符的数字(根据实际情况，设置合适的小数点)。

此外，如果金额是比较大的数字，一定要设置为以千元、万元或者百万元为单位，大数字看起来是非常不方便的。关于如何做这样的设置，我们将在后面讲解。如图7-9、图7-10所示是设置显示位数前后的对比效果。

	项目	预算	实际
	项目1	5442783.04	3659473.17
	项目2	1645447.18	6946737.62
	项目3	8283258.63	7048259.96
	项目4	7225788.09	6630285.98
	项目5	5564597.19	7876999.88
	项目6	4571402.32	4873588.06
	项目7	1151834.44	7551731.19
	项目8	8328761.31	5772349.07
	合计	42213872.19	50359424.93

图7-9　很大的数字，不容易查看

			万元
	项目	预算	实际
	项目1	544.3	365.9
	项目2	164.5	694.7
	项目3	828.3	704.8
	项目4	722.6	663.0
	项目5	556.5	787.7
	项目6	457.1	487.4
	项目7	115.2	755.2
	项目8	832.9	577.2
	合计	4221.4	5035.9

图7-10　以万元为单位显示，查看很清楚

7.2.6 文字往右缩进

对于标题文字来说,大类和明细最好能缩进显示,这样可显示出比较清晰的层次感。可以使用缩进按钮来缩进字符,而不是强制在文字左侧加空格。

缩进按钮位于"开始"选项卡的"对齐方式"组中,如图7-11所示。

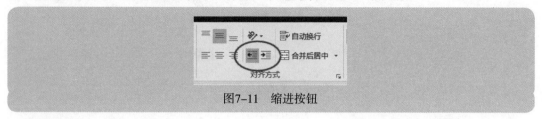

图7-11　缩进按钮

前面的几个表格示例,我们都使用了缩进的方法,让标题和明细项目名称按层次显示。

7.2.7 背景颜色

对不同功能的区域,适当设置单元格填充颜色是必要的,这样可以更加清楚地显示哪些区域是标题,哪些区域是数字。但是,单元格特别忌讳使用大红大绿的颜色,一般以淡灰色或淡青色最为适宜。

7.2.8 别忘了在顶部写单位

表格的数字是元、千元、万元,还是百万元? 别忘了在表格顶部的适当位置加上单位,这是非常重要的。

7.3　法宝1: 套用表格格式

有的人不愿意花时间来一行一行、一个单元格一个单元格地设置,希望能有一个比较偷懒的方法来快速设置格式,此时可以套用表格格式。

7.3.1 套用表格格式在哪里

套用表格格式功能位于"开始"选项卡的"样式"组中,如图7-12所示。

图7-12　套用表格格式

7.3.2 套用表格格式的操作方法

套用表格格式的基本操作方法是：先选择单元格区域，然后单击"套用表格格式"按钮，在弹出的下拉列表(也称表格样式集)，选择一个喜欢的样式即可，如图7-13所示。

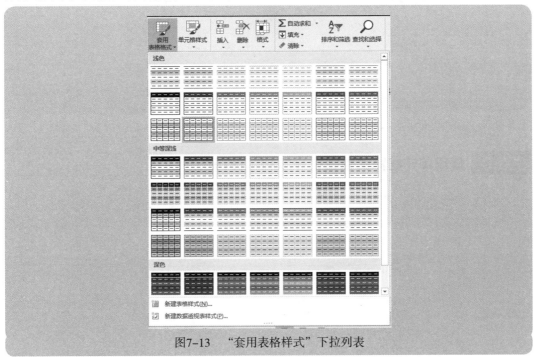

图7-13　"套用表格样式"下拉列表

单击某个表格样式，就会打开"套用表格式"对话框，如图7-14所示。注意，要选中"表包含标题"复选框。

单击"确定"按钮，就得到了一个表格样式，如图7-15所示。

套用表格格式后，表格的标题会出现筛选按钮。此时可以设置不显示筛选按钮，只要单击"数据"→"筛选"按钮即可。如图7-16所示就是不显示筛选按钮后的表格。

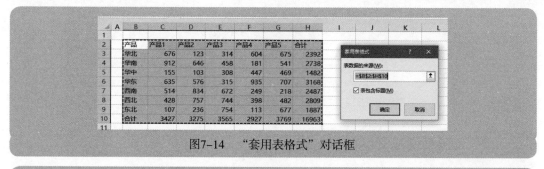

图7-14 "套用表格式"对话框

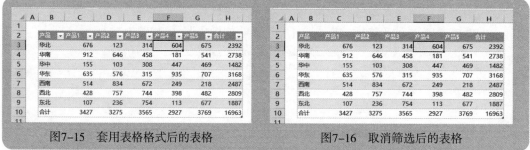

图7-15 套用表格格式后的表格   图7-16 取消筛选后的表格

此外,还可以重新选择新的样式,只要在表格样式集中选择某个格式即可。

7.3.3 使用单元格样式来强化标题和合计行

强化标题和合计行,可以手工进行设置,也可以套用单元格样式。

选择要强化的区域,比如选择底部的合计行,单击"开始"选项卡下的"单元格样式"按钮,在弹出的单元格样式集中,选择一个样式即可,如图7-17所示。

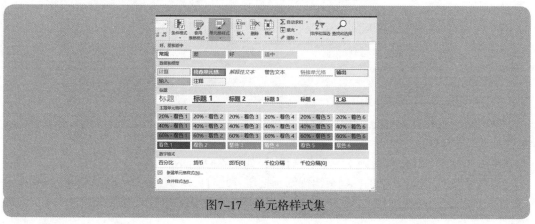

图7-17 单元格样式集

图7-18就是对底部的合计行套用单元格样式后的情形。

产品	产品1	产品2	产品3	产品4	产品5	合计
华北	676	123	314	604	675	2392
华南	912	646	458	181	541	2738
华中	155	103	308	447	469	1482
华东	635	576	315	935	707	3168
西南	514	834	672	249	218	2487
西北	428	757	744	398	482	2809
东北	107	236	754	113	677	1887
合计	3427	3275	3565	2927	3769	16963

图7-18　合计行套用单元格样式

7.3.4 如何清除表格格式和单元格样式

清除表格样式的方法是：单击"设计"选项卡中的"套用表格格式"按钮，在弹出的表格样式集中单击单击底部的"清除"按钮即可，如图7-19所示。

如果要清除已经设置的单元格样式，例如清除表格底部合计行的单元格样式，则先选择合计行，再单击"开始"→"清除"按钮，在弹出的下拉列表中选择"清除格式"选项即可，如图7-20所示。

其实，这种方法可以清除任意设置的单元格格式。

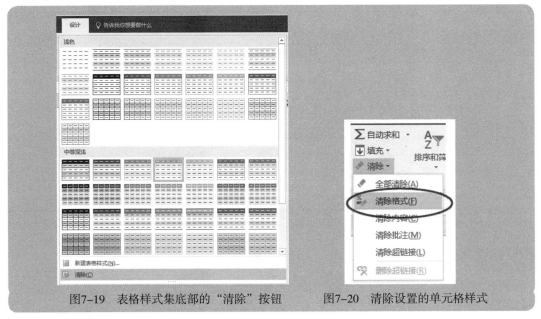

图7-19　表格样式集底部的"清除"按钮　　图7-20　清除设置的单元格样式

7.4 法宝2: 条件格式

条件格式是 Excel 中的一个极其有用的工具, 不仅可以在数据管理方面做到数据异常的提前提醒, 还可以在现有数据的追踪分析中, 随时标注呈现不同变化的数据, 从而让报表更加智能化。

7.4.1 条件格式在哪里

所谓条件格式, 就是根据指定的条件来设置格式。这样单元格格式会依据表格里的实际条件变化而自动变化。

单击"开始"选项卡下的"条件格式"按钮, 展开条件格式命令集, 如图7-21所示。根据实际要求, 选择相应命令进行设置即可。

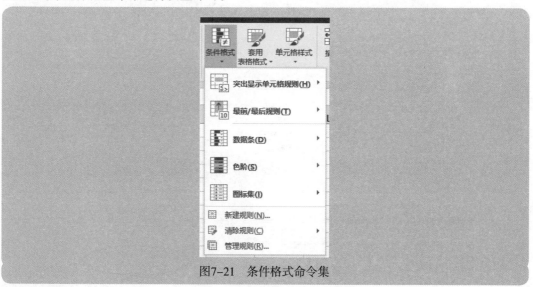

图7-21　条件格式命令集

7.4.2 突出显示单元格规则: 标识大于某类数据

选择"突出显示单元格规则"命令, 会展开该规则下的几种常见情况, 如图7-22所示。从中选择相应命令，可以突出显示某类数据。

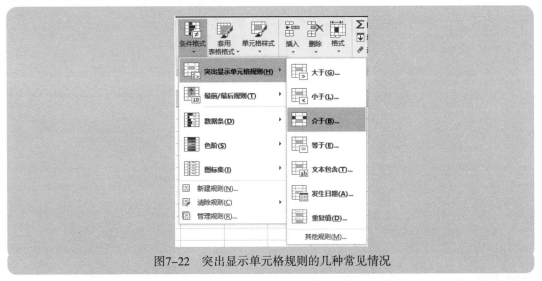

图7-22 突出显示单元格规则的几种常见情况

例如，要把单元格区域内的重复数据标识出来，就选择"重复值"命令，打开"重复值"对话框，然后设置格式即可，如图7-23所示。

在这个"重复值"对话框中，也可以选择标注唯一值，如图7-24所示。

图7-23 标注重复值　　　　　　　　图7-24 标注唯一值

7.4.3 最前/最后规则：标识最好或最差的数据

如果想把最好的前5名或者最差的后5名标注出来，可以使用"最前/最后规则"命令来完成。选择该命令，展开该规则下的几种情况，如图7-25所示。

例如，从销售额中标出销售额最大的前5个产品，就选择"前10项"，打开"前10项"对话框，设置项数为5，并设置格式即可，如图7-26所示。

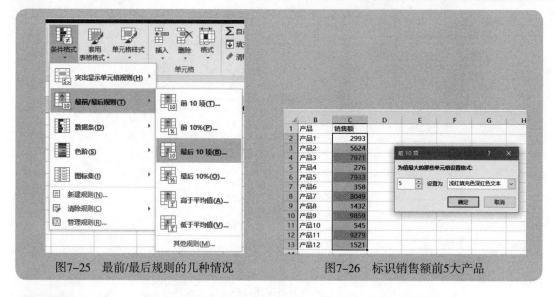

图7-25　最前/最后规则的几种情况　　　　图7-26　标识销售额前5大产品

7.4.4　数据条:标注呈现不同变化的数据

如果想要自动标注很多数据的不同变化程度,可以使用"条件格式"下的"数据条"命令来完成。选择区域,在"条件格式"下拉列表中选择"数据条"命令,就可以自动标注不同数据大小比较的可视化效果,如图7-27所示。

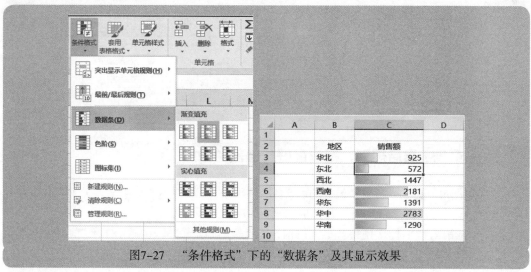

图7-27　"条件格式"下的"数据条"及其显示效果

7.4.5　图标集：标注上升／下降和红绿灯效果

如果要把数据标注出上升／下降或者红绿灯的效果，可在"条件格式"下拉列表中选择"图标集"命令，如图7-28所示。

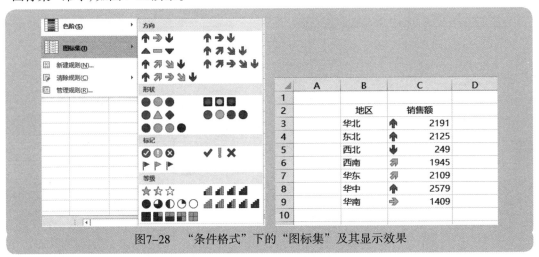

图7-28　"条件格式"下的"图标集"及其显示效果

但是，这种固定的图标并不能满足我们的要求，往往需要重新定义。可根据不同的数据类型和判断标准来设置格式，如图7-29所示。

图7-29　新建格式规则：根据实际情况来设定

⏺ **案例7-2**

本案例就是将同比增长率进行标注：大于0的是绿色向上箭头，等于0的是黄色水平箭头，小于0的是红色向下箭头，则图标集的设置及效果如图7-30、图7-31所示。

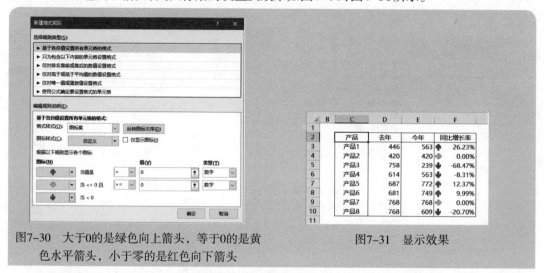

图7-30　大于0的是绿色向上箭头，等于0的是黄色水平箭头，小于零的是红色向下箭头

图7-31　显示效果

这里要特别注意，由于比较的是同比增长率，它们实际上是小数，因此在"新建格式规划"对话框中要选择小数，而不能选择百分比。

还要注意选择正确的比较方式，是大于(>)还是大于或等于(>=)，是小于(<)还是小于或等于(<=)，只要一个地方没设置好，就出不来想要的效果。

7.4.6　建立提前提醒模型：让数据追踪自动化

财务经理问，一周内哪些客户的应收款要到期了？生产经理对采购经理说，物料库存快不够了，要抓紧进货了啊！人事经理说，这个月谁的合同要到期了，我要提前做好准备。这些场景在表格数据管理中，就是自动跟踪监控的问题，比如合同的提前提醒、应收账款的提前提醒、生日提前提醒、最低库存预警、最低资金持有量预警等。此时，可以使用公式来建立条件格式，实现数据的自动跟踪监控。

⏺ **案例7-3**

图7-32所示是一个合同管理表单，现在要把30天内即将到期的合同标注出来。

	A	B	C	D
1	今天是：	2018-5-5		
2				
3	姓名	合同签订日	期限（年）	到期日
4	A001	2018-2-28	2	2020-2-27
5	A002	2016-12-5	2	2018-12-4
6	A003	2018-6-1	2	2020-5-31
7	A004	2016-6-20	2	2018-6-19
8	A005	2016-6-3	2	2018-6-2
9	A006	2018-12-17	2	2020-12-16
10				

图7-32 合同管理表单

所谓标注30天内到期，就是把D列的到期日与今天相比较，两者的差值小于等于30，就是要标记的数据。这样，就可以做如下的条件格式设置。

步骤① 选择第4行开始的数据区域，注意从A4单元格往右往下选择区域。

步骤② 在"条件格式"下拉列表中选择"新建规则"命令，打开"新建格式规则"对话框，如图7-33所示。

图7-33 "新建格式规则"对话框

步骤③ 在"选择规则类型"列表框中选择"使用公式确定要设置格式的单元格"，然后在下面的公式文本框中输入如下公式，如图7-34所示。

=$D4-TODAY()<=30

再单击对话框右下角的"格式"按钮，打开"设置单元格格式"对话框，为单元格设置相应的格式。

步骤④ 单击"确定"按钮，关闭对话框，就得到了需要的结果，如图7-35所示。

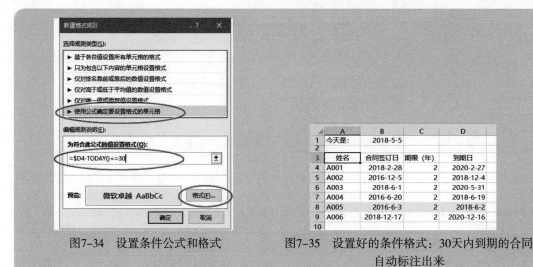

图7-34　设置条件公式和格式

图7-35　设置好的条件格式：30天内到期的合同自动标注出来

说明：这个条件格式设置的例子，仅仅是说明条件格式设置的方法和步骤。其实这个例子是不完善的，比如过去的合同怎么办(此时两个日期相减的天数是负数了，也符合小于或等于30的条件)？如果要把当天到期的合同单独标出一种颜色怎么办？

这就是多条件情况下的条件格式设置问题，请看下例。

案例7-4

图7-36所示是一个应收账款提前提醒的例子，自动用不同的颜色标注那些需要重点关注的信息。

图7-36　应收账款提前提醒

由于要建立多个条件格式，因此在"条件格式"下拉列表中选择"管理规则"命令，打开"条件格式规则管理器"对话框，如图7-37所示；单击"新建规则"按钮，打开"新建格式规则"对话框。

图7-37　"条件格式规则管理器"对话框

下面是本案例条件格式的设置过程。

步骤①　选择单元格区域A2:E13。

步骤②　打开"条件格式规则管理器"对话框。

步骤③　先设置过期的条件格式。

(1)单击"新建格式"按钮。

(2)打开"新建格式规则"对话框。

(3)选择"使用公式确定要设置格式的单元格"类型。

(4)在公式文本框中输入公式"=$E2<TODAY()"。

(5)单击"格式"按钮，设置单元格格式为灰色填充色。

(6)设置完毕后关闭此对话框，返回到"条件格式规则管理器"对话框。

步骤④　再设置其他情况的条件格式，方法同上。各条件格式公式如下。

当前到期：

    =$E2=TODAY()

7天内到期：

    =AND($E2>TODAY(),$E2<TODAY()+7)

30天内到期：

    =AND($E2>=TODAY()+7,$E2<TODAY()+30)

完成设置后的"条件格式规则管理器"对话框如图7-38所示。

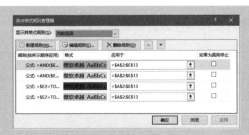

图7-38　所有条件都设置完毕

7.4.7 使用公式来做条件格式的重要注意事项

上述的"使用公式确定要设置格式的单元格"这个规则类型,重点是如何构建条件公式。因此,有几个非常重要的注意事项要牢记在心。

事项1: 条件公式计算的结果必须是逻辑值(TRUE或FALSE)。

因此,要在公式中使用条件表达式,或者使用逻辑函数,或者用IS类信息函数。

事项2: 正确选择单元格区域。

要正确选择设置格式的单元格区域。如果要从第2行设置格式,就从第2行往下选择区域,不能不加分析地选择整列。

比如要对单元格区域B2:B20的日期设置条件格式,如果日期是今天,单元格字体为加粗黑色。

一般情况下是从上面第一个单元格B2开始往下选择区域,但也有人喜欢从下面最后一个单元格B20往上选择区域。这两种选区域的方式,在设计公式引用单元格时是完全不同的,前者条件公式为"=B2=TODAY()",后者条件公式为"=B20=TODAY()"。

一句话,在条件公式中,引用的单元格永远必须是选择区域方向上的第一个单元格!

事项3: 绝对引用和相对引用。

比如要对单元格区域A2:M100设置条件格式,当A列某个单元格有数据,就把该单元格所在行区域设置边框。此时,条件公式为"=$A2<>"""。因为选择了这么大的数据区域A2:M100,判断的依据总是A列的数据,因此A列是锁定的,是绝对引用;但每行是一个不同的记录数据,行是变化的,因此行是相对引用的。

因此,在条件公式中,正确设置绝对引用和相对引用是非常重要的,与引用的是哪个单元格一样重要,关系到条件格式是否能达到预期效果。

事项4: 大型表格不建议使用条件公式来设置条件格式。

公式意味着计算,意味着牺牲速度,意味着处理数据效率低下:只要在某个单元格一做编辑,所有公式就开始重新计算,有时候Excel会出现停止响应。

总结一句话,设置公式判断的条件格式核心点如下。

● 如何选区域。

● 引用哪个单元格。

● 绝对引用和相对引用怎么设置。

7.4.8 清除条件格式

选择设置有条件格式的单元格区域，单击条件格式下的"清除规则"命令，就可以将选定区域的条件格式全部清除。

7.5 法宝3：自定义数字格式

在数据分析表格中，经常需要将那些重点关注的数字用颜色标注出来，很多情况下，这种标注是手工的，是用眼睛查找的，无法根据实际数据的变化而自动更新。

例如，在预算分析中，预算执行差异的大小、预算内还是预算外，这种差异的自动标识尤为重要，因为它让我们一眼看出异常数字，进而驱动我们去寻找造成这种异常的原因及其解决方案。

还可以使用自定义数字格式来对数字的格式进行自定义设置，增强数字的阅读性。

7.5.1 设置自定义数字格式的基本方法

使用Excel的自定义数字格式，可以在不改变数字本身的情况下，把数字显示为任意的格式，这本身其实是设置单元格的自定义格式。

自定义数字格式是在"设置单元格格式"对话框中进行的，如图7-39所示。设置数字自定义显示格式的主要步骤如下。

步骤① 先选取设置自定义格式的单元格区域。

步骤② 打开"设置单元格格式"对话框。

步骤③ 在"分类"列表框中选择"自定义"，在"类型"文本框中输入自定义数字格式代码。

步骤④ 单击"确定"按钮，关闭对话框。

图7-39　自定义数字格式

　　如果输入的自定义数字格式代码正确,就会在类型上面的"示例"框架内显示出正确的显示样式;如果输入的自定义数字格式代码错误,就不会在上面的"示例"框架内显示出任何样式。因此,通过"示例"框架中的显示内容,可以判断输入的自定义数字格式代码是否正确。

7.5.2　数字自定义格式代码结构

　　数字的自定义格式代码最多为如下4部分。
- 第1部分为正数。
- 第2部分为负数。
- 第3部分为零。
- 第4部分为文本。

这4部分之间用分号隔开,如下所示。

　正数;负数;零;文本

　　如果在格式代码中只指定两节,则第一部分用于表示正数和零,第二部分用于表示负数。如果在格式代码中只指定了一节,那么所有数字都会使用该格式。如果在格式代码中要跳过某一节,则对该节仅使用分号即可。例如,把正数、负数都缩小1000倍,并且显示两位小数点,零值还显示为0,那么自定义数字格式代码为:

　0.00,;-0.00,;0

7.5.3　缩小位数显示数字

当表格的金额数字很大时,既不便于查看数据,又影响表格的美观。这时,可以把数字缩小位数显示(并没有改变数字大小),使得数字看起来更清晰。

例如,单元格中的数字是13 596 704.65,缩小100万倍显示就是13.60,但单元格中的数字仍为13 596 704.65。这样使得报表既便于查看数据,又美观,也不影响数据处理与分析。缩小位数显示的数字,也遵循四舍五入的规则。

表7-1所示是不同的缩小位数显示数字的自定义格式代码。感兴趣的读者可使用这些自定义格式代码对表格的数字进行自定义格式设置。

表7-1　缩小位数显示数字的格式代码

缩 小 位 数	自定义格式代码	原 始 数 字	缩位后显示
缩小1百位	0"."00	1034765747.52	10347657.48
缩小1千位	0.00,	1034765747.52	1034765.75
缩小1万位	0!.0,	1034765747.52	103476.6
缩小10万位	0!.00,	1034765747.52	10347.66
缩小100万位	0.00,,	1034765747.52	1034.77
缩小1000万位	0!.0,,	1034765747.52	103.5
缩小1亿位	0!.00,,	1034765747.52	10.35
缩小10亿位	0.00,,,	1034765747.52	1.03

此外,在自定义格式代码中,还可以在格式代码前面或者后面加上各种货币符号、说明文字、特殊符号。

例如,数字1 034 765 747.52缩小1千位显示,就可以有很多种情况的组合。也可以显示千分位符,显示小数点位数等,如表7-2所示。显示千分位符的格式代码是:#,##,显示小数点的代码是0.00(假设显示两位小数)。

表7-2　数字1034765747.52缩小1千位显示的各种组合

自定义格式代码	显 示 效 果
0.00,	1034765.75
$0.00,	$1034765.75
￥0.00,	￥1034765.75
#,##0.00,	1034765.75
$#,##0.00,	$1034765.75
#,##0.00,千美元	1034765.75 千美元
▲ #,##0.00,	▲ 1034765.75

7.5.4 将数字显示为指定的颜色，并添加标识符号

在Excel自定义数字格式代码中，还可以根据条件，把数字设置为指定的颜色。能够设置字体颜色的是下面8种颜色之一：[黑色]，[绿色]，[白色]，[蓝色]，[洋红色]，[黄色]，[蓝绿色]，[红色]，这些颜色名称必须用方括号"[]"括起来。

如果使用的是英文版本，则需要把方括号中的颜色汉字名称改为颜色英文名称，如"蓝色"和"红色"分别改为Blue和Red。

在数字的前面，也可以添加各种标识符号，如上箭头、下箭头，以便醒目地标识要重点关注的数字。不过要注意，某些特殊字符无法直接输入到"单元格格式"对话框的"类型"文本框中，因此最好是先在某个地方把该自定义代码写好，然后再将这个代码字符串复制粘贴到单元格格式对话框的"类型"文本框里。

1. 绝对数字的显示

例如，把数字显示为下面的效果，如图7-40所示。

(1)正数显示为红色，前面加上三角符号▲。

(2)负数显示为蓝色，前面加下三角符号▼，不再显示负号。

(3)零值显示为横杠–。

(4)都缩小1万倍显示。

格式代码为：

▲ [红色]0!.0,; ▼ [蓝色]0!.0,;–

	A	B	C	D	E
1					
2		原始数据		自定义格式	
3		37543.34		▲3.8	
4		0		-	
5		-3004108.22		▼300.4	
6		-184842.00		▼18.5	
7		18475839.23		▲1847.6	
8					
9		99385.00		▲9.9	
10		-485839.43		▼48.6	
11					

图7-40 将数字显示为指定的颜色，添加上下三角符号，并缩小1万倍显示

2. 百分比数字的显示

假若表格的数字是百分比，就需要使用百分比的格式来自定义百分比数字了。

0.00%;–0.00%;0.00%

案例7-5

图7-41所示是各个产品的同比分析数据，由于数据以元为单位，数字很大，显得很乱。

产品	去年	今年	同比增减	同比增长
产品1	110539.01	94057.44	-16481.58	-14.91%
产品2	149987.29	108186.99	-41800.30	-27.87%
产品3	2022379.15	3567052.51	1544673.37	76.38%
产品4	147553.87	64589.16	-82964.71	-56.23%
产品5	1252437.21	2101398.58	848961.36	67.78%
产品6	3746592.53	4266127.70	519535.16	13.87%
产品7	159688.46	83676.63	-76011.83	-47.60%
合计	7589177.52	10285089.00	2695911.48	35.52%

图7-41　原始数据：很乱

现在要求设置如下的数字格式。

● 把C列和D列的两年销售额缩小1万倍显示，自定义格式为：0!.0,;0!.0,;0。

● 把E列的同比增减额显示如下的格式。

　　◆ 缩小1万倍。

　　◆ 正数显示向上三角符号▲，蓝色字体。

　　◆ 负数显示向下三角符号▼，红色字体。

　　◆ 自定义数字格式为：[蓝色]▲0!.0,;[红色]▼0!.0,;0。

● 把F列的同比增长率显示为如下的格式。

　　◆ 仍为2位小数点的百分数。

　　◆ 正数显示向上三角符号▲，蓝色字体。

　　◆ 负数显示向下三角符号▼，红色字体。

　　◆ 自定义数字格式为：[蓝色]▲0.00%,;[红色]▼0.00%,;0.00%。

这样，设置格式后的表格如图7-42所示。

产品	去年	今年	同比增减	同比增长
产品1	11.1	9.4	▼1.6	▼14.91%,
产品2	15.0	10.8	▼4.2	▼27.87%,
产品3	202.2	356.7	▲154.5	▲76.38%,
产品4	14.8	6.5	▼8.3	▼56.23%,
产品5	125.2	210.1	▲84.9	▲67.78%,
产品6	374.7	426.6	▲52.0	▲13.87%,
产品7	16.0	8.4	▼7.6	▼47.60%,
合计	758.9	1028.5	▲269.6	▲35.52%,

图7-42　自定义数字格式：清晰

7.5.5 使用条件判断设置数字自定义格式

在自定义格式代码中,还可以对数字大小进行比较判断,也就是设置条件表达式,根据判断的结果来设置数字的格式。这里需要注意的是,条件表达式要用方括号括起来。

案例7-6

图7-43所示是预算执行分析的示例数据,预算差异有正有负,执行率都是正的百分数。

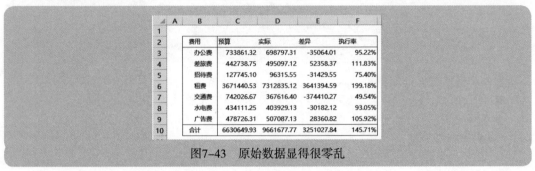

费用	预算	实际	差异	执行率
办公费	733861.32	698797.31	-35064.01	95.22%
差旅费	442738.75	495097.12	52358.37	111.83%
招待费	127745.10	96315.55	-31429.55	75.40%
租费	3671440.53	7312835.12	3641394.59	199.18%
交通费	742026.67	367616.40	-374410.27	49.54%
水电费	434111.25	403929.13	-30182.12	93.05%
广告费	478726.31	507087.13	28360.82	105.92%
合计	6630649.93	9661677.77	3251027.84	145.71%

图7-43　原始数据显得很零乱

这里,要求把预算差异和执行率显示为如下的效果。
- 金额数字。
  - ◆ 都缩小1000倍。
  - ◆ 保留2位小数点。
  - ◆ 显示千分位符。
  - ◆ 数字0显示为减号。
- 差异值。
  - ◆ 正数显示为红色字体,左边添加上箭头。
  - ◆ 负数不显示负号,显示为蓝色字体,左边添加下箭头。
  - ◆ 零值显示为减号。
- 执行率。
  - ◆ 大于100%的设置红色字体,仍按0.00%的格式显示,前面添加上箭头。
  - ◆ 小于100%的设置蓝色字体,仍按0.00%的格式显示,前面添加下箭头。
  - ◆ 零值显示为减号。
这样,自定义格式代码如下。
- C列和D列的预算数和实际数:
  #,##0.00,;#,##0.00,;-
- E列的差异数:

↑ [红色]#,##0.00,; ↓ [蓝色]#,##0.00,;–

● E列的执行率：

↑ [红色] [>=1]0.00%,;[<1] ↓ [蓝色]0.00%,;–

显示效果如图7-44所示。

费用	预算	实际	差异	执行率
办公费	733.86	698.80	↓ 35.06	↑ 95.22%
差旅费	442.74	495.10	↑ 52.36	↑ 111.83%
招待费	127.75	96.32	↓ 31.43	↑ 75.40%
租费	3,671.44	7,312.84	↑ 3,641.39	↑ 199.18%
交通费	742.03	367.62	↓ 374.41	↓ 49.54%
水电费	434.11	403.93	↓ 30.18	↑ 93.05%
广告费	478.73	507.09	↑ 28.36	↑ 105.92%
合计	6,630.65	9,661.68	↑ 3,251.03	↑ 145.71%

图7-44　设置格式后表格重点突出

7.6 特殊问题：自定义日期和时间格式

日期和时间是 Excel 的特殊数据，实质上也是数字。可以将表格中的日期和时间设置成各种需要的格式，从而使表格看起来更加清楚、更加容易阅读。

7.6.1 设置日期格式技巧

设置日期格式是在"设置单元格格式"对话框中进行的，除了在"分类"中套用一些日期的固定格式外，还可以自定义日期格式，即选择"自定义"，然后在"类型"文本框中输入格式代码，就可得到指定的格式，如图7-45所示。

图7-45　设置日期的自定义格式

在设置日期的自定义格式时,记住如表7-3所示的日期格式代码,然后就可以任意组合这些代码,得到需要的效果。

表7-3 日期格式代码示例

格 式 代 码	原 日 期	显 示 结 果
y 或 yy	2018-2-8	18
yyy 或 yyyy	2018-2-8	2018
m	2018-2-8	2
mm	2018-2-8	02
mmm	2018-2-8	Feb
mmmm	2018-2-8	February
d	2018-2-8	8
dd	2018-2-8	08
ddd	2018-2-8	Thu
dddd	2018-2-8	Thursday
Aaa	2018-2-8	四
aaaa	2018-2-8	星期四

图7-46就是利用自定义日期格式,自动输入考勤表的表头具体要求如下。

● 第1行的自定义格式:

yyyy 年 m 月 考勤表

● 第2行的自定义格式:

d。

● 第3行的自定义格式:

aaa。

图7-46 通过自定义日期格式,制作动态的考勤表表头

7.6.2 超过 24 小时的时间怎么变得不对了

这是一个让很多人都不明白的问题,如图7-47所示。总加班时间应该是31:35,也就是31小时35分钟啊,怎么变成了7小时35分钟?

图7-47　总加班时间似乎不对

其实这不奇怪，因为Excel处理日期和时间的基本单位是天(前面已介绍)，时间是作为天的一部分来处理的。如果不够24小时，就正常显示时间；如果超过了24小时，超过的部分就会进位，然后把不足24小时的时间按照正常的格式显示。

为了能够正常显示时间，不让超过24小时的时间进位到天，需要使用如下的自定义格式：

[h]:mm

如图7-48、图7-49所示，就是这种设置的方法和效果。

图7-48　设置时间的自定义显示格式，不让小时进位到天

	A	B	C	D	E	F	G	H
1	姓名	加班日期	加班时间			姓名	加班日期	加班时间
2	张三	2018-5-5	3:45			张三	2018-5-5	3:45
3	张三	2018-5-6	2:50			张三	2018-5-6	2:50
4	张三	2018-5-9	4:00			张三	2018-5-9	4:00
5	张三	2018-5-12	3:18			张三	2018-5-12	3:18
6	张三	2018-5-15	6:33			张三	2018-5-15	6:33
7	张三	2018-5-20	3:12			张三	2018-5-20	3:12
8	张三	2018-5-21	2:28			张三	2018-5-21	2:28
9	张三	2018-5-23	5:29			张三	2018-5-23	5:29
10	加班时间合计		7:35			加班时间合计		31:35
11				↑				↑
12			错误的显示					正确的显示
13								

图7-49　设置时间自定义格式的前后对比

Chapter

08

实战测验

从原始数据到汇总分析报告

　　自始至终，Excel 的应用都充满了逻辑思路的指导。即使是一个小技巧，也有其应用的场合和逻辑。本书一直贯彻着这样一个理念：Excel 是一个讲理法的地方，依法做表，依法做报告。

　　学习 Excel 的目的是为了用 Excel 来解决问题。学了一堆技巧不知如何从头来设计基础表单，学了一堆函数不知如何做数据分析报告，这样的学习是无效的。

　　本章给大家提供两个非常典型的实际应用案例，通过这两个案例来进一步复习巩固前面学到的技能，并尝试做出基本的统计分析报告。

8.1 实战测验1：指纹考勤数据统计分析

现在，几乎每家企业都安装了考勤打卡机，不论是刷卡还是指纹。每个月都是从考勤机中导出一个月的考勤打卡记录数据，然后开始整理、统计。很多主管考勤统计的 HR 每个月都要辛苦好几天：整理、整理、再整理，计算、计算、再计算，辛苦自不必说，往往是最后才发现统计错了，只好从头再来一遍。

考勤数据并不是你想象的那样复杂和困难，之所以觉得很费劲，是因为你没有掌握考勤数据的规律，只要遵循这些规律，利用 Excel 工具和几个函数，就能在半小时之内搞定几百几千个人的考勤数据统计汇总。

遗憾的是，现在很多人对 Excel 的基本规则不了解，对 Excel 的常用工具不熟悉，对 Excel 常用函数不会使用，更要命的是，考勤数据的统计汇总充满了逻辑判断，而很多 HR 考勤统计员，缺乏对数据的阅读理解和逻辑判断能力的训练。

8.1.1 考勤数据示例

案例8-1

图 8-1 所示是从指纹考勤机导出的原始考勤数据，现在要对每个人的考勤进行统计分析，例如本月迟到次数、迟到分钟数；早退次数，早退分钟数；未签到次数；未签退次数。

公司的出勤早晚两次打卡制度，出勤标准是 8:30—17:30。

图8-1　从指纹考勤机导出的考勤数据

8.1.2　阅读表格，理解数据，找出思路

首先观察D列的日期时间，日期和时间保存在了一个单元格，这样的数据是无法进行计算判断的，必须先分列。

而刷卡时间，可能就一次刷卡，也可能是多次刷卡；可能只有上班刷卡时间(一次或多次)，也可能只有下班刷卡时间(一次或多次)，这样，必须判先断出哪些时间是签到时间，哪些是签退时间。

8.1.3　分列日期和时间

考勤统计的第1步是整理考勤数据，也就是将日期及各次的刷卡时间分成几列保存。由于日期和各个刷卡时间之间是空格隔开的，因此这个处理使用分列工具即可完成。分列完成后的情况如图8-2所示。

	A	B	C	D	E	F	G	H
1	登记号码	姓名	部门	日期	时间1	时间2	时间3	时间4
2	3	李四	总公司	2018-3-2	8:19:41	8:20:02	17:30:07	
3	3	李四	总公司	2018-3-3	8:21:49	17:36:17		
4	3	李四	总公司	2018-3-4	8:16:24	17:29:41		
5	3	李四	总公司	2018-3-5	8:39:59			
6	3	李四	总公司	2018-3-6	17:19:29	17:19:38	17:19:56	
7	3	李四	总公司	2018-3-9	8:21:08	17:27:45		
8	3	李四	总公司	2018-3-10	8:21:31	17:30:24		
9	3	李四	总公司	2018-3-11	8:15:53	8:16:22		
10	3	李四	总公司	2018-3-12	8:23:42	17:29:09		
11	3	李四	总公司	2018-3-14	8:18:35	17:29:33		
12	3	李四	总公司	2018-3-15	8:21:12	17:28:28		
13	3	李四	总公司	2018-3-19	8:18:01	8:18:54	17:27:14	17:28:02
140	2	张三	总公司	2018-3-29	8:24:10	17:38:43		
141	10	赵七	总公司	2018-3-2	8:26:34			
142	10	赵七	总公司	2018-3-4	8:17:31			
143	10	赵七	总公司	2018-3-5	7:39:17	17:43:31		
144	10	赵七	总公司	2018-3-7	8:39:08	17:43:31	17:43:36	
145	10	赵七	总公司	2018-3-9	8:28:24			
146	10	赵七	总公司	2018-3-10	8:26:52			

原始　整理　统计

图8-2　分列日期和时间

8.1.4　将多次刷卡时间处理为两次时间

公司是早晚两次打卡制度，时间是有大小的，因此先用MIN函数和MAX函数从这些时间里取出最小值和最大值，如果某天只刷了一次卡，取出的最大值和最小值是一样的，如图8-3所示。

计算公式如下：

● 单元格I2：

=MIN(E2:H2)

● 单元格J2:

=MAX(E2:H2)

▲	A	B	C	D	E	F	G	H	I	J
1	登记号码	姓名	部门	日期	时间1	时间2	时间3	时间4	最小值	最大值
2	3	李四	总公司	2018-3-2	8:19:41	8:20:02	17:30:07		8:19:41	17:30:07
3	3	李四	总公司	2018-3-3	8:21:49	17:36:17			8:21:49	17:36:17
4	3	李四	总公司	2018-3-4	8:16:24	17:29:41			8:16:24	17:29:41
5	3	李四	总公司	2018-3-5	8:39:59				8:39:59	8:39:59
6	3	李四	总公司	2018-3-6	17:19:29	17:19:38	17:19:56		17:19:29	17:19:56
7	3	李四	总公司	2018-3-9	8:21:08	17:27:45			8:21:08	17:27:45
8	3	李四	总公司	2018-3-10	8:21:31	17:30:24			8:21:31	17:30:24
9	3	李四	总公司	2018-3-11	8:15:53	8:16:22			8:15:53	8:16:22
10	3	李四	总公司	2018-3-12	8:23:42	17:29:09			8:23:42	17:29:09
11	3	李四	总公司	2018-3-14	8:18:35	17:29:33			8:18:35	17:29:33
12	3	李四	总公司	2018-3-15	8:21:12	17:28:28			8:21:12	17:28:28
13	3	李四	总公司	2018-3-19	8:18:01	8:18:54	17:27:14	17:28:02	8:18:01	17:28:02
139	2	张三	总公司	2018-3-28	9:35:17	17:34:29			9:35:17	17:34:29
140	2	张三	总公司	2018-3-29	8:24:10	17:38:43			8:24:10	17:38:43
141	10	赵七	总公司	2018-3-2	8:26:34				8:26:34	8:26:34
142	10	赵七	总公司	2018-3-4	8:17:31				8:17:31	8:17:31
143	10	赵七	总公司	2018-3-5	7:39:17	17:43:31			7:39:17	17:43:31
144	10	赵七	总公司	2018-3-7	8:39:08	17:43:31	17:43:36		8:39:08	17:43:36
145	10	赵七	总公司	2018-3-9	8:28:24				8:28:24	8:28:24

原始　整理　统计　⊕

图8-3　从多次刷卡时间中取出最小值和最大值

8.1.5　判断是签到时间还是签退时间,是否未签到或未签退

取出最小值和最大值后,如果只有一次刷卡,那么两个单元格的时间是一样的,要么仅仅是早刷卡,要么仅仅是晚刷卡。

如果只有早刷卡,而没有晚刷卡,就是没有签退;如果只有晚刷卡,而没有早刷卡,就是没有签到。

如果早晚都刷卡了,那么两个单元格的时间是不一样的,一个是早刷卡,另一个就是晚刷卡了。

我们可以制定一个规则:如果在下午2点以前刷卡的,都算签到时间(因为有可能是中午吃完饭才来上班的),那么就可以根据刷卡时间是这个标准时间之前或之后,来判断是签到时间还是签退时间了。判断公式如下:

● 单元格K2:

=IF(I2<14/24,I2," 未签到 ")

● 单元格L2:

=IF(J2>=14/24,J2," 未签退 ")

最后的处理结果如图8-4所示。

图8-4 得到了签到和签退数据

8.1.6 计算迟到分钟数和早退分钟数

有了签到时间和签退时间，就可以对这个数据进行进一步的统计分析。例如，统计每个人这个月的迟到次数，迟到分钟数；早退次数，早退分钟数；是否未签到或者未签退等。

再做两个辅助列，计算迟到和早退分钟数，得到一个最终的考勤数据统计底稿。

计算公式如下：

● 单元格I2：

=IF(K2=" 未签到 "," 未签到 ",IF(K2>8.5/24,INT((K2-8.5/24)*24*60),""))

● 单元格J2：

=IF(L2=" 未签退 "," 未签退 ",IF(L2<17.5/24,INT((17.5/24-L2)*24*60),""))

结果如图8-5所示。

图8-5 考勤初步统计结果

8.1.7 统计每个员工本月的出勤情况

根据M列和N列的处理结果,设计每个员工考勤统计报表,就可得到每个员工在本月的考勤情况,如图8-6所示。各单元格公式如下:

● 单元格D4:

=SUMIF(整理 !B:B,B4, 整理 !M:M)

● 单元格E4:

=COUNTIFS(整理 !B:B,B4, 整理 !M:M," 未签到 ")

● 单元格F4:

=SUMIF(整理 !B:B,B4, 整理 !N:N)

● 单元格G4:

=COUNTIFS(整理 !B:B,B4, 整理 !N:N," 未签退 ")

姓名	部门	签到情况		签退情况	
		迟到分钟数	未签到次数	早退分钟数	未签退次数
李四	总公司	10	1	15	4
刘备	总公司	0	0	0	3
马六	总公司	0	0	0	2
钱九	总公司	396	2	169	4
宋江	总公司	1	2	0	3
王武	总公司	0	1	0	13
张三	总公司	112	1	49	2
赵七	总公司	9	1	0	11

图8-6 员工考勤统计分析

8.1.8 本测验案例总结

● 阅读表格,搞清楚数据的结构和逻辑,寻找解决方法。
● 使用分列工具,将堆在一起的日期和时间分开。
● 使用最小值和最大值函数提取最早时间和最晚时间。
● 使用嵌套IF函数来处理签到和签退情况。
● 使用COUNTIFS函数来统计未签到和未签退次数。
● 使用SUMIFS函数来计算迟到分钟数和早退分钟数。

这个例子中,使用的函数并不多,都是最最常用的函数。IF函数都用过,COUNTIFS函数也都用过,SUMIF函数更是都用过,但为什么很多做考勤统计的朋友,就是做起来那么费劲呢?

一个原因就是缺乏逻辑思路。

当然,这个案例还是比较简单的,实际中还有更加复杂的考勤处理问题,例如一天4次刷卡、三班倒刷卡、四班刷卡等,但不论何种情况,一定要寻找逻辑思路。

8.2 实战测验2：销售统计分析

企业的收入来源于销售或服务，那么，对销售进行分析就变得非常重要了。今年销售完成的情况如何？目标达成没有？有多大的差异？原因是什么？前10大客户是哪些？产品贡献如何？与去年相比如何？等等。

本节，用一个简单的销售数据来说明如何使用 Excel 最高效的工具，完成基本的销售统计分析。

8.2.1 示例数据

销售分析的数据来源是从系统导出的，如图8-7所示。

	A	B	C	D	E	F	G
1	日期	客户简称	业务员	存货编码	存货名称	销量	销售额
2	2018-1-1	客户03	业务员23	CP002	产品2	107406	431,794.75
3	2018-1-1	客户07	业务员25	CP002	产品2	270235	1,150,726.33
4	2018-1-1	客户09	业务员15	CP001	产品1	520	47,272.37
5	2018-1-1	客户11	业务员10	CP005	产品5	62	8,743.97
6	2018-1-1	客户22	业务员16	CP001	产品1	1157	107,708.98
7	2018-1-2	客户11	业务员27	CP004	产品4	500	7,659.55
8	2018-1-2	客户12	业务员08	CP001	产品1	1067	129,249.73
9	2018-1-3	客户15	业务员01	CP002	产品2	2102	23,324.73
10	2018-1-3	客户19	业务员12	CP003	产品3	1056	42,947.41
11	2018-1-3	客户20	业务员33	CP002	产品2	247100	1,259,784.30
12	2018-1-4	客户14	业务员36	CP001	产品1	2748	251,802.12
13	2018-1-5	客户01	业务员16	CP001	产品1	34364	3,391,104.70
14	2018-1-5	客户09	业务员13	CP004	产品4	182	1,970.72
15	2018-1-6	客户08	业务员06	CP001	产品1	1769	107,495.07
16	2018-1-7	客户05	业务员10	CP002	产品2	14308	54,104.93

上半年销售数据

图8-7 上半年销售明细

8.2.2 阅读表格，确定任务

面对手里的这张表格，要做什么？要给领导提交什么样报告？

● A列是明细日期，领导会要求制作月度的统计报表，此时，由于产品的计量单位不一样，因此在制作月度汇总报告时，需要使用销售额作为评价指标。

● B列是客户，需要对各个客户的销售额进行排名分析，找出前10大客户，此时也是用销售额作为评价指标。

● 当发现某个客户销售额最好或最差时,需要了解该客户的产品结构,销售额最高的原因是什么? 具体销售了哪些产品? 这些产品中哪个产品比重最大?

● C列是业务员,毫无疑问是对每个业务员的业绩进行排名。

● E列是产品,需要了解企业销售额中,哪些产品是销售最好的,哪些是比较差的。同时,还要考虑每个产品的月度销量变化情况,每个月的价格变化情况。

● 其他分析。

8.2.3 分析上半年的总体销售情况

以这个数据为基础,制作一个数据透视表,并将日期按月组合,汇总计算销售额,将销售额数字缩小1万倍显示,然后再插入一个透视图,将各月销售额可视化,就得到了如图8-8所示的分析报告。

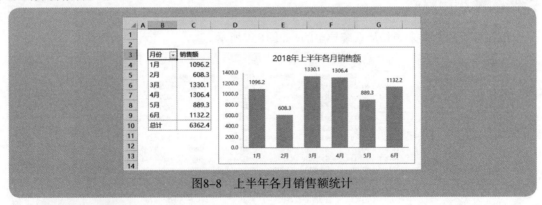

图8-8 上半年各月销售额统计

这个报告,我们使用了以下技能。

● 数据透视表:基本制作方法,组合日期。

● 自定义数字格式:以万元显示销售额。

● 透视图:柱形图。

8.2.4 分析各个客户上半年各月的销售额

将上述的透视表复制一份(复制整个工作表即可),然后插入一个切片器,用于快速选择客户。

但要注意,某些客户可以某个月没有销售数据,这样的话透视表就不再显示该月数据,如图8-9所示。这样的报表结构是不合理的,应该完整显示所有月份。

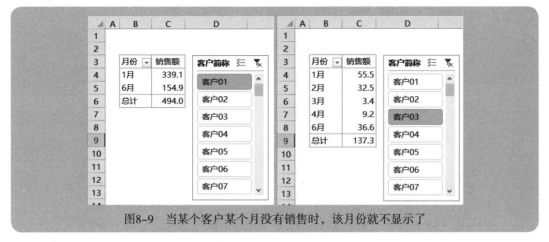

图8-9　当某个客户某个月没有销售时，该月份就不显示了

这种显示是数据透视表默认的，不过可以设置字段月份来显示无数据的月份名称，方法是：在月份列单击右键，执行"字段设置"命令，打开"字段设置"对话框，切换到"布局和打印"选项卡，选择"显示无数据的项目"复选框，如图8-10所示。

这样，数据透视表就变为了如图8-11所示的情形。

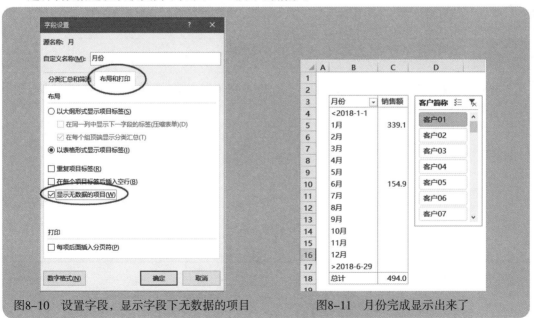

图8-10　设置字段，显示字段下无数据的项目　　　图8-11　月份完成显示出来了

但是，这个报告仍然非常难看，因此需要从字段"月份"里筛选掉其他项目，仅保留1~6

月的名称。经过调整后,就得到了如图8-12所示可以查看任意客户各月销售的统计分析报表。

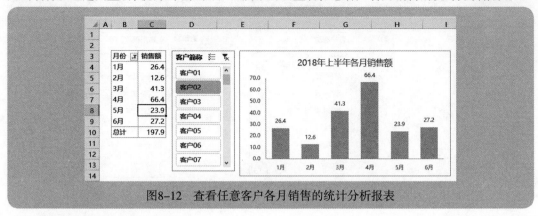

图8-12 查看任意客户各月销售的统计分析报表

这个报告用到了以下技能。

● 复制透视表,没必要再重新做一个。

● 使用切片器,快速选择客户。

● 设置字段,显示无数据项目。

● 透视图:柱形图。

8.2.5 分析各个产品上半年各月的销售额

将上面的客户分析报告工作表复制一份,插入切片器,选择产品,删除客户切片器,就得到了如图8-13所示的分析报告。很简单吧?

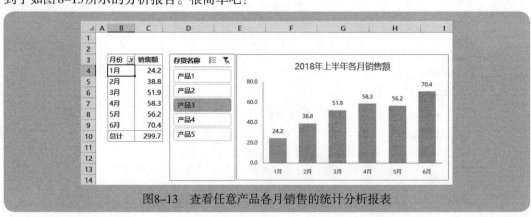

图8-13 查看任意产品各月销售的统计分析报表

只看销售额是不够的,还要看各月销量的情况。将本表的透视表复制一份,值字段换成销量,然后插入透视图,美化之。然后重新布局工作表上的报表和图表,可得到如图8-14所示的分析指定各月产品销量和销售额的报告。

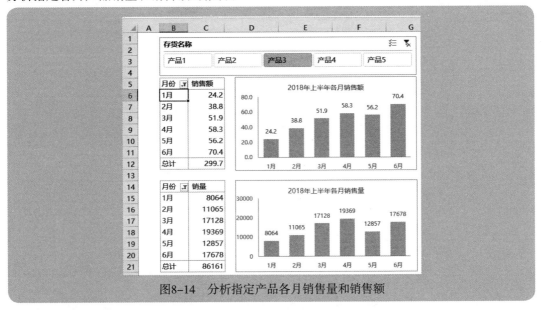

图8-14 分析指定产品各月销售量和销售额

这个报告,使用了以下技能。

● 复制透视表,没必要再重新做一个。

● 使用切片器,一个切片器控制两个透视表,并快速选择产品,并把切片器设置为横向5列显示。

8.2.6 客户排名分析

将透视表复制一份,以客户为分类,以销售额为汇总字段,并将销售额进行降序排序,从客户中筛选前10大客户,然后插入一个透视图,就得到了如图8-15所示的报告。

但是,领导可能问你,这前10大客户,每个客户的销售额占公司销售总额的比例是多少?合计起来占公司销售总额的比例是多少?

这样的报告也可以使用透视表来解决,不过比较麻烦,报告也不好看。这里,使用辅助列的方法来做,也就是在透视表的右边(这里是D列)插入一个占比计算列,单元格D4的计算公式如下:

```
=C4/SUM(上半年销售数据!G:G)
```

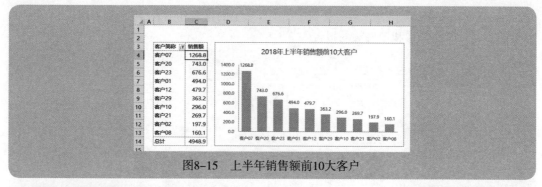

图8-15　上半年销售额前10大客户

最后的报告如图8-16所示。

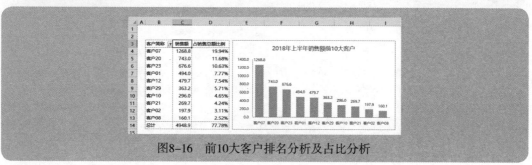

图8-16　前10大客户排名分析及占比分析

8.2.7　分析指定客户下的产品结构

当了解了前10大客户的情况后，领导或许会接着问，客户07都销售了什么产品？每个产品的占比是多少？哪个产品占比最大？客户20呢？客户23呢？……

将透视表复制一份，以产品为类别，拖两个销售额，一个为销售额实际数，一个显示占比，并插入一个切片器用于选择客户。利用销售额绘制普通的饼图，最后的报告如图8-17所示。

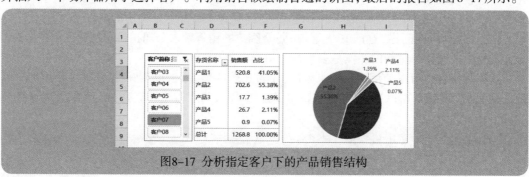

图8-17　分析指定客户下的产品销售结构

8.2.8 业务员排名

业务员排名分析与客户排名分析是一样的。复制一份透视表，以业务员为类别，以销售额为汇总计算，再绘制透视图，得出如图8-18所示的分析报告。

图8-18 业务员业绩排名

8.2.9 产品销售排名

图8-19所示是产品销售排名分析报告，这个销售额报告制作很简单，与客户排名和产品排名分析是一样的。

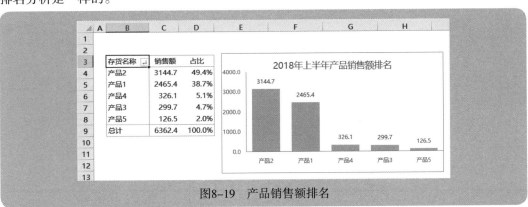

图8-19 产品销售额排名

8.2.10 本测验案例总结

● 阅读表格，确定要分析什么。

● 数据分析是有很强的逻辑性的。
● 大部分的流水数据,使用数据透视表是最简单的。
● 使用数据透视表的数据分析功能。
● 使用切片器筛选分析数据。
● 数据透视图并不复杂,插入图表即可,但要隐藏图标上的字段按钮。

本案例几乎没使用函数,数据透视表就足够了。但是实际工作中,很多人尽管会使用数据透视表,但为什么还是不会数据分析?

一个原因就是:缺乏数据分析的逻辑思路。

当然,这个案例也是比较简单的,实际中还要分析更多的销售数据,如销售预算分析、同比分析、量价分析、价值树分析、本量利分析、毛利分析、地区分析、市场分析、客户流动分析,等等。限于篇幅,本书不再叙述。